京华学术文库

美 学 的 改 变

王德胜 著

社会科学文献出版社
SOCIAL SCIENCES ACADEMIC PRESS (CHINA)

目录 CONTENTS

文艺美学：定位的困难及其问题 …………………… 001

文艺美学："双重变革"与"集体转向" ………… 017

试论艺术审美的价值限度 ………………………… 022

大众传播与当代艺术状况

　　——当代艺术模式转换的一种现实 ………… 034

走向大众对话时代的艺术

　　——当代审美文化理论视野中的艺术话题 …… 046

"技术本体化"：意义与挑战

　　——当代审美文化视野中的技术与艺术问题 … 061

美学如何可能走向大众生活 …………………… 076

回归感性意义

　　——日常生活美学论纲之一 ………………… 079

视像与快感

　　——我们时代日常生活的美学现实 ………… 089

为"新的美学原则"辩护

　　——答鲁枢元教授 ………………………… 095

美学的改变

　　——从"感性"问题变异看文化研究对中国美学的意义

　　………………………………………………… 104

"去"之三昧：中国美学的当代建构意识 ………… 108

陈述"感性"与美学话语社会化 ………………… 113

当代审美文化研究与"美学定位" ……………… 117

审美文化批评与美学话语转型 ………………… 121

审美文化的当代性问题···127

批评的观念：当代审美文化理论的主导性意识·······················138

当代中国审美文化的批判性···142

当代审美文化理论中的"现代性"话题·····································146

幸福与"幸福的感官化"

    ——当代审美文化理论视野中的幸福问题·····················154

"审美化文化"：经济社会的人文建构·····································167

走过世纪：中国美学的过去与现在

    ——关于20世纪中国美学及当前研究问题的几点思考·······173

美学：知识背景及其他

    ——对20世纪中国美学学术特性的一种思考·················191

现代中国美学历程

    ——中国现代美学史三题····································201

艺术起源理论的中国形态···212

意识形态话语与理论原创性

    ——当代中国马克思主义美学理论建构问题二议·············227

人生体验论与生活改造论的美学

    ——宗白华美学的理论内容与总体特性·····················235

意境：虚实相生的审美创造

    ——宗白华艺术意境观略论··································246

传媒权力与意识形态···255

"娱乐神话"与传媒时代的艺术经济学···································258

文学研究："后批评"时代的实践转向···································263

"仪式化"：大众传媒制度化时代的文学写作·························269

"亲和"的美学

    ——关于审美生态观问题的思考·····························275

美学视野中的生态问题···284

全球化语境中的东方美学···291

城市精神：民族文化的传承与实践·······································295

文化帝国主义："全球化"的陷阱？·······································299

文艺美学：定位的困难及其问题

整个 20 世纪八九十年代，随同中国美学界理论研究热情的复苏、高涨与回落，可以说，"文艺美学"的兴起既是一个洋溢着激情与希望的学理事件，同时也是一场充满了理论扩张的艰难、学科建构的重重困惑的过程。尽管在此之前，20 世纪初王国维拿叔本华美学的眼光来考察《红楼梦》的悲剧世界，30 年代朱光潜对文艺活动的心理学探究和诗艺的审美发微，40 年代宗白华之于中国艺术意境创构的深刻体察，以及邓以蛰、丰子恺、梁实秋等中国学者对文艺问题的诸多美学讨论，实际都已经在美学上直接进入了艺术活动领域之中，并且也已经提出或构建了种种有关文艺的美学观念和理论；甚至，再往前追溯，全部中国古典美学的行程，大体上就是一个在文艺创作、体验活动的基点上所展开的美学思想发生、发展和变异的历史；但"文艺美学"被正式当作一门特定的"学科"理论来研究，文艺美学研究在一种学科意义上得到展开，毕竟还是 80 年代以后发生的事情。我们有理由认为，作为 20 世纪中国美学接受了西方美学学科方法以后在自身后期发展中的一种特殊努力，文艺美学研究活动不仅一般地追蹑了中国美学的现代建构意图，而且，它在某种程度上还超逸了人们对美学的思辨理解，在 20 世纪中国美学进程上呈现了一种新的理论尝试图景。

然而，也正由于文艺美学研究是最近二十年里才出现的事情，所以，迄今为止，在其学术经历中还存在种种不成熟的方面，或者说还存在这样那样的问题，便在所难免——它在一定程度上也折射出当代中国美学研究中的某些学科困惑。本文主要就文艺美学研究的学科定位问题，提出一点个人的初步看法。

一

一般而言，"文艺美学的学科性质"涉及了"文艺美学何以能够成立"这一根本问题，以及它作为一门特定理论学科的存在合法性——为什么我们在一般美学和文艺学（诗学）之外，还一定要设置同样属于纯理论探问性质、同样必须充分体现学科体系的内在完整性建构要求，并且又始终不脱一般美学和文艺学（诗学）学理追求的这样一种基本理论？因此，在我们讨论"文艺美学"问题的时候，总是需要首先解决这样两个方面的疑问：

第一，"文艺美学"学科确立的内在、稳定和连续的结构规定是什么？也就是说，我们根据什么样的方式来具体确定"文艺美学"自身唯一有效的理论出发点和归宿点，以及它们之间的逻辑关联？

第二，在"文艺美学"与一般美学、文艺学（诗学）之间，我们如何确认它们彼此不同的学科建构根据？又如何在这种根据之上来理解作为一门理论学科的"文艺美学"建构定位？换个表述方式，即："文艺美学"之成为"文艺的美学研究"而不是"美学的文艺学讨论形态"的学科生长点在哪里？

显然，在上面两个问题中，有一个共同的症结点，这就是：当我们把"文艺美学"当作一种自身有效的学科形态来加以对待的时候，我们总是将之理解为有别于一般美学和文艺学的具体规定（范围、对象、范畴及范畴间的联系等）的特殊理论存在；然而，由于这种"特殊性"又不能不联系着一般美学和文艺学的研究过程、讨论方式和学理对象，甚至于还常常要使用它们的某些带有本体特性的理论范畴，因而，对"文艺美学是什么？"的理解，总是包含了对"美学是什么？""文艺学（诗学）是什么？"的理解与确认。"美学是什么？"和"文艺学（诗学）是什么？"的问题，既是据以进一步阐释"文艺美学是什么？"这个问题的逻辑前提，也是"文艺美学"确立自身独立形象的学科依据。尤其是，当我们试图从一般美学和文艺学突围而出，并且直接以"文艺美学"作为这种"学科突围"的具体形式和结果，以"文艺美学"标明自己新的学术身份的时候，对一般美学和文艺学的确切把握，便显得更加突出和重要。正因此，我们常常发现，绝大多数有关"文艺美学"学科定位的阐释，基本上都这样或那样地服从了对美学或文艺学的定位理解，而正是在这里，"什么是文艺美学"成了一个仍然需要廓清的学科定位的难题。

就我们目前所看到的各种有关"什么是文艺美学"的解答来看，在它们各自的定位理解中，基本上都流露着这样一种一致的倾向："文艺美学"是一般美学（包括文艺学）问题的特殊化或具体化，而且还是一般美学自我发展中的逻辑必然①。

我们不妨拿20世纪80年代以后中国美学界出现的几种比较有代表性的说法来看一下：

> 文艺美学是一般美学的一个分支……对艺术美（广义上等于艺术，狭义上指美的艺术或优美的艺术）独特的规律进行探讨……文艺美学的首要任务是以马克思主义世界观为指导，系统地全面地研究文学艺术的美学规律，特别是社会主义文学艺术的美学规律，探讨和揭示文学艺术产生、发展，以及创造和欣赏的美学原理。②

> 文艺美学是当代美学、诗学在人生意义的寻求上、在人的感性的审美生成上达到的全新统一……文艺美学不像美学原理那样，侧重基本原理、范畴的探讨，但文艺美学也不像诗学那样，仅仅着眼于文艺的一般规律和内部特性的研究。文艺美学是将美学与诗学统一到人的诗思根基和人的感性审美生成上，透过艺术的创造、作品、阐释这一活动系，去看人自身审美体验的深拓和心灵境界的超越

---

① 从20世纪80年代初开始，"文艺美学"作为一个具有一定现实性的新的理论话题，得到了中国美学界的关注。其时尚执教于北京大学中文系的胡经之先生，首先在1980年召开的第一届全国美学会议上，针对当时中国高校文科理论教学的实际情况和发展需要，提出：美学教学不能只停留在讲授哲学美学上，还应该开拓和发展文艺美学的研究与教学。其《文艺美学及其他》一文（收入《美学向导》，北京大学出版社，1982）作为20世纪80年代中国最早的一份讨论"文艺美学"的理论文献，具体阐述了"文艺美学"的建构理由，认为"文艺美学是文艺学和美学相结合的产物，它专门研究文学艺术这种社会现象的审美特性和审美规律"，是"文艺学和美学的深入发展"，促使文艺美学这门"交错于两者之间的新的学科出现了"。此后，"文艺美学"被正式纳入20世纪80年代中国的美学研究范围，并引起美学界不少学者的关注和研究兴趣。而我们现在所见到的那些以"文艺美学"为名称，或虽不以"文艺美学"标明身份但实际是作为"文艺美学"研究成果而出现的论著，大体上都是20世纪八九十年代的中国"美学产物"。这反映出：第一，"文艺美学"的提出，其实是一种现实形势的结果，是"应时而生"的理论话题，具有较强的理论应用企图。第二，对"文艺美学"的种种建构设想，也是中国美学界在20世纪80年代"美学热"的催动下，对"美学的中国化""美学体系建设"的一种具体回应方式和成果，它在一定意义上既体现了中国美学家对待美学这门学科的现实态度，同时也体现了最近几十年来中国美学研究的一种基本态势，即强调美学之西方传统与中国固有思维成果的结合——把美学的纯思辨过程延伸进感性形象的文艺活动之中，正是自王国维以来20世纪中国美学一以贯之的学理追求之一。

② 周来祥：《文学艺术的审美特征和美学规律·绪论》，贵州人民出版社，1984。

……以追问艺术意义和艺术存在本体为己任。①

　　一般美学结束的地方正是文艺美学的逻辑起点……一般美学是研究人类生活中所有审美活动的一般规律……文艺美学则主要研究文艺这一特定审美活动的特殊规律……文艺美学的对象是一般美学的对象的特定范围，文艺美学的规律也是一般美学普遍规律的特殊表现。②

　　这里，我们就看到，上述对"文艺美学"学科性质的把握中，非常明确地包含有一个前提："文艺美学"理所当然地是一般美学的合理延续（发展），而一般美学（包括文艺学）本身在这里乃是一个"不证自明"的存在。如果说，一般美学以人类审美活动的普遍性存在及其基本规律作为自己的研究课题，那么，"文艺美学"之不同于一般美学的特殊性，就在于它从一般美学"照顾不到"的地方——文艺创作、文艺作品、文艺消费/接受的审美特性和审美规律——开始自己的学科建构行程，并进而提出自己对"特殊性"问题的"独特"追问，"系统地全面地研究文学艺术的美学规律"，"研究文艺这一特定审美活动的特殊规律"。而如果说，文艺学（诗学）主要着眼于综合考察文艺创作、文艺作品、文艺消费/接受现象的内部本性、结构、功能等，那么，"文艺美学"则探问了文艺学（诗学）所"不涉及"的文艺作为审美活动的本体根据，或者是"以追问艺术意义和艺术存在本体为己任"。

　　理论的疑云在这里悄悄升起！

　　于是，我们不能不十分小心地发出这样的询问：

　　一般美学（包括文艺学）何以在学科意义上充分表明自己具有这种"不证自明"的可能性？

　　如果一般美学仅仅是以探讨人类审美的一般性（共同性）规律、普遍性本质为终结，那么，为什么我们的任何一部"美学原理"中，都几无例外地要详尽表白自己在诸如"文艺（艺术）的审美特征和活动规律""文艺（艺术）创造的审美本质""文艺（艺术）活动中的主体存在"等具体艺术审美问题上的讨论方式和结论，甚至将对整个艺术史或各个具体艺术部类的审美考察纳入自己的体系结构之中？就像黑格

---

① 胡经之：《文艺美学·绪论》，北京大学出版社，1989。需要说明的是，在这里，作者的说法同其《文艺美学及其他》中的表述有了微妙的差别，增加了对文艺美学"以追问艺术意义和艺术存在本体为己任"这一特性的强调。

② 杜书瀛主编《文艺美学原理·序论》，社会科学文献出版社，1992。

尔曾经向我们展示的那种美学形态——关于艺术审美问题的思考正构成了黑格尔美学体系的内在结构和具体特色①。

显然，问题的重点，似乎不仅在于"文艺美学"是否能够从一般美学和文艺学中"逻辑地"延伸而来，而且还在于，一方面，一般美学和文艺学的"不证自明性"本身就是十分可疑的。实际上，就在最近二十多年里，中国美学界围绕"美学是什么？"的问题一直存在着不休的争论，有许多美学家曾经试图对美学的学科定位作出自己的理论判断，得出明确的结论。但直到今天，我们都很难说已经获得了这样一种令人确信的关于美学学科合法性的结论；围绕美学学科定位问题所产生的许多似是而非的意见，甚至进一步困扰了我们对美学其他许多问题的深入挖掘。相同的情况也出现在文艺理论研究领域："文艺学"的名称本身就被指责为一个含混不清的概念；它作为一种文学理论研究的总称，既反映了 20 世纪 50 年代以来中国文艺理论界所受到的苏联理论模式和观念的影响，同时也体现了某种强烈的政治意识形态立场——强调文学与社会的实践关系，强调文学研究的社会总括性，始终是文艺学在学科建构方面为自己所设定的美学本位。因此，尽管"文艺学"作为一个二级学科名称已经被列入国家教育主管部门所颁布的学科、专业目录中，但人们却几乎从未停止过对它的纷纷议论。②

由此可见，"美学是什么？""文艺学是什么？"作为问题仍然有待具体探讨，亦即在美学和文艺学的学科定位上，我们还存在着各种各样的不确定性；所谓美学（文艺学）的"不证自明"的可能性，其实成了一种虚妄的理论假设。既然如此，以这种并非"不证自明"的存在当作确立自身学科特性的逻辑前提、理论依据，对于"文艺美学"的建构热情来说，便已经不止于简单的误会，甚而是一种灾难了——实际上，当我们企图在美学或文艺学的"分支"意义上来设计"文艺美学"理论宏图及其合法性的时候，学科存在前提上的某种"想当然"，普遍地造成了对美学（包括文艺学）无限扩张的幻觉性热情，并且在实际研究过程中又反过来严重危及了美学（文艺学）本身的合法性。

---

① 由凯·埃·吉尔伯特和赫·库恩撰写的《美学史》中，就这样讲道："努力把艺术概念从过分狭窄的理性解说中解救出来，为严格维护艺术的独特性和自主性而奋斗（这种观念意在使艺术同最高尚的精神活动并列，并揭示艺术在文化生活中的地位和作用），——所有这一切，又重现于黑格尔的《讲演》中。"（《美学史》下册，夏乾丰译，上海译文出版社，1989，第 577 页）

② 参见孟繁华《激进时代的大学文艺学教育（1949～1978）》，《文学前沿》1999 年第 1 辑，首都师范大学出版社，1999。

　　另一方面，从学科对象和研究范围的"普遍性"与"特殊性"、"一般性"与"具体性"层面，来划分一般美学与"文艺美学"之间的不同规定，把对美的普遍性、审美规律的共同性的探讨归于美学范围，而把"文艺活动、文艺作品自身的审美特性和审美规律"当作"文艺美学"的独特领地，这里面又显然充满了某种学科定位上的强制意图。应该看到，一般美学虽然突出以理论思辨方式来逻辑地展开有关美的本质、审美普遍性的研究，强调从存在本体论方面来寻绎美的事实及其内在根据，并且不断在思维抽象中叠加自身。然而，一般美学又从来不曾离开文艺活动这一人类审美的基本领域，从来没有在抽象性中取消掉文艺创作、文艺作品、文艺消费/接受过程的审美具体性。事实上，不仅一般美学之于美的思辨是一种由"具体的抽象"而达致的"抽象的具体"，而且，这一"抽象"的所指也同样是文艺之为人类价值实践的审美特性与审美规律。这也就是一般美学总是把对文艺活动的审美考察、分析放在一个十分显眼和重要位置上的原因。更何况，在一般美学中，一切有关人类审美经验问题的探讨，以及对人类审美发生问题的理论回答，都总是具体联系着（或者说是依照了）人在自身艺术实践过程中的具体行为而进行的。特别是当代美学，无论其具体定位方式和定位形态是怎样的，几乎都侧重将对文艺活动的具体审美分析，包括对文艺创作过程中的主体结构、文艺批评的价值标准、文艺文本的审美结构形式及其历史特性、文艺文本的接受—阐释活动等的思考，十分严整地包容在美学自身的结构性规定之中。可以这么说，一般美学的确是以思辨和抽象来展开美的问题的研究，但它又始终不脱人类文艺活动的具体审美事实；其对于普遍性、一般性的发现，很大程度上正是通过对文艺活动的深刻审美把握而体现出巨大理论意义的。至于文艺理论研究，当然就更不可能超脱文艺活动的审美具体性了。

　　由此，我们便可以十分清楚地看出，如果只是把"文艺美学"定位为"系统地全面地研究文学艺术的美学规律""研究文艺这一特定审美活动的特殊规律"，或者是"追问艺术意义和艺术存在本体"，难免给人这样的印象：为了使"文艺美学"作为一门独立学科能够成立，就必须首先将一般美学从思辨层面对文艺活动的审美特性和审美规律的探讨、将文艺理论从审美的具体过程出发之于文艺活动的分析，统统"悬搁"起来，以便为"文艺美学"留有余地。否则，"文艺美学"所针对的"文艺的审美特性和审美规律"就不免要同一般美学所必然包容的文艺考察相重叠，其所讨论的"艺术的意义和艺术存在本体"就会同文艺理论所实际研究的问题相重合。换句话说，为了保证"文艺美学"作为一门学科的存在合法性及其理论演绎顺利展开，一般美学和文艺学必须无条件地出让自己的研究范围和对象。

且不说这样的"悬搁"，实际是对美学和文艺学的学科基础做了一次流血的"外科手术"。即便"文艺美学"的出现真能让一般美学和文艺学这样做，我们也不禁要问："文艺美学"是不是真的已经实现了一般美学和文艺学发展的逻辑必然性？即作为一种"独特的"理论学科，"文艺美学"果然在一般美学和文艺学所"顾及不到"的方面担负起了"独特的"理论任务吗？这个问题，我们后面再予以专门讨论。

毫无疑问，我们在这里看到了一个悖论：如果说，建构"文艺美学"是为了克服一般美学抽象玄思的局限，那么，前者之能够成立的前提，实际又要求后者彻底放弃对文艺审美特性的具体深入；这显然与提出"文艺美学"学科建构的初衷相矛盾。如果说，"文艺美学"有助于我们在强化文艺的审美本位基础上，真正发现人类艺术实践的本体特性，那么，把对文艺特殊审美规律的研究从文艺学中抽取出来，最终其实又更加孤立了文艺理论，并且也无益于我们真正厘清文艺与特定社会政治的关系。

当然，"文艺美学"的提出本身有其理论研究上的积极性；最起码，它强化了近二十多年来中国美学界对文艺活动进行认真的审美研究，把美学的理论视野进一步引向了人类艺术领域。不过，由于"文艺美学"的学科定位问题不仅直接关系着其自身作为一种新学科设想能否真正得到落实，同时也关系到我们对一般美学和文艺学学科性质的把握，因而，从学科建构的实际要求出发，对"文艺美学"的特性进行更加细致的具体探究，仍是一件十分严肃的工作。而要准确定位"文艺美学"的合法性，下面三个问题不能不先行得到回答：

第一，如果说，"文艺美学"以一般美学的独立分支身份出现，它将如何可能逻辑地体现一般美学的学科特性要求？这里，对美学学科规定性的认识，是从理论上确定"文艺美学"存在合法性的基础。

第二，如果说，"文艺美学"的学科合法性，是基于文艺理论研究无法有效完成文艺活动的审美本质探索，那么，文艺学的存在合法性又是什么？也就是说，作为文学理论研究活动的文艺学将何去何从？

第三，无论把"文艺美学"归于美学的分支，还是将之视作文艺学的"另类"，其学科建构都首先要求能够找到专属自身的、无法为其他学科所阐释和解决的独一无二的问题（对象）。那么，这个问题是什么？解决这个问题的"文艺美学"的学科方式又是什么？

二

至少，就目前"文艺美学"的实际形态来看，我们很难将它与一般美学或文艺学（诗学）体系相区分。在总的方面，现有的"文艺美学"要么程度不同地重复演绎着一般美学对文艺问题的讨论形式，尽管这种演绎过程可能具有某种形式上的具体性、形象性，即同一般美学的讨论相比，现有的文艺美学理论往往更注意把讨论引向"作品—作者—读者"的审美联系及其联系方式的美学语境之中，试图在一个较为实在的层面来反证某种美的观念或概念，以此完成"美学的艺术化构造"；要么大体上与文艺学（诗学）框架相重叠或交叉，即突出文艺理论研究的审美基点，在"作者—作品—读者"或"创作论—作品论—接受/阅读论"的内在关联方面形成某种本质论的美学解释，从而实现对"文艺学的美学改造"。因此，就实质而言，现有"文艺美学"在体系构架上还没有达到一般艺术哲学的广度——在丹纳那里，艺术哲学就已经发展成为一个庞大、系统的理论，其中不仅有着种种本质论的观念，而且还十分具体地深入到艺术发生、艺术效果和艺术史等的哲学与实证研究中，广泛论证了"艺术过程的美学问题"。更何况，由于某种非常明显的人为意图，既将艺术的美学本体论探讨留在了一般美学领域，又将艺术过程的结构分析划给了文艺学的讨论，因而，现有的文艺美学研究仍然没有真正达到抽象与具体、思辨与实证有机统一的理论境界，既难以有效地实现对艺术的本体追问，同时也缺乏对艺术内部结构的深入的美学证明。

这里，我们可以从研究对象的范围构成方面，拿现有的几种"文艺美学"著作同文艺学著作作一个形态对照：

作为国内最早出版的系统探讨"文艺美学"问题的著作，《文学艺术的审美特征和美学规律》除"绪论"专讲"文艺美学"的对象、范围和方法以外，其余六章分别为："艺术的审美本质""美的艺术和崇高的艺术""再现艺术和表现艺术""艺术创造""艺术作品""艺术欣赏与批评"。

《文艺美学》一书的体例为："文艺美学：美学与诗学的融合""审美活动：审美主客体的交流与统一""审美体验：艺术本质的核心""审美超越：艺术审美价值的本质""艺术掌握：人与世界的多维关系""艺术本体之真：生命之敞亮和体

验之升华""艺术的审美构成：作为深层创构的艺术美""艺术形象：审美意象及其符号化""艺术意境：艺术本体的深层结构""艺术形态：艺术形态学脉动及其审美特性""艺术阐释接受：文艺审美价值的实现""艺术审美教育：人的感性的审美生成"。

相似的，《文艺美学原理》虽出版于 90 年代，但在"序论"部分简要表述了"文艺美学"的学科性质与地位之后，同样也直接进入到对于"审美—创作""创作—作品""作品—接受"的论述，分别讨论了"审美活动与审美活动范畴""文艺创作作为审美价值的生产活动""审美价值生产的基本类型""文艺创作中的美学辩证法""艺术品的魅力""审美智慧""审美形式""审美价值""艺术传播""接受美学的遗产背景与课题意义"""读'的能动性与历史性"""释义循环'及处置策略"""接受的幽灵'：文艺与历史实践"等。

蔡仪先生在 20 世纪 70 年代末主编的《文学概论》，是一部比较能够体现1949 年以后至新时期初中国文艺理论研究情势的著作，发行量达到 70 多万册。全书九章，分别为："文学是反映社会生活的特殊的意识形态""文学在社会生活中的地位和作用""文学的发生和发展""文学作品的内容和形式""文学作品的种类和体裁""文学的创作过程""文学的创作方法""文学欣赏""文学批评"。

而由童庆炳先生主编的《文学理论教程》，作为 20 世纪 90 年代中国文艺理论研究的产物，是目前公认较为完备的一部著作，在文艺学成果中具有一定代表性。其五编十七章，除阐述文学理论的性质、形态及中国当代文学理论建设问题以外，更详细列论了"文学活动""文学活动的意识形态性质""社会主义时期的文学活动""文学作为特殊的精神生产""文学生产过程""文学生产原则""文学作品的类型""文学产品的样式""文学产品的本文层次和内在审美形态""叙事性产品""抒情性产品""文学风格""文学消费与接受的性质""文学接受过程""文学批评"等。

客观地说，仅是这种对象构成形态的对照，就已经可以让我们清楚地看到，现有"文艺美学"在对学科建构的把握上，基本没有超出原有的美学、文艺学范围。如果一定要说它们之间有什么不同的话，那也主要是叙述形式上的，而基本没有体现本质性的差别。这就不能不让我们疑惑："文艺美学"的建构究竟是为了一种叙述的方便，还是真的能够从根本上找到自己的所在？

事实上，热心于"文艺美学"学科建构的学者，也并非完全没有看到这种学科体系构架上的重复性。只是出于一种"新学科"的设计，他们大多数时候更愿意将这种重复性理解为某种结构方面的序列性组织，亦即认为：在美学系统的纵向结构上，"文艺美学"处在一般美学和部类艺术美学之间的中介位置；在横向上，"文艺美学"又同实用美学、技术美学等一起组成了美学的有机部分。在文艺学系统中，"文艺美学"是文艺学诸多学科中的一种，与文艺社会学、文艺哲学、文艺心理学、文艺伦理学等相并列。显然，这种结构上的归类，至少从表面来看是有诱惑性的，它一方面"避免"了"文艺美学"在理论上的悬空，而让其一头挂在美学的大山上，一头伸进了艺术的活跃空间；另一方面又"化解"了"文艺美学"在逻辑关系上的孤立——因为在一般美学理论与各种具体艺术部类的美学讨论之间，当然要有某种中介、过渡，尽管这种中介和过渡本来可以也应该由美学自身所内在的艺术话题来完成。而文艺学研究也总是必然会衍生出相互联系的各个层面，包括哲学的、人类学的、伦理学的、心理学的和社会学的探讨等，尽管所有这些探讨在根本上都没有也不可能回避艺术的审美特性及其审美构造、审美规律。然而，且不说这种"结构序列"设计本身，就是建立在我们前面已经讨论过的那种对于"美学—文艺美学—文艺学"各自话题的人为强制之上，仅就把一般美学作这种纵向和横向的结构排列而言，就是相当可疑的。我们很难同意，一般美学之于日常现实的审美方面和技术的审美因素、形式的研究，竟然同美学对艺术问题的深入把握，是处在两个不同结构序列中的；我们也很难设想，作为美学之纵向结构"中介"环节的文艺的审美研究，如何可能摇身一变成了美学横向方面的一个部类。除非"文艺美学"是作为整个美学系统坐标的中心点而出现。可是，这样一来，既然"文艺美学"成了整个美学系统坐标的中心，在纵向上连接了美的哲学思辨与部类艺术问题的美学研究，在横向上联合着实用美学、技术美学等，那么，所谓"文艺美学"所研究的，不正都是美学的应有之义、美学的问题吗？如此，则在一般美学之外再另立一种"文艺美学"，又岂非画蛇添足？于是，问题其实又回到了我们原来的疑问上：美学究竟是什么？美学的学科定位该当何解？

况且，既在一般美学的结构序列上为"文艺美学"分配了座次，又如何能够将"文艺美学"过继为文艺学的合法子民？我们将何以在逻辑上令人信服地说明，已经是美学分支的"文艺美学"，如何在文艺学体系中获得自身确定的学科规定性，而不至于让人"丈二和尚摸不着头脑"？

也许，所谓"文艺美学"的真正建构难题（矛盾）就在于：一方面，为了区别于一般美学的理论形态，必须有意识地淡化对美本体的思辨，弱化美学思维之于具体艺术问题的统摄性；另一方面，为了撇清与文艺学的相似性，必须有意识地强化一般艺术问题的美学抽象性，增加文艺理论的哲学光色。应该承认，这种学科建构上的难题不仅没有在已有的文艺美学研究中得到有效克服，相反，倒成了支持某种学术自信的理由。

当然，在20世纪八九十年代的中国美学领域里，同样的情况并不仅止于"文艺美学"一家。从80年代初开始，许多自称是美学分支学科的部类问题研究纷纷出现，例如文化美学、性美学、生理美学、服饰美学……中国美学界一时间仿佛一派"欣欣向荣"。然而，也正由于在学科规定性和理论特定性、独立性方面的缺失，由于许多体系结构上的含混性和人为性，这些"学科"的提出除了造成一种学术虚肿、学科泛化的表象以外，既没有能够真正产生稳定的、自身规范的和有效的学科立足点，也没有能够在真实意义上为美学的现代发展提供新的知识价值增长。或许，正像有学者所指出的："已经没有任何统一的美学或单一的美学。美学已成为一张不断增生、相互牵制的游戏之网，它是一个开放的家族。"① 可是，作为"开放家族"的当代美学"游戏"，不应只是任意的名词扩张，它同样必须依照一定的有序性和内在规矩来展开自身，同样应当在知识价值上体现出一定积累、变化形态的合理性与真实性。那种缺失学科建构的基本出发点和特定逻辑依据的"学科"增生，实质上并没有能够进入这张"游戏之网"。

三

从以上分析出发，我们与其说"文艺美学"是一种新的美学或文艺学的分支学科形态，倒不如说，文艺美学研究是中国美学在自身现代发展之路上所提出的一种可能的学理方式或形态，它从理论层面上明确指向了艺术问题的把握。由是，可能会更易于我们把问题说清楚。

---

① 李泽厚：《美学四讲》，三联书店，1989，第14页。着重号为原书所有。

这样说的理由主要在于：第一，就像我们已经反复指出的，迄今为止，"什么是文艺美学"作为一个问题，仍然是含混不清的。在学科建构意义上，"文艺美学"的独特规定性仍然有待于证明和阐释，而这种证明、阐释能否真正解决问题也还是可疑的。

第二，由于几乎所有"文艺美学"的讨论话题，都可以在一般美学和文艺理论体系中找到其叙述形式或阐释过程，而美学与文艺学的当代发展也正朝着人类艺术活动的审美深层探进；特别是 20 世纪的各种美学、文艺理论研究，更不断将深入发现具体艺术活动的审美特性当作自己的直接课题——美学和文艺理论不仅没有拒绝具体艺术的审美考察和发现，而且越来越趋向于把研究视点深入进艺术母题之中[1]。因此，所谓"文艺美学"其实不过是美学、文艺理论内在话题的当代延伸，而不是区别于当代美学、文艺理论发展的又一种学科存在方式，其建构本来就不可能超逸美学、文艺理论的当代维度。

第三，就此而言，文艺美学研究的任务，其实在于向人们提供一种从内在结构层面上观照艺术的具体审美存在特性、审美表现方式、审美体验过程和规律等的特定理论思路、讨论形态；它不是在一般美学和文艺学的结合点上，也不是作为一般美学和文艺学的中介，而是作为当代美学或文艺理论的自身问题而存在。换句话说，文艺美学研究（更准确地说，是艺术的美学研究）形态的合法性，不是建立在它的学科不确定性之上，而是建立在它作为一种具体理论思路的稳定性与可能性之上。

当然，我们现在依然可以在约定俗成的意义上继续使用"文艺美学"这个术语，但同时我们应该清楚一点：作为艺术的美学研究，当前"文艺美学"所面临的任务，不在于一定要把它当作一个"学科"来理解和建构某种"体系"[2]。也许，最明智的做法，就是放弃在"学科"意图上对"文艺美学"的设计，而转向依照美学、文艺

---

[1] 西方美学自 20 世纪 50 年代以后，基本上都显现了对艺术领域的关心和热情。格式塔心理学美学、原型批评美学、现象学美学、符号学美学、结构主义美学、解构主义美学、阐释—接受美学以及法兰克福学派的美学等，尽管它们立场各异、旨归不同，但对于艺术的审美分析却成为它们各自的重点之一。像《审美经验现象学》（杜夫海纳）、《情感与形式》（苏珊·朗格）、《批评的解剖》（弗莱）、《艺术与视知觉》（阿恩海姆）、《走向接受美学》（姚斯）、《艺术与审美》（乔治·迪基）、《美学理论》（阿多尔诺）等，如今已成为当代美学的经典。

[2] 在这一方面，当代思想家怀特海讲过一段很有意思的话。他说，"体系化是最无关紧要的"，"体系化是通过源于科学专业化的方法而进行的普遍性的批判，它预设了一个原初观念的封闭集合"，因而造成了"所有有限系统中固有的狭隘性"。（怀特海著《思想方式》，韩东晖等译，华夏出版社，1999）

理论的当代发展特性来找到深化艺术的美学研究的真实理论问题①，以对问题的确定来奠定文艺美学研究作为一种学理方式或形态的合法性基础，以对问题的阐释来展开文艺美学研究的合法性过程。

以下几个方面似可作为当前文艺美学研究关注的重点：

1. 艺术现代性的追求与文化现代性建构之间的关联问题

在美学、文艺理论的各种讨论中，艺术从来都是作为一种"人类生命价值"的自我表现/体验形象而出现的。它不仅意味着艺术是人的精神解放的实践载体，是人在自身内在精神活动层面上所拥有的一种价值肯定方式，而且意味着艺术作为人类精神演化的自我叙事形式，其身份的确认总是同人在一定阶段上的文化利益相联系的。而在当代文化现实中，现代性建构之为一种持续性的过程，不仅关系着文化实践的历史与现实，而且关系着人对自身存在价值的表达意愿和表达过程，关系着人在一种历史维度上对自我生命形象的确认。所以，文化的现代性建构不仅涉及人在历史中的存在和价值形式，同时也必然地涉及人的艺术活动对人的存在和价值形式的形象实现问题。文艺美学研究在探讨艺术的审美本体时，理应对此问题作出回答。这里应注意的：一是文化现代性建构的理论与实践的具体性质；二是艺术现代性追求的内涵及其在文化现代性建构中的位置；三是艺术现代性追求的合法性维度。

2. 艺术发展中的美学冲突及其历史变异问题

这本来是一个艺术史的话题。但在文艺美学研究的视野上，艺术史问题同样可以生出这样几个方面的美学讨论：其一，艺术发展所内含的美学理想的文化旨归，究竟怎样通过人的艺术活动而获得实现？其二，美学上的价值差异性，怎样实现其对艺术发展的控制、操纵？艺术形式的冲突与美学理想的冲突是一种什么样的关系？其三，艺术发展中的美学冲突的历史样态及其实践性变异。应该说，这种讨论过程，将有可能带来文艺美学研究更为深刻的历史根据。

3. 艺术作为一种审美意识形态的社会实现机制、过程与形态问题

这个问题与上一个问题是相联系的。所不同的是，这里更接近于探讨艺术作为一

---

① 在当代西方艺术美学研究中，"文学美学"（literary aesthetics）是一个引人关注的动向。彼得·拉马克就认为，文学美学把注意力集中在文学作品的各个方面，正因为文学作品是艺术作品，所以"文学美学的主题就是出现在美学中有关一般艺术作品论述中的那些专门针对文学而提出的美学问题"。（参见朱狄：《当代西方艺术哲学》第二章第五节，人民出版社，1994）这种学理确定路向很值得我们重视。它至少明确地把自身存在的可能性前景放在一个十分确定的对象上，找着了自己据以展开的问题域——"针对文学而提出的美学问题"。

种理想价值形态的社会学动机。也就是说，作为特定社会意识形态的特定表现，艺术、艺术活动的内在功能是如何在社会层面上得到体现和认同的？尤其是，当我们常常以不容置疑的态度将艺术表述为一种"人对世界的掌握"时，其意识形态力量又是如何具体体现在人的社会实践过程中的？对于这个问题，我们既不能仅凭审美的心理经验方式去加以把握，也不能只是通过纯粹思辨来进行主观化的推论，而只能借助于艺术历史与艺术现实的运动关系来进行说明。而这个问题的难点则在于：为了说明艺术的意识形态功能，我们必须首先理解意识形态的历史具体性；为了把握审美意识形态的本质特征，我们又不能不把艺术与其他意识形态形式的共时性关系纳入讨论范围，以便从中确认艺术的意识形态特殊性。

4. 艺术的价值类型问题

这一研究，主要针对艺术价值的形态学意义，即艺术价值的分化及其美学实现形态。在以往的美学或文艺理论研究中，有关艺术价值问题的探讨常常被放在一种严密的整体性上来进行；艺术价值的美学阐释并不体现形态分析的历史具体性，而只是从审美本质论立场对艺术价值作出某种统一的概括，所反映的是艺术之为艺术的先在合理性。实际上，在艺术价值问题上，由于人的生存形态不同、人的价值实践的分歧，艺术价值的实现方式和实现结果都是具体的、分化的和相异的。不仅不同艺术之间在价值形态上是有分化的，而且由于实践方式、实践基础和过程等的不同，相同艺术的价值构造、价值取向、价值体现也是存在各种差异的——由于这样，"艺术是什么"才会变得如此复杂。文艺美学研究的工作，就是要找出这种不同、差异，并对之进行形态分析，从而使艺术价值问题落实在具体的类型层面上，真正体现出艺术的审美具体性。

5. 艺术效果特征问题

"艺术效果"一向受到人们的关注。不过，我们在这里主要关心的，还不是一般意义上艺术活动与人的精神修养、情感陶冶等的关系，而是当代文化语境中大众传播制度对艺术活动、艺术作品自身效果的具体影响，以及这种影响的实现过程和美学意义。因为很明显的是，当代艺术的美学变异，很大程度上是依据其与当代文化的大众传播特性来决定的；所谓"艺术效果"，一方面取决于艺术的表现特性以及艺术在一定文化语境中的自我生存能力，另一方面则取决于艺术活动、艺术作品、艺术接受活动与整个大众传播制度的关系因素和关系结构。包括艺术效果的发生、艺术效果的集中程度、艺术效果的结构方式、艺术效果的体现形态、艺术效果的延伸和艺术效果的变异性转换等，都以一种非常直观的形式同当代文化的大众传播制度联系在一起。因而，把艺术效果问题与整个文化的大众传播制度问题加以整体考虑，是当前文艺美学研究中的一个重要课题。在此基础上，我们才有可能获得对艺术审美本质的当代性把握，在理论上真正体现出现实的价值和立场；文艺美学研究也才可能产生理论的现实有效性。

6. 艺术审美的价值限度问题

这个问题所涉及的，实际是对我们过去一直坚信不疑的那种艺术至上性观念。按照一般的美学理解，在人类价值体系的内在结构上，"真""善""美"虽然有着某种内在的、稳定的统一性，但在发展逻辑上，它们又是有级别、有递进性的；艺术在其中始终扮演了一种至上价值的角色，成为人类在自身实践过程上的最高目标。这种观念在当代文化语境中，其实已经呈现了某种风雨飘摇的景象。不仅人的现实生存实践不断质疑这种内含着概念先在性的理想，而且，就这一观念把美/艺术当作人类不变的既定实践而言，它也是值得怀疑的。在当代文化语境中，不仅艺术本体立场的改变已经是一种十分显著的事实，同时，艺术与美的关系的必然性和同一性也正在被艺术活动本身所拆解。由是，在人类生存实践的价值旨归上，艺术审美的价值限度问题便凸显了出来。我们所要讨论的是：艺术在何种意义上可能是审美的？艺术审美的有效性和有限性是如何通过艺术活动自身的方式呈现出来的？艺术作为人的生命理想的审美实现方式，在什么样的范围内为人类提供了一种具体的价值尺度和客观性？

7. 艺术中的审美风尚演变问题

我们经常说，艺术是一个时代的社会生活关系、生活实践、生活趣味等现实价值形式的反映；美学、文艺理论也常常论及这方面的话题。但是，这种对艺术的谈论往往还只停留在一般概念的归结上，很少非常具体地从美学角度透彻分析艺术创作、艺术作品、艺术接受与社会、时代的风尚演变之间的审美关系特性，也很少充分揭示艺术体现社会审美风尚的具体过程和规律问题。因而，把这个问题作为当前文艺美学研究的对象，目的就是要通过对艺术发展与社会审美风尚演变之间关系的探讨，深入揭示：第一，艺术生成中的社会审美趣味、理想与观念的存在和存在方式；第二，社会审美风尚演变活动所导致的艺术的时代具体性、意识形态性；第三，艺术创造如何能够顺应并体现一定社会审美风尚的特性；第四，艺术风格、艺术审美创造的改变，又如何融入社会审美风尚的演变过程之中；第五，艺术的历史在什么样的意义上可以反映为一种审美风尚的历史;第六,艺术活动又是如何体现一个时代社会审美风尚的分裂性的;第七,具体艺术文本的风尚特征;等等。这些问题的研究,对于我们更加深刻地理解艺术的美学规律,把握艺术发展的内在过程及其外部因素,都是十分重要的,比如对艺术的民族审美特质问题的理解,就与这一研究直接相关。

8. 艺术活动与日常活动在人类生存之维上的现实美学关联问题

这个问题的重点,是我们如何能够在当代文化的现实性上,认真、客观地理解当代艺术的美学转移。由于当代文化发展本身的规律及其影响,当代艺术和艺术活动已经发生了巨大的改变。这种改变甚至不是一般形式意义上的,它更带有本体颠覆的特性。艺术和艺术活动在当代文化语境中,逐渐自我消解了自身肩负的沉重历史使命和社会责任,艺术的"创造"本性正在急剧转换之中①。原本超然于人的日常生活、普通趣味之上的艺术的"美学封闭性",正在不断被当代社会生活的世俗化、享乐化追求所打破;艺术不仅不再能够必然地超度人的灵魂、提供超越性的精神方向,甚至它自己有时也不得不屈服于人的日常意志的压力及其具体利益。这样,把艺术活动与人的日常活动的现实美学关系放在一个现实生存语境中来加以把握,既是对当代艺术的美学追求的一种具体体会,也是美学和文艺理论研究扩大自己的学术视野、体现自身当代性追问能力的内在根据。

(原载《文艺研究》2000 年第 2 期)

---

① 参见拙著《扩张与危机——当代审美文化理论及其批评话题》第四、第五章,中国社会科学出版社,1996。

文艺美学："双重变革"
与"集体转向"

　　1978 年开始的中国社会改革与思想解放运动，为最近三十年间中国人文学科的建设和发展提供了前所未有的机遇，同样也为中国美学的学科建设、理论创新与思维变革创造了崭新条件。从这个意义上说，中国社会在改革开放、思想解放道路上走过的三十年，也是中国美学开放改革、解放思想的三十年，是中国美学自 20 世纪初开始尝试现代理论建构以来最为生动的三十年。特别是，这三十年中，跨越两个世纪的中国美学在中西方各种学术思潮复杂影响下，经历了学科建设形态的多重改变，呈现出空前活跃的学术气象，从而为多层次、多侧面地书写三十年中国美学学术史提供了丰富的理论资料。

　　在所有变化中，诞生于 20 世纪 80 年代初、转型于 20 世纪 90 年代中期以后的文艺美学研究及其理论建构，应该说是相当引人瞩目的。这种对文艺美学的瞩目，大致可以从两个方面来分析。

　　其一，作为一种基本上属于"本土特色"的理论，在文艺美学出现之始，便承载了学术思维与理论建构"双重变革"的艰巨任务。就文艺美学的学术思维"变革"方面而言，它所针对的，是 20 世纪 80 年代之前数十年间中国美学研究的"政治化"思维形式——美学的任务与革命社会的总体意识紧紧捆绑在一起，凭恃社会建设的政治目标来确立美学的理论功能，进而以"革命思维"驾驭"审美思维"，以社会守护责任"修正"美学的人性建设责任，美学在各种文艺现象、文艺活动面前基本上扮演了一个以特定"政治医术"实现自身特定社会功能的"代言"角色。毫无疑问，这种"政治化"思维形式既不符合美学本来的功能定位，同样也有悖于改革开放与思想解放整体语境下的中国社会文化局势与需求。而如何能够成功"变革"原有学术思维形式，让美学重新回归其本来的方向，正是 20 世纪 80 年代初中国美学界迎面而来的问题。显然，文艺美学的提出，是改革开放初期中国美学界一个非常切合时宜的"思想解放"行动①。正因此，当文艺美学倡导者们打破理论上的各种禁忌，张扬文艺的"审美"特性研究——尽管"审美"原本就应该无可争议地成为文艺的基本存在形态——以此或回避或抵制那种强调政治义务、社会革命功能的"美学"思维，这种对"政治化"美学思维的大胆变革，在中国美学界迅速获得普遍认同和积极响应；"文艺美学"这一几乎完全"中国式"的理论形态，不仅异军突起于当时的中国美学研究领域，而且很快以"学科化"建设姿态赢得了人们的广泛关注。值得指出的是，在文艺美学诞生之初，几乎所有文艺美学研究者都强烈地关心这一"新的"理论区别于一般美学的不同思维指向，即强调文艺美学研究直接指向文学艺术本身，关注文学艺术的审美本体特性及其特殊规律，这一点显然也是以"回避"正面冲突的方式呈现了 20 世纪 80 年代中国美学对"政治化"思维形式的反叛——在这里，直接的社会政治意识形态原则不再被摆在首要位置，"审美"以其曾经被压抑的巨大魅力冲破并化解了人们在理论上对政治意识形态利益的服从意识。就此而言，最近三十年里，文艺美学研究从无到有地崛起为美学领域的主要理论形态，并且成为人们的重要关注对象，不能不说是 20 世纪中国美学后半期发展进程上的一个重大事件，也是一个具有特定的超学术史意义的重要事件。

文艺美学所担负的"变革"理论建构的使命，则主要涉及美学本身的学科形态改造工作。在"文艺美学"被提出以前，现代中国美学基本上定位于哲学学科属性，逻辑思辨的研究理路与注重抽象的理论特性几乎成为美学唯一的存在形态。即便是审美心理的研究，也大多放弃经验实证的工作而转向与哲学演绎相关联的理论阐释——在一定意义上，也正是这种高度概念化的美学学科形态构造，为数十年间中国美学被特定社会意识形态"政治化塑造"提供了必要的条件。而 20 世纪 80 年代以后，文艺美学研究及其理论建构一个不可忽视的方面，就是它为美学打开研究门路、从单纯的哲学方向进行突围提供了一个实际有效的文本，进而也为致力于实现美学学科形态改造的中国学者提供了一种理论希望，即在抽象思辨的哲学话语之外，美学还可以也应该拥有更加广大的话语空间，以便更加具体而感性地表达自身对人性建设的理论话语权。事实上，在很长一段时间里，由于政治意识形态的一元性主导，中国美学很少

---

① 从这个意义上说，"文艺美学"的提出，是中国美学界积极参与中国社会改革开放、思想解放运动的重要举措，也是中国美学自身"改革开放""解放思想"的一个带有标志性的成果。参见《文艺美学：理论建设及其当代问题》，《文艺争鸣》2007 年第 11 期。

也很难以"真正美学的"方式进入文学艺术领域；审美立场的严重缺席，使得中国美学几十年间只能在"政治化"思维下，以哲学式的抽象，表达对文学艺术的概念性说明。文艺美学的提出及其理论研究活动的展开，一方面体现了中国美学力图建构自身审美话语的意图，另一方面也开启了20世纪最后年代里中国美学打破既有学科形态、拓展学科发展空间、丰富美学建构内容的门户。特别是，文艺美学所主张的对文学艺术现象进行具体细致的审美经验研究的学术理路，无疑启发了20世纪80年代中国美学界对各种具体审美问题的探究热情，使得各种"非哲学的"现象得以进入美学研究视野。20世纪80年代中国美学界各种部类美学研究的泛起，不能说与文艺美学所揭示的具体现象研究方向没有关系。可以认为，至少，在建构具体现象、具体问题的审美研究形态这一点上，文艺美学提示了一种"具体研究"的可能性范式。而这一点，对于现代以来，特别是20世纪后半叶以来的中国美学，显然是一种不可忽视的变革行动。也正是20世纪80年代以后，中国美学理论建构首先通过学科形态改造的方式，产生了前所未有的变化。

其二，文化视野的获得与确立，导致文艺美学研究在20世纪90年代以后发生"集体转向"。相比较而言，这一点对今天的中国美学可能更具有实质性意义，同时也是近些年来人们格外关注文艺美学研究及其理论建构意图的重要原因。进入20世纪90年代以后，随着中国社会文化的大变革、大转型，尤其是代表都市市民精神诉求和文化利益的大众文化活动的广泛崛起，中国社会的文化价值建构目标发生了新的、广泛的改变，包括艺术/审美在内的人的精神活动呈现出明显的指向性转移。特别是，随着大众文化消费性生产模式向整个社会文化活动领域的迅速扩张，包括文艺美学在内，整个美学价值体系都面临直接的挑战。曾经作为文艺美学理论之本体根据的"审美原则"，开始直接遭遇种种"非审美"甚或"反审美"精神的威胁。纯粹审美精神在世俗的现实价值目标面前的脆弱与无奈，文学艺术本身对感性利益的形象书写等，既直接限制了文艺美学行使自身"审美"话语的能力，也从本体层面质疑了文艺美学作为审美立法者的权力。也因此，20世纪90年代中期以来，通过直接引入西方文化研究的理论与成果，在文化研究的广泛性中"集体转向"，超越一般文学艺术现象与活动的泛审美/艺术文化研究，便不仅是文艺美学研究的一种学术策略，更应该被理解为整个文艺美学建构基础和理论内容的"自我革命"。

这种"革命"的最实质性的意义，集中体现在：由于文化视野的获得与确立，20世纪90年代中期以后，文艺美学研究及其理论建构工作初步形成了突破一般艺术现象、艺术经验的研究范式。如果说，在文艺美学的早期倡导者那里，文艺美学研究及其理论建构的基本指向，是以"审美范式"替换"政治范式"、以审美经验研究的具体性突破哲学思辨的抽象性，那么，随着文化丰富性的不断展开，随着艺术现象、艺术经验在人的日常生活领域"非审美"乃至"反审美"的泛化呈现，原先那种具有精神纯粹性和独立性意义的"审美范式"开始变得模糊和有歧义。文化多样化的结果，同样也使得审美经验研究的具体性出现多样化、复杂化的趋势。因此，文艺美学研究及其理论建构在实现对"政治范式"的替换、哲学思辨抽象性的突破之后，其本身也面临"范式变革"的难题。而解决这一难题的契机，正是通过20世纪90年代中期以后文化视野的获得与确立来实现的：文艺美学研究开始不再固守纯粹审美的本体自设，而是主动利用新近获得的文化视野，在一个更为广泛的领域里形成了一种"泛文本化"审美批评的研究范式——一方面，作为研究对象的独立艺术经验泛化为文本形态的文化经验，艺术现象的审美纯粹性流落于作为文本存在的文化的审美呈现方式和呈现形态；另一方面，文艺美学研究的理论工作主要不是继续为艺术现象、艺术经验进行"审美立法"，也不再局限于为精神超越性的艺术理想进行本体辩护，而是转向对以审美文本形式呈现出来的各种文化经验展开生动的批评。这样，一般艺术经验研究范式的单纯性、独立性和有限性被打破，作为"泛文本化"审美批评的文艺美学不仅扩大了自身在当代文化语境中对艺术活动本身的言说能力，同时也从艺术经验本身出发确立了自身对整个文化领域的价值建设功能。尽管这种研究范式的又一次转换迄今为止仍有不少质疑和反对之声，但它依然成为今天文艺美学研究领域一道集体性的"风景"。

进一步分析，就20世纪90年代中期以后中国的文艺美学研究及其理论建构工作而言，已然发生的这一"集体转向"的核心，是它在致力于一种新的研究范式的建构过程中，在一个更加广泛的文化活动层面，有意识地为文艺美学提供了超越"审美/非审美"二元对立的理论前景。事实上，由于文化变迁的广泛性和多样性，不断带来日常生活经验向艺术经验的直接扩张，进而导致以艺术活动为"集散地"的人的审美活动的经验分化与变异；原来界线分明的"审美"与"非审美"价值对立的基本前提，已不再是文艺美学研究可以理所当然地凭恃的根据。对文艺美学来说，纯粹审美的超然精神已不能作为理论建构的绝对价值目标，同时也丧失了其作为文艺美学行使价值判断权力的唯一性。相反，对人和人的具体生活之本体存在根据的"感性"的高度关注，则有可能使文艺美学在超越绝对化的"审美/非审美"对立中重新建构价值批评话语，并且同时超越"审美/非审美"的二元对立。由此，在文艺美学研究的"集体转向"中，一个令人感兴趣的事实是：当文化视野的获得与确立带来文艺美学研究范式的突破之际，对人的感性利益与原则、感性表达与实现的具体关注，成为文艺美学在展开自身新的理论建构之时，超越"审美/非审美"对立的基本形式。这一基本形式的形成，使得文艺美学研究在面对超越"审美/非审美"对立的当代艺术现象和艺术经验时，不至于无话可说。

可以认为，文艺美学研究的这一"集体转向"，在很大程度上甚至已经影响到 20 世纪 90 年代以后整个中国美学的研究方向。美学已然不是仅仅关心各种精神概念和概念历史的抽象理论，美学研究也不再是逍遥于文化多样性变革之外的独立活动，而是通过文化的省思展开价值批评的人文思想体系。

（原载《山东社会科学》2008 年第 11 期）

试论艺术审美的价值限度

毫无疑问，讨论这个问题本身就具有一种反常规性。

在一直以来的美学意识中，至少在精神的幻觉之国，艺术总是无所不能而又无以比拟的价值存在，就像文艺复兴时期英国诗人锡德尼（P. Sidney）以一个人文主义者特有的热情所歌颂的："自然从来没有比得上许多诗人把大地打扮成那样富丽的花毡，或是陈设出那样怡人的河流，丰产的果树，芬芳的花草，以及其它可使这个已被人笃爱的大地更加可爱的东西。自然是黄铜世界，只有诗人才交出黄金世界。"① 这个"黄金世界"充溢着迷人的诱惑，唯有诗人（艺术家）才能奉献，唯有通过诗（艺术）的创造之途才可为人触摸、分享——艺术对价值的控制权力成了唯一至上性的东西。

因此，所谓"艺术审美的价值限度"问题，便很少进入美学或艺术哲学的思想范围。甚至，由于常规性之于反常规性的那种天然排斥，美学在思考艺术审美问题时，常常本能地拒绝任何有关"价值限度"问题的入侵。在保卫"艺术纯洁性"的名义下，美学利用诸如"无功利性""心理距离""静观"等指涉了某种精神超越性的概念，相当自信地封堵了一切可能的思想动摇空隙，并以一种不容置疑的口吻炫耀着艺术审美的无限性力量。

然而，这种在艺术与自然（现实）、精神（理性）与感性二元对立基础上对艺术审美的价值确认，是否真的就能够持续有效？它真的就可以毫不顾忌地享受至上的精神权力？或者，艺术审美的价值就真的那样不容怀疑和讨论？

----

① P. 锡德尼：《诗的辩护》，见《西方美学家论美和美感》，商务印书馆，1980，第71页。

一

很显然，以往一切有关艺术审美的价值认识，几无例外都是建立在艺术、艺术活动的创造性特征及其理性功能之上的。无论人们曾经对艺术价值有过什么样的观念或界定，包含在美学话语体系中的每一种经典的"艺术"表述形式，总是这样或那样地指向"创造"（"创造性"）的概念。尽管何谓"创造"（"创造性"）本身仍然是一个有待讨论的问题，但是，美学或者在艺术家方面把它归于个体从技术到精神的"匠心独运"，或者在作品方面将它归于"独一无二"。"艺术和诗至少具有两种基本价值，这两种价值都是艺术的目的，即一方面是要把握真理，深入自然，发现规律，发现支配着人的行为的法则；另一方面，它要求创造，要求创造出前所未有的新的东西，创造出人们设想的东西。"① 或者，如艺术史家里德（H. Read）所揭示的："艺术往往被界定为一种意在创造出具有愉悦性形式的东西。这些形式可以满足我们的美感。"② 而这一认识的心理根据，便是《镜与灯》的作者艾布拉姆斯（M. H. Abrams）所概括的，是"诗人的情感和愿望，寻求表现的冲动，或者说是像造物主那样具有内在动力的'创造性'想象的迫使③。

于是，美学一方面习惯于把艺术审美的价值与艺术的形式统一性原理联系在一起，着力强调艺术、艺术家对客体世界的再造能力，"美与不美，艺术作品与现实事物，分别就在于美的东西和艺术作品里，原来零散的因素结合成为一体"④；另一方面，美学又竭力从这种艺术"创造"中寻找某种超越于现实形式的更高的原则，并赋予这一原则一种浪漫而神秘的精神光色，"艺术美高于自然。因为艺术美是由心灵产生和再生的美，心灵和它的产品比自然和它的现象高多少，艺术美也就比自然美高多少"⑤。在艺术的广大世界里，"创造—心灵（理性精神）"之间似乎形成了某种非常稳定的逻辑关联：艺术的创造特性既由心灵想象能力获得展开，又同时拥有来自心

① W. 塔达基维奇：《西方美学概念史》，褚朔维译，学苑出版社，1990，第339页。着重号为引者所加。

② H. 里德：《艺术的真谛》，王柯平译，辽宁人民出版社，1987，第2页。

③ M. H. 艾布拉姆斯著《镜与灯》，郦稚牛等译，北京大学出版社，1989，第26页。

④ 亚里士多德：《政治学》，见《西方美学家论美和美感》，商务印书馆，1980，第39页。

⑤ 黑格尔：《美学》第1卷，朱光潜译，商务印书馆，1979，第4、44页。

灵（理性精神）的自觉佑护；艺术不仅具有实现人的想象性活动的功能，而且它还因为心灵本身对现实的超越企图而产生了无限绵延的理性力量，成为人在现实世界以外寻求自我肯定的特殊价值存在。

这样一种美学话语所产生的浪漫主义文化理想，曾经在艺术史上唤起无数人为之热情澎湃。人们不仅在艺术内部继续了这个"创造"的神话，而且，这个艺术神话也确曾为人类审美意识的扩展、审美趣味的历史变迁带来过巨大的动力，与此同时，人们又一次次不知疲倦地吁请艺术之神为人类洗涤精神、灌溉灵魂，相信艺术的价值不止于其自身内部的创造，而且统率了人类心灵的发展史。"受过这种良好的音乐教育的人可以很敏捷地看出一切艺术作品和自然界事物的丑陋，很正确地加以厌恶；但是一看到美的东西，他就会赞赏它们，很快乐地把它们吸收到心灵里，作为滋养，因此自己性格也变成高尚优美。"①

可以认为，正是出于对艺术"创造"神话的崇拜，美学在艺术审美的价值确认过程中所维护的，实际就是一种"审美本质主义"的立场，即首先强调艺术在超越自然（现实）方面的绝对性，以此张扬艺术审美的独立意义；其次则把这种艺术审美的独立性进一步加以功能化，强调艺术审美与人的理性自觉、精神升华之间的一致利益，从而肯定艺术审美的心灵指向性，肯定艺术审美所内含的伦理力量——人格的提升和生命意义的完善。应该看到，这种"审美本质主义"价值观之所以在逻辑上能够自满自足，其根本的前提，是美学在理解艺术审美价值的过程中，一直都预设了一个仿佛无须证明的"无限精神"（精神无限性）的存在——这是一种既对立于人的自然存在、外在于客体世界的存在，又超越了人的自然界限、驾驭着人的生命方向的存在。质言之，精神（理性）无限性的价值意图决定了艺术审美的价值前景，艺术审美的本质正维系在这种精神（理性）自身的超越本质上。所以，所谓艺术审美的价值问题，实际上就成了精神（理性）自身的价值问题；对艺术审美的价值确认，也就是对人的精神（理性）无限性的确认。于是，有关艺术审美的价值认识，又一次获得了来自人对精神（理性）完善性认同的支持。

然而，问题是：这种对精神（理性）无限性的认同，是不是真的无可怀疑？如果它是有问题的，那么美学对艺术审美的价值确认便同样会发生根本的动摇。

---

① 柏拉图：《文艺对话集》，朱光潜译，人民文学出版社，1963，第63页。

二

　　有关人类处境的问题，一个多世纪以来，已经变得愈来愈重要；而每一世代都尽力想要根据自己所得到的启示，来解决这个问题；

　　……

　　由于这个世界，就我们目前所知，并不是一成不变的，我们的希望也不再寄托在超越者身上，却已经落实到尘世的层次；它可以由我们自己的努力而改变，因此我们对于现世寻求圆满的可能性充满信心。①

　　K. 雅斯贝尔斯以一个现代思想家的敏锐洞察力，对人类的精神处境进行了深刻分析。他的上述看法，应该对我们有很大的启发。事实上，就人类精神的当代处境而言，从"现世寻求圆满的可能性"正在不断促使人们越来越具体、直接地把生存的前景托付给某种感性的"完满"与"欢悦"。也就是说，在经历了漫长的文化演变和心灵痛苦、精神焦虑以后，人在当代生活现实中似已发现了某种足以为当下生存活动提供享受根据的感性形式——借助技术进步和大众传播活动，这种感性生存形式正在不断演化为人的当下价值欲求、普遍的生活意志。当下的生活被确认为人的轻松、嬉戏的感觉对象，现实文化的价值实践被肯定为一种不断以"工艺"方式而"诗意"表现的消费体系——尽管这种"诗意"已不再是精神（理性）超越意义上的自我生命实践与体验，而不过是高度快悦的感性抚慰，但它却是人在当代境遇里为自身建立的生存庇护。

　　这里，我们就可以发现，无论如何，建立在精神无限性认同之上的那种艺术审美价值观，其最基本的信仰前提已面临重大挑战。即便不能说任何一种"创造"的精神（理性）企图都已经失败，但至少精神无限性的神话不再是人们唯一可能倾听的声音；在绝对的精神世界之外，人们似乎看到了更能为人的当下生存满足所要求的现实。这样，精神（理性）在同感性的直接对立中遇到了自己的限度，"超越"的精神（理性）意愿在文化的现实之境显得孤立无助。也正是在这里，人们看到了由当代文

---

① K. 雅斯贝尔斯：《当代的精神处境》，黄藿译，三联书店，1992，第1、3页。

化现实所导致的对"经典的"、浪漫传统的艺术审美本质的终结：艺术"创造"
（"创造性"）的唯一性开始让人觉得可疑，艺术审美的价值效力由于逐渐失去了精神
（理性）有效性的根基而开始褪去它神圣的光环。特别是，当技术进步力量以某种
"本体化"方式进入艺术、艺术活动之后①，艺术便不得不开始经历一番痛苦的"重
写"。而这种"重写"的最基本形式，就是不断以艺术的技术性"复制"（"制作"）
来置换那种纯粹个体手工艺性质的"创造"。显然，这是艺术、艺术活动在当代文化
现实中所发生的无可更改的事实，也是审美领域的革命性后果和技术完善化所带来的
美学危机。如果说，当年黑格尔曾乐观地坚信，"艺术作品却不仅是作为感性对象，
只诉之于感性掌握的，它一方面是感性的，另一方面却基本上是诉之于心灵的，心灵
也受它感动，从它得到某种满足"②，那么，现在，由于欲望解除了人的精神武装并
开始让人直接听命于这个世界的现实摆布，由于艺术生产与商品生产普遍地结合起来
了，艺术"不再依附于一个外在的参照物；由于成为成批生产的艺术品，它废弃了
孤本或原件的观念"③，因此，精神（理性）在此过程中显然已力不从心，无法继续
维持艺术审美与人的理性自觉、精神升华之间曾经被充分肯定的一致利益。因为毋庸
怀疑的是，所谓艺术对"孤本或原件的观念"的废弃，实际就意味着技术话语在当
代艺术活动中对个体性力量的彻底颠覆——艺术不复再见那种"个人"精神的气质
或风格，艺术的真正主体不再是个别的艺术家或读者，而是技术规则的自身运作，是
到处扩散的"形象"在用机器成千上万地复制自己的"艺术拷贝"。

艺术的当代境遇，恰像福柯在《作者是什么?》中所说的，"不仅使我们防止参照
作者，而且确定了他最近的不存在（recent absence）"，"必须取消主体（及其替代）的
创造作用，把它作为一种复杂多变的话语作用来分析"。④ 在"作者"成为问题之处，
"创造"也成了问题，艺术审美的心灵指向性及其内含的伦理力量也成了问题。

这个问题，归结到最后，就是精神（理性）本身的问题。正是当代人类精神本
身所面临的非超越性现实、感性压力，决定了艺术审美的价值效力必定是有限的。这
种对艺术审美的价值限度的认识，作为一种非本质主义和非审美主义的立场，在强调

---

① 关于这个问题，参见拙著《扩张与危机——当代审美文化理论及其批评话题》第 5 章，中国社会科学
出版社，1996。
② 黑格尔：《美学》第 1 卷，朱光潜译，商务印书馆，1979，第 44 页。
③ M. 杜夫海纳：《当代艺术科学主潮》，刘应争译，安徽文艺出版社，1991，第 77 页。
④ 见王逢振等编《最新西方文论选》，漓江出版社，1991，第 448、458 页。

艺术价值建构的现实性及其超越努力的有限性之际，更多看到的是那种将艺术与自然（现实）、精神（理性）与感性二元对立的美学认识的局限，也更多看到了艺术在当代文化现实中的艰难。

首先，有关艺术审美的价值限度的认识，既承认艺术的精神超越性努力所禀有的浪漫气质，同时又强调那种建立在精神无限性认同之上的艺术与自然（现实）的对立仅具有某种历史的意义——在当代文化现实中，艺术带来的却不是由其自身"创造"努力所产生的心灵效力，相反，艺术、艺术活动必须通过对现实的直接认同来重新获取自己的生存之力。这就是说，与以往相比，今天，人的文化—生存环境已产生了新的行动可能性，人们得以在其中有意识地从事各种自我表现的"审美"实践，并形成持续的联系。而艺术活动恰巧是产生这一持续联系的便捷形式，也是人们对付已知的现在和未知的将来的有效文化形式。在这一过程中，艺术家只是充当了必要的中介，艺术、艺术活动已不再是一种仅由艺术家个人承担责任的行为，而成为整个当代文化—生存环境中的人类普遍沟通过程；人们不仅在其中自我表现着自身的追求和利益，同时也强化了对整个文化—生存环境的新的思考。也正因为这样，今天的艺术必定趋向于同大众的文化要求和思想相一致：或者表达大众日常生活中的文化差异因素，或者表达大众对现实环境的认同；或者体现大众日常生活在特定意识层面的自由想象，或者体现大众文化活动的反叛自觉。艺术、艺术活动、艺术家本人及其群体，不是从整个社会进程及其文化现象形态中分离出来的，而是受着整个社会及大众日常生活、文化利益的驱使。整个文化现实所要求并规定于艺术、艺术活动的，是在一种特定"审美形象"的构造中重新显现现实文化价值的具体存在形态，以使大众能够从这种独特的建构行为和结果上直观自己的处境；现实文化进程及其利益所要求于艺术家的，则是充分体认和具体表达当代社会大众的具体文化立场。艺术家不但作为艺术创造主体现实地发挥自己，而且作为大众日常生活的直接参与者，现实地构建当代文化实践过程的独特形式。

其次，对艺术审美的价值限度的认识，揭示了艺术的伦理幻想特征，强调了这一幻想同时也是人类精神崇拜神话的基本内容。这就是说，对于当代文化处境中的艺术来说，肯定艺术审美的价值限度，也就进一步明确了艺术的伦理力量的有限性。它所要求的，是艺术能够重新回到现实的文化层面，直接面对人的文化现实而不是远眺精神无限的未来；是艺术能够发挥它应有的感性表达功能，直接面对人在当下的满足需要而不是无止境地祷祝心灵的内在自觉。由此，对艺术审美的价值限度的认识，意味着对某种现实利益的充分肯定——艺术伦理的现实形式，并不在于引诱人的精神幻想，而在于能够充分体会、同情人在现实境遇中的日常实践意志，满足和补偿人在现实生活中的心理缺失，填充生活的现实空隙。

总之，在现在这个时候，强调对艺术审美的价值限度的认识，一方面是基于艺术本身的改变，同时更是出于一种现实的功能目的，即通过保持艺术、艺术活动与文化现实之间一定的制度性关系，使艺术得以在一个新的文化时代继续保持自己的生存能力。

三

正是由于上述原因，在我看来，今天，艺术审美的价值主要便维系在对人的生存现实的心理补偿可能性方面。在根本上，它是同当代文化、日常生活的"泛审美化"趋势联系在一起的。

概括说来，当代文化、日常生活的"泛审美化"，主要表现为：第一，"审美"领域的无限扩展。在经典的美学话语中，"审美"总是与人的生命精神的自我超越性体验相关联，而与实际的物质功利追求无涉；"美"与"丑"、"艺术"与"非艺术"的唯一界限，就是人的生命精神体验中的心灵感受性。换句话说，"艺术"之为人的精神对象，其之所以能够在经典的美学话语体系中有着确定不移的位置，不仅是因为它集中体现了人的生命的超越性想象，更因为它较之不完善的、缺少理想价值的日常生活，更为充分完善地再现了"审美"的精神超越性以及人的生命的永恒性。在"审美本质主义"的浪漫冲动中，人们总是愿意把艺术当作超越现实生活的唯一独特形式，并赋予其特殊而绝对崇高的价值使命。就像马尔库塞热情赞美的，"艺术和艺术人物的纯洁人性所表现出的统一体是非实在的东西：他们是出现在社会现实中的东西的倒影。但是，在艺术非实在性的深处，理想之批判和革命力量，充满生气地保存着人在低劣现实中最热切的渴望"[1]。这种对艺术的要求，突出了一种知识学领域的辩证法，它的前提就是"审美/艺术"与具体生活现实之间的二分天下。然而，当代文化、人的日常生活现实，却完全破坏了美学话语的这一绝对知识权威：艺术作为一

---

[1] 马尔库塞：《审美之维》，李小兵译，三联书店，1989，第14页。

种人们熟悉的文化形式，不仅继续承担着为生活进行审美表现的功能，并且随着当代生活实践的愈益扩大和日常生活方式的广泛改变，特别是随着当代艺术自身"技术本体化"趋势的不断蔓延和大众传播的持续泛化，艺术与日常生活的传统界限如今已变得相当模糊；"审美"不再是艺术独擅的专利，而是相当普遍地成为整个文化和日常生活本身的直观形式——人的生活的感性存在和存在证明。现在，阅读小说、观看电影、欣赏音乐、参观美术馆等，不仅是"审美的"活动，更是人们用以显示自己生活方式的"审美的"外观，而大众传播对日常活动的直接介入，则进一步加剧了"审美/艺术"与人的日常生活在感性形式方面的同化，以至于理发、穿衣、居家、购物等都"审美化""艺术"了。"艺术"成了生活领域的日常话语，"审美"成了大众欲望的又一种"包装"和日常生活的直接存在形式。

第二，"当下性"凸现并绝对化为人的普遍的生活享受动机。这里，所谓"当下性"一是指感性的泛滥、膨胀，主宰着人对现实生活的全部意欲和追求，对生活的外观直觉压倒了对生活的理性判断，立即呈现的满足感遮蔽了恒久体验的可能性；二是指日常生活的流行化，流行音乐、流行小说、流行服装、流行发型……生活是一块巨大的"流行榜"，一切皆可流行，一切都服从于流行，"流行化"不仅是文化的一种巨大形式，而且就是日常生活目的本身、人对生活的尽情享受。可以说，正是人的日常意识的感性绝对性以及生活的流行化，构成了当代文化、日常生活"泛审美化"的"当下性"层面。

第三，借助大众传播活动来完善文化的"审美"包装。当代大众传媒的日益发达、大众传播活动的日益普及及其对日常生活的有效介入，不仅从感性方面为张扬文化现实和日常生活的"泛审美化"提供了强有力的技术保障和直观形式，而且急剧强化了文化的当下性和流行化表现。无孔不入、遍地生花的大众传播活动，大面积渗透在现实生活中，迅速崛起为一股令人无法抵挡的感性力量——当代传播技术的持续进步，则为其制造了持续泛化的新的可能——既改变了生活的"真实性"内容，又把文化现实及人的日常生活感性地包装为一种"泛审美化"的过程。

必须看到，这种"泛审美化"的现实，与当代文化的商业化进程之间具有某种一致性。"泛审美化"的文化现实、日常生活是当代商业化社会形态的现实外观，而商业化则是"泛审美化"的物质内核。也因此，以人的日常生活"物欲"实现和满足为实践过程的商业化社会形态，便理所当然且堂而皇之地进入了破碎的"艺术/审美"之境，商业化的事件最终成了一种"审美的"现实。

正是在这种"泛审美化"的当代文化、日常生活情势下，艺术确立了它对人的生存现实的心理补偿可能性。因为很明显，无论我们曾经拥有的美学理想、精神超越性期待是如何引领了艺术的前进方向，无论伟大艺术曾经如何"创造"出人类灿烂的精神光华，现在，在一个人的精神努力已经涣散、超越性的理想已被当下的物质满足与感性享受动机所替代的时代，在一个"审美"泛滥为生活的感性外观的现实文化之境，艺术的绝对崇高的价值意图和超越性努力实际已不可能再度唤起人们精神上的无限向往与渴慕。"泛审美化"的现实拒绝为人的日常活动承担精神的价值义务，它在以感性主义的夸张方式不断制造生活的"审美"包装的同时，又在人对生活的"审美"享受中不断刺激起越来越强烈的感性要求。"审美"成为一种消费性享受，成为感性主义的冲动和流泛。在这种"泛审美化"的现实中，人确已越来越多地感受到自己的生活和生活环境的丰富形式，然而，人除了继续在感性和享乐中陶醉以外，却也无可依傍。

心理的缺失与空旷由此诞生。没有了精神的目标——哪怕这种目标只是幻觉性、超幻的，人却也曾在那里找到过自己的寄托——人在太多的物质诱惑与太多的生活享乐之中，反而感到了一种无所依傍的寂寞与空落。但由于通往精神超越的道路已经封死，理想的花朵已经凋落，因而，在今天这个时候，艺术的直接意义就在于它能够多多少少为人的现在的生活添置几许审美的心理补偿。

这种补偿之所以是心理性的，关键在于：同人在现实过程中对物欲享受、日常满足的要求相比，艺术、艺术活动已经失去了直达人的全面心灵的能力。尤其是，当艺术本身已成为人的日常生活的具体"包装"形式之时，人对艺术的体会也就只限于它对生活的形式化意义，而不再顾及艺术的精神超越性努力。而同商业化社会形态所提供的那种日益丰富的物质满足相比，艺术、艺术活动仅仅是在生活的表象层面为人们提供了一种斑斓耀目的色彩，却无力为生活的实际满足指示现实的路径；人在实际活动中并不依靠艺术、艺术活动的精神赐予，而只是借助艺术的"审美"形式来装点被生活的日常欲望驱赶得疲惫不堪的身体。

艺术失去了往昔的精神无限性效力，却获得了它在现在这个时候的新的可能性——精神的美学成了"身体的美学"，艺术成了人在"泛审美化"情势中所获得的一种心理满足。这里，艺术作为现实中人的心理补偿，它的主要特点便表现为以下几点。

第一，艺术只要捕捉住那些生气勃勃的日常现实外形，就足以令人快乐，令人惊叹。

日常现实是粗鄙、短视的，但它又是那样生动直观，那样娱人耳目，给人以具体满足。较之那些曾经将精神的永恒努力当作不变的价值理想的艺术"创造"，凡俗现实虽然掩饰不住人的精神匮乏、生命平庸，但是，由于它的直观性、具体性和生动性，能够给艺术以超然的理想所没有的现实感、亲近感和熟悉感，因而更易于在形象层面产生出艺术与人、人的生活之间的联系，使艺术获得对日常生活的直接表现能力，进而直接传达人在现实中的欲求、满足与快乐。

第二，艺术只要提供一种基于现实的想象，并且这种想象能够给人们带来当下的快感，便已足够暂时安慰人在现实中的焦虑。

在现实的欲望之境，人们或者由于过于急迫地想要得到，不免时时会感到某种失望、不满和冲动；或者由于物欲的享受过于简单直接，反而会生出许多华丽的遗憾、奢侈的浪漫。无论如何，现实是平庸的，同时却也永无满足。人们希望从艺术中得到某种想象性的表达，希望在艺术的审美之境里获得想象性的实现。在这里，事实上，艺术已经无须讲求所谓历史性的深度、精神性的崇高，或者对日常之境的批判性反思；艺术本身就是一种"现实"，一种把对欲望的感动直接转化为审美形式的存在。建立在这一基础上的艺术想象，尽管缺少生命的诗意境界，但却充溢了当下的快感，足以为渴望或餍足的人们提供一种现实的心理安慰，足以使人对艺术充满感激之情——对艺术的需要，正产生于这种感激。

第三，艺术只需提供一种生动可感的形象，而无须等待精神的持久耐力，便可以在人的心理层面产生直接的效果——尽管这种艺术的效果早已不再向人们承诺历史和永恒。

"泛审美化"的当代文化与日常生活情势，要求一种取消了精神崇高目标的直接心理效果。一方面，艺术、艺术活动不仅不需要向人们承诺某种伟大、崇高的精神信仰，同时也不需要将这种精神性的价值和价值方式当作自己的期待和本质。艺术、艺术活动已经开始远离文化创造的长远要求，而将自己放在了一个与人的日常生活相平等的位置上。另一方面，艺术和生活之间的固有分界被取消，凡是艺术所表现的，就可以而且应该是由生活加以实现的。不仅艺术的对象、艺术活动的过程就是日常生活本身，而且对艺术的享受也同样必须是能够被人的日常生活所直接包容的。艺术就此成为一种日常生活的直接感性形象，直接生动地叙述着日常生活的故事。正因此，艺术才有可能直接地产生出动人的效果——一种放弃了理性审视和判断的非历史的形象效果。

艺术的历史维度被日常生活的感性要求拦腰截断。艺术、艺术活动的有效性不再体现为它对精神超越性的守护能力，而是具体体现在它能否直接感动人在日常生活里的享受目的之上。一句话，今天，当人们再度审问艺术和艺术活动的效力时，已不必过多忧虑其在本体性层面的缺失问题，而只需担心艺术、艺术活动如何才能具体满足人在日常生活里的享受问题。

所有这些，尽管是对传统美学信仰的打击，但不能不承认，它就是艺术和艺术活动的现实。

四

基于对艺术审美的价值有效性的考虑，今天，艺术审美的价值限度主要便维系在艺术、艺术活动与日常生活之间的关系上。由于这种关系本身所具有的非超越性本质，因而也就决定了艺术审美在现实文化语境中的有限性维度，实际指向了一种非伦理性的方向，即艺术、艺术活动既不承担"救世"的文化义务，也不具有为人的生存进行精神救赎的能力。

如果说，过去我们曾经满怀热情地寄望艺术能够在超越现实世界的"创造"中产生某种理想的清明指向，那是因为我们一直在一种理性、精神的先在优越性基础上，把人的世界截然划分为天然对立的两极——感性的世俗生存与理性的超越存在，并试图通过理性对感性的规范、精神对自然的控制来达到理想生存的目的。正是这样一种对世界的理解，鼓舞了美学对艺术审美的价值想象与肯定，并寄予无限的希望。

而现在，感性的甚至是粗鄙的世俗生存被证明为并非毫无意义，生命精神的超越性努力也同样没有兑现它对人在现实世界里的生存的有力庇护。人们相信，人在现实的感性满足中更能为自己找到生存的实际理由。这样，对于艺术、艺术活动来说，它也就失去了作为精神超越性存在的必要。

首先，现实世界虽不完善，但却有可能向人提供实际的满足，人们因此并不寻求在现实世界之外为自己建构一个精神庇护所。相反，人们要求于艺术、艺术活动的，是它能够在直接表现现实世界的过程中，为现实世界进行证明：证明现实世界中人的日常生活满足的合理性，进而也证明人与现实世界的那种感性关系的合法性。现实世界不需要由艺术来拯救，而要求艺术能够为自己作出证明。这样，艺术的存在，艺术的价值，只是体现为艺术与现实的具体对应性，而不是遥遥无期的超越。艺术、艺术活动不仅不承担"救世"的伦理义务，而且否定了精神"救世"的可能性。而正是在这种否定中，艺术产生了自己对人的审美意义。

其次，在现实中，人的生存满足并不要求确立唯一的精神维度，相反，生活的欢娱本身就来自对精神努力的回避和悬搁：在不追求精神自足的日常生活中，人获得了自娱性的满足；在拒绝理性主导与控制的感性世界里，人拥有了自由的享乐。由此，艺术曾经为自己设定的精神"救赎"功能被消解了。由于没有了人的"救赎"要求，艺术不仅失去了"救赎"的对象，而且失去了"救赎"的能力。甚而在某种程度上，艺术自身反而被生存现实所"救赎"——只有在艺术对日常生活的直接证明过程里，艺术才有可能获得自己的生存合法性。正是从这里，我们发现，艺术在今天这个时候比以往任何时候都更轻松，更富有生动性，它不仅敢于主动深入到现实世界的活跃现象之中，而且，伴随日常生活本身的感性脚步，艺术、艺术活动与人的生存要求之间有了某种更大的亲和性。

或许，由这种艺术审美的价值限度所产生的，正是一种新的审美意识形态。它所呈示的，是一个不完善的同时又十分生动的艺术生存图景：艺术是无力的，因为它并不像我们曾经希望的那样能够导致一个有效超越了现实世界的理想世界；艺术又是有用的，因为它的确可以为人在现实世界里的努力进行必要的修饰。艺术可以是反抗的——作为某种社会批判文本而显现自己的特殊性；艺术更是和平的——在与人的日常欲求、生活意志的直接对应中成为生活之爱与满足的鲜活证明。

放弃了"救世"的理想，艺术或将在自己的有限之维产生新的可能？

（原载《文艺研究》2003 年第 3 期）

大众传播与当代艺术状况

——当代艺术模式转换的一种现实

在当代审美文化理论的视野中，我们时代艺术的多种现实可能性，常常显现为当代文化本身的现实可能性，而当代艺术的每一个具体事件也同时是我们时代的文化事件本身。从这个立场上去理解当代审美文化领域中的艺术问题，有关当代艺术模式转换与大众传播、大众传播媒介及其活动的关系，在当代审美文化理论的批评性考察中便有着特殊的意义。因为毫无疑问，在一个已进入大众传播强力控制的文化时代，当代艺术每一现象的生成总是不可避免地联系着大众传播媒介、大众传播方式及其过程的诸多方面。

当然，对于大众传播对当今时代的文化控制，我们可以从多种因素上进行考察。其中最重要的表现特征就在于：广播、电影、报刊，尤其是电视、互联网及摄录音像制品等的出现与不断发展，正在经常而大规模地诱导和制约着今天人类的日常生活；各种政治的、经济的和思想的信息，包括艺术活动的多样现象，纷纷随同大众传播的巨大辐射力及其快捷、直接、形象具体的方式而飘浮在我们的日常生活之中。可以说，作为"由一些机构和技术所构成，专业化群体凭借这些机构和技术，通过技术手段（如报刊、广播、电影等）向为数众多、各不相同而又分布广泛的受众传播符号的内容"[1] 的大众传播，在今天不仅十分具体地参与了整个社会过程和大众的日常生活活动，而且在当代社会和人的各种具体生活层面形成为一种重新组合人的生存形式的文化力量，连续制造着当代生活的大分化与大整合，使之不断走向新的变迁过程。

---

① M. 杰诺维茨：《大众传播研究》，参见丹尼斯·麦奎尔和斯文·温德尔著《大众传播模式论》，祝建华等译，上海译文出版社，1987，第7页。

　　面对当代审美文化领域中艺术、艺术活动的现实遭遇和表现，我们有必要在理论上作出审视，设计有效的策略。

一

　　我们所谓"当代艺术模式"，主要指当代艺术"创造—接受"的整体性互动过程。在我看来，在当代大众传播环境中，艺术模式转换已成为一个显著的事实。当然，要准确理解这种转换，首先应从那种同当代艺术模式直接相关的大众日常生活质量的变化方面进行考察。因为很明显，当代大众日常生活的任何一种细微改变，都一定地反映了大众传播对人的现实价值观念、精神满足需求的影响，它直接联系着人在大众传播所规范的生活环境中对艺术、艺术活动的理解与追求。

　　大众传播与当代大众日常生活的关系，确立在以技术为先导的"影响（制约）—接受（认同）"过程上。大众传播凭借自身所制造的各种符号信息的生动性、形象性，实现对大众日常生活过程的参与；大众在日常生活世界里感知、重复着大众传播的符号内容及其意识形态特征，接受、模仿那些可复制的大众传播形象，从而趋近于平面上相似或相同的共时性生活结构。这一点就像豪泽尔所说的："个人对于公共行为方式不可避免的——假定在很大程度上是无心和无意识的——适应性，使人们倾向于群体的思想方式，并且通过报纸、无线电、电影院、广告牌，实际上是通过眼睛所看到的，耳朵所听到的一切东西，使得这种倾向不断地强化。"① 这样，第一，大众传播的公众性消解了人们生活活动的私人性——这种私人性曾经使我们得以夸耀个人的智力和理性，保持不间断的个人奋斗。当代生活形式与内容被放大或缩小在由大众传播媒介及其传播活动所控制的共时性范围内，进而消解了人对历史感的精神痴迷；日常生活价值追求平面化，并在总体维度上突出了一种文化的大众化运动方向：当代文化已不是或不仅仅属于个体的生存方式和环境，而是在不断重复、复制大众传播符号信息的基础上为大众所经历和体验、认同或拒斥；个人生活开始失去其绝对的特殊性，模拟着公众在大众传播环境里普遍的存在形式。"个体的时代失去了其显著

---

① 阿诺德·豪泽尔：《艺术史的哲学》，陈超南等译，中国社会科学出版社，1992，第327页。

的力量。历史的纪念为现在与历史的两极的史诗般的亲缘关系所取代。"①

第二，大众传播方式、过程，尤其是电视、互联网及摄录音像生产技术的迅速发展，使得大众传播的各种符号信息空前广泛地介入当代大众日常生活的各个领域。借用马歇尔·麦克鲁汉的"地球村"概念来看，太多太快的信息传播、交流的发展，使得现在人类如同随时随地生活在同一个生活空间中，巨大的地球似乎越变越变小，成了一个喧嚣兴奋的人类群居场所；人们在其中躁动地面对来自四面八方符号信息的袭击。这样，利用各种有效的技术形式，大众传播把当代人类活动从传统层面提升到了一个新的领域，在人们眼前展现了一个仿佛亲切可感且广大活跃的世界"形象"。特别是，由于技术手段在大众传播过程中具有可控的多样变化特征，能够不断进行切入、转换、遮蔽、修整、取舍选择等具体操作，因而大众传播不断强化了对当代大众日常生活发展的现实操控力量，直接影响了人对自身活动的规范和评价，也影响了当代大众日常生活的价值趋向和实践形式，使得人们有可能通过大众传播媒介及其活动而超越人类自身有限的生存活动。

第三，大众传播所具有的巨大渗透力和制约性，促成其意识形态方面的自觉立场和性质在一个相当广泛的社会接受过程和具体感受氛围中成为大众的对象：大众日常生活以特定观念形态认同了大众传播的意识形态利益，并将之进一步转换为生活实践本身的意识内容。这种大众日常生活对大众传播力量的观念性肯定，具体地表明了人的日常生活意念、判断被整合进大众传播所控制的意识形态氛围，大众传播的意识形态利益与大众日常生活观念的非自觉性构成了一种模式运动，其间的不平衡性已是人们无力反抗的事实。这也就是豪泽尔在分析电视这一大众传播媒介时所说的："大众媒介的受众与其他艺术形式的受众不同，首先在于他们只能接受而不能选择。在任何情况下，节目都是根据同一个原则组织的，受众的选择余地很小，若你不想听或不想看某一个节目，就只能把机子关掉，别无他法。"② 它体现了"社会信息传播的性质要求对大部分原则具有信仰，因为这些原则具有非常专断的性质。这意味着，反过来个人会被信息传播手段彻底改变"③。

---

① 哈贝马斯：《论现代性》，见王岳川、尚水编《后现代主义文化与美学》，北京大学出版社，1992，第11页。
② 阿诺德·豪泽尔：《艺术社会学》，居延安编译，学林出版社，1987，第288页。
③ 雷蒙德·保罗·库佐尔特等：《20世纪社会思潮》，张向东译，中国人民大学出版社，1991，第450页。

第四，当代大众传播活动具有绝对直接的感受刺激作用，而电影、电视、互联网及摄录音像制品等所拥有的无与伦比的形象直观性、生动性和丰富性，更在数量巨大的接收者群体中形成了一股综合感染力量，既不断推动着大众日常生活内容与形式的迅速更迭，又强制性地决定了当代大众对生活的强烈"现时感"（当下性体验要求）——大众传播的直接性、形象性、生动性、丰富性及其综合感染力，在语言文字、画面、音响、色彩等因素的技术合成中，转换为对大众接受过程的即时有效性，短暂、强烈而又频繁地刺激着大众的感知活动和判断能力，在大众日常生活需求的现实过程中煽动起当下情感体验的追求与满足。日常生活本身的"现在"形态与直接获取可能性，压倒了人对精神生活的持久信念。这一点，如果用杰姆逊教授的话来说，也就是"新时间体验只集中在现时上，除了现时以外，什么也没有"①。而这些不仅是当代大众日常生活的现实观念，同时也是当代人的具体生活实践。

上述分析表明，当代大众日常生活质量的变化，在一定程度上反映出大众传播媒介、方式及其活动过程对人的现实精神/价值追求、审美满足/需要的制约——人在审美层面的内在变化总是与生活质量的改变息息相关。因此，当代大众日常生活变化成为艺术模式转换的前提性存在，在当代审美文化的大众实践过程中改变着艺术和艺术活动。毫无疑问，在今天这样一个大众传播活动日益广泛、深刻地影响人的现实生活质量的时代，艺术模式的一系列转换乃是一桩理所当然的事情，它经历着：

第一，艺术与大众日常生活的广泛对话。大众传播的强制性权力正在持续而有力地瓦解着艺术作为贵族化享受的奢侈物形式。电影、电视、广播、报刊、互联网以及摄录音像制品等在引导当代大众的艺术消费过程中，促进了艺术与大众之间的相互亲近：艺术成为当代大众可以共享的日常生活对象而非少部分人自我陶醉的纯粹精神领地。特别是，大众传播的符号信息，强化了当代艺术对大众日常生活的文化性喻示和表现，艺术不再是纯粹个人心灵的高贵独吟，也不再是艺术家个人运用精致技巧展现自身特立行为的活动，而是直接具体地满足日常生活各层次欲望、需要和追求，表现、象征大众文化的现实状态。由于电影、电视、广播等对艺术活动的大范围介入，昔日笼罩在艺术之上的神秘光环开始褪色，艺术家逐渐从过去的"精神贵族"领地

---

① 弗·杰姆逊：《后现代主义与文化理论》，唐小兵译，陕西师范大学出版社，1986，第207页。

走向大众日常生活，大众则通过传播媒介直接介入艺术活动、艺术家的世界，直接了解艺术和艺术家的细微动向，前所未有地进入艺术活动过程。如今天的音乐不但是音乐家利用电子合成器或数码器材等进行创作、演奏的，特别是，数量巨大的听众可以通过电视台、电台乃至互联网的现场直播或数码唱盘、视盘等，在远离音乐厅的地方欣赏音乐的旋律和音乐家的演奏。在这样的情形下，艺术活动的私人性便如同当代大众日常生活的变化一样，逐渐为大众传播所造就的公众性所代替，"文化的生产被驱回到一种精神空间之内，但这种空间不再是旧的单个主体的空间，而是某种被降低了的集体的'客观精神'的空间"①。

第二，大众的艺术接受可能性大大延伸，由过去的"阅读/思考"接受形式转向"直观视听/感知"的身体接受形式，即由那种必须经由反复审视以体会艺术表现符号的内在隐喻、反复解析作品构成以深入领悟艺术家创造动机和思想实质，转向凭借广播、电影、电视、互联网以及摄录音像制品等，在视听形式中直观那些由大众传播媒介操纵者有意增删、调整、改制了的艺术形象，从而直接感知艺术的魅力。由此，在大众传播及其活动的直接作用下，艺术之于今天的大众已不再是纯粹"他性"的存在，也不必依赖人的太多智力分析，而是在经常性的"直观视听/感知"中成为当代大众自身亲历的对象和活动。

正是在这种情形下，当代艺术日渐突出了其大众消费性质。以往艺术引以为自豪的历史感、人性价值、理性判断等深度模式，退隐到满足大众日常生活享受的新的消费力量之中：艺术活动、艺术家不断适应了艺术由阅读向直观视听、思考向感知、少数个人活动向大众共享的转移——现在，人们通过互联网、报刊、画册等就可以看到以前只有在美术馆里才能目睹的雕塑、绘画，不必坐在音乐厅或剧院就能够从电视、广播、CD、DVD 和 VCD 等听到动人的旋律、看到翩跹的舞姿与精彩的情节。在这一转移过程中，当代艺术、艺术活动的生存权利随之向大众（艺术消费者）方面转移，大众在当代传播环境中的艺术接受/消费活动则日渐把艺术推向了由传播活动的共时性过程所构造的平面性消费形式。与此同时，由于当代大众传播对大众日常生活质量形成了新的制约，艺术家开始不得不考虑如何把大众接纳到艺术活动之中这一"创造与接受同构"的问题——通过大众传播及其活动，"大众"成为艺术活动的本质要

---

① 弗·杰姆逊：《后现代主义，或后期资本主义的文化逻辑》，见王逢振等编《最新西方文论选》，漓江出版社，1991，第350页。

素进入艺术过程。"当代艺术不仅仅要求观众证明自己,而是要激发观众,并且比以前任何时候更迫切地需要观众支持","今天的作品并不需要成为绝对权威或受人顶礼膜拜。它们把观众作为朋友"。为此,杜夫海纳热情地欢呼:"艺术邀请我们参加一个撤消了各种禁忌的盛会,但条件是这个盛会须由我们自己举办,而非别人为我们办的。"①

也正是在这个基础上,在当代审美文化实践的艺术形式上,出现了本杰明所说的情形:"在概念上区分作者与读者就失去了根本意义,这种区分成了一种功能性的、对具体情形的区分,或成了对异质事物相互融化的区分。读者随时都可能成为作者,读者作为鉴定人就具有了成为作者的可能。"②

第三,当代技术在大众传播中的成功运用,不断推进了大众日常生活在技术层面的普遍、丰富发展,直接规范了人的生活现实的多种可能性,从而再一次明显强化了技术材料、手段在当代艺术中的作用。从当代审美文化实践方面来看,艺术在今天已不再可能恢复为艺术家的纯粹手工艺活动,而是更多利用了当代大众传播的技术力量,通过光、声、色、形等结构因素的最大限度的组合或分解、转换或改制,对大众形成有效的吸引力。其如电子扩音设备的音量达到人耳所能忍受的极限,它迫使今天的听众不再像以前那样"倾听",而是调动其全部感官、关节、肌肉来应合技术力量所制造的声响魅力。这一点,在多媒体技术的支持下,如今已达到登峰造极的程度。于是,在审美文化的当代图景中,大众传播活动的巨大现实使得当代艺术活动的技术性质变得日益突出,"艺术作为审美体验的一种结构性活动,总是同人的活动及其技术联系在一起的"③。

第四,在大众传播的意识形态利益与当代大众日常生活观念的非自觉性模式运动之间,当代艺术的意识形态扩张力度愈益表面化。当代艺术的意识形态作用可能性建立在艺术活动、艺术家对大众传播的有效利用上,但日常生活中大众传播符号信息的泛化及大众传播的具体特性,却一定程度地限制了艺术对人的心灵本质的思考和艺术家对生活的细微探究;当代艺术开始转向以传播"形象"来应合人的日常活动、传递现实感受:艺术更加突出地关注了自身对日常生活的表现范围而不是意识形态深

---

① 杜夫海纳等:《当代艺术科学主潮》,刘应争译,安徽文艺出版社,1991,第18、19页。

② 瓦尔特·本杰明:《机械复制时代的艺术作品》,见董学文等编《现代美学新维度》,北京大学出版社,1990,第187页。

③ 杜夫海纳等:《当代艺术科学主潮》,刘应争译,安徽文艺出版社,1991,第118页。

度。因此，在当代审美文化中，由于大众传播的巨大作用，当代艺术自觉地走上了以"形象"代替思想、以"形象"确立意识形态利益的道路。而这一点，恰是当代艺术对由传播媒介鼓动起来的大众日常生活"现时感"的一份满足。对此，杰姆逊教授曾以"非真实化"或"现实虚空化"的概念来加以评论。虽然我们并不能完全同意杰姆逊的意见，但至少在这样一点上他说得有道理，即："形象就意味着过去和未来仅仅是为了现时而存在，我现在感知的这一时刻就是这些对象存在的理由，这些物品的过去与未来，即它们为什么被带到这里来，都存在于我对这些并列的颜色的感知，客观世界的一切都是为了感知本能存在。"①

二

16 世纪英国哲学家培根曾以"种族假相""洞穴假相""市场假相""剧场假相"②，归结了人在当时环境及其对认识的先在性制约中的错误观念，深刻揭示了人对世界的认识局限性和歪曲性。而今天，当代大众传播之普遍参与大众日常生活、制约人的思想方式，显然又在更为广泛的当代审美文化层面制造了一种令人惊奇的"传播假相"。

这种"传播假相"的关键就在于：首先，大众在一个被传播媒介及其活动预先设计完成的视野中进行观察和接受活动，其结果是在认识上产生出对大众传播媒介及其活动的严重依赖与服从，而不至于破坏这个在认识活动之先"预植"的过程。换句话说，人的精神活动的主动性、选择性被大量传播媒介制造的信息及其活动遮蔽了。对此，美国传播学者麦克鲁汉在其《理解媒介：人的延伸》一书中，用新型传播媒介是人的神经系统延伸这一命题方式，指出：大众传播媒介的当代发展，代表了线性的、顺序进行的、单一的传播形式向多维的、同时进行的大众传播形式的转化；正像我们不能躲避我们的神经系统一样，我们也不能躲避我们周围的大众传播媒介及其方式，我们神经系统的生理过程和传播媒介的电子过程都是在我们的意向之外进行的。这里，所谓"人的神经系统延伸"的大众传播媒介，实际上决定了人在现实中

---

① 弗·杰姆逊：《后现代主义与文化理论》，唐小兵译，陕西师范大学出版社，1986，第 196 页。
② 参见《16～18 世纪西欧各国哲学》，商务印书馆，1975，第 13 页以下部分。

的先在性认识结构。它反映出：大众传播影响的先在性往往掩盖了人以及人的客观生存环境的具体本质；符号信息的接受、译解及其经常出现的悖谬，又常常代替了人与世界之间的直接认识关系。其次，大众传播效力使得当代大众生活不断追随、仿效那些成为传播中心的人物、事件、现象，并将其"形象化"／"影像化"，并以传播"形象"为真实存在本身，"看电视的人一旦打开电视机就以为他看到的就是生活中的画卷，而不是缩小了的图像，他会忽略洋娃娃在说人话这一事实的荒唐"①。于是，大众所关注的对象已由自我本身移向周围环境、他人行为以及各种偶发现象，进而也突出了认识活动的当下性与浅层性。

很显然，这种"传播假相"的弥漫，客观上导致了当代艺术选择的困难。

第一，当代艺术如何适应人在大众传播环境中的认识特点，以解决"艺术应该面向那些需要艺术的人，但它不能强加给任何人"的问题。事实上，当代艺术活动与大众接受过程的交融本身，也受着大众传播"预先设计完成"的视野的规范。这样，当代大众传播制约的先在性，总是把艺术和艺术活动引向大众认识过程的共时性平面，通过强化传播"形象"而煽动起大众的认同倾向。它意味着，以往依靠艺术家个人卓绝创造力和想象力、通过艺术接受者长期自我修养和鉴识能力而实现的艺术过程，在当代大众传播环境里已难以再现。相反，今日艺术要求艺术家尽可能接近大众日常生活和日常生活态度。艺术家必须知道，他所面对的不是学养丰富、久经艺术训练的单个鉴赏家，而是数量巨大、经常围坐在电视机、收音机、数码音影设备旁边的普通群众——他们没有精湛的艺术眼光却有丰富的情感要求，没有持久的鉴赏耐性却有强烈的享受动机。由此，当代艺术的主要困难不在于如何把握艺术创造的内涵，而在于如何把握当代大众传播对大众认识活动的先在性以及艺术在此中的有效性。

第二，今天，艺术已开始从传统演出场所走向巨大的公共广场、大型体育馆、露天演艺场，或是直接走入电视、广播、互联网……趋向于最大程度的展示性／表演性。这种情况表明，艺术"要继续在建立对现实的认识中发挥作用，它就势必需要大众传播媒介的支持"②，把对艺术传达的设计预先推向大众日常生活，把对传达方式的把握充分容纳进整个艺术活动之中。由此，在当代审美文化实践中，艺术在大众传播环境

---

① 阿诺德·豪泽尔：《艺术社会学》，居延安编译，学林出版社，1987，第290页。
② 杜夫海纳等：《当代艺术科学主潮》，刘应争译，安徽文艺出版社，1991，第119页。

中的又一层选择难题，便是如何有效而现实地把握艺术传达及其方式在艺术整体结构上的位置，如何可能在当代大众传播对艺术家、大众的制约中选择艺术传达及其方式。

第三，大众传播以其直观鲜明的展示方式、形象生动的感染力度、包蕴广泛的叙事因素等，在艺术与大众、艺术活动与日常生活之间形成共时性的平面切换。这样，一方面，当代艺术借助大众传播而密切了艺术活动、艺术家、艺术品与大众的"对话"。但在另外一个方面，由于当代大众传播强化了大众对社会事件、生活现象的当下性体验活动，由于当代社会本身的多元性以及社会事件、现象的纷纭繁杂和社会中心的快速迁移更迭既有力地造成了日常生活活动的迅速发展，也一定程度地激化了大众对自身生存状态、发展前景、社会文化等的批判性要求，因而当代艺术在大众传播环境中的选择难题又表现为：艺术既必须不断实现对当代社会、人的生存状态的审视功能，以便在一种意识形态的范围内保障自身与大众日常生活的稳定联系；又要尽力扩展这种审视功能的文化包容性，使之能够通过大众传播而赢得最大多数接受者。在这里，审视功能的深度与广度、力量与范围之间的张力运动及其同大众传播的"形象化"/"影像化"功能、大众"形象"消费迷恋的冲突，成为人们在当代审美文化领域中经常需要加以调适的矛盾。

三

作为一种理论把握，这里必然要涉及一个问题：对于当代大众传播环境中的艺术状况，当代审美文化理论研究应当关心什么？在我看来，这里有四个方面的关注点：

第一，"展示性"。广播、电影、电视、音像制品、报刊、互联网乃至广告等大众传播，把当代艺术引入了一个"复制"或"制作"的领域：一方面，艺术家在艺术活动中通过大众传播所具有的技术力量，大量重复演示着日常生活过程及其文化变迁景观；另一方面，大众传播媒介凭借自身的技术操控能力，利用"信息的特殊性质、广泛传播和一切人都易于理解的语汇能够对公众产生直接和有力的影响"，"传播常常是明显的而且在其它条件下决不会传递给群众的艺术材料"①，大量重复制造出作为大众消费对象的艺术品，从而使以往一次性的艺术创造转变为由可复制的视

---

① 杜夫海纳等：《当代艺术科学主潮》，刘应争译，安徽文艺出版社，1991，第186页。

听形象所保留的多次性消费行为，把以往艺术鉴赏者面对创造性作品时的那种独一无二的个人体验，转变为可以连续、反复进行的大众视听活动。艺术活动本身在经典意义上的"创造"性质逐步消解，"创造性"被"复制性"或"制作性"所取代，艺术家更多依赖了当代大众传播的技术应用和控制来从事具体的艺术活动。由此，我们在审视大众传播环境中的当代艺术现象时，应当考虑到，"随着对艺术品进行复制的各种方法，便如此巨大地产生了艺术品的可展示性"，"现在，艺术品通过其对展示价值的绝对推重而成为一种具有全新功能的创造物"①——这就是说，"复制"对"展示性"艺术品来说，至少部分地抑制了大众原有的那种对"经典的艺术"的神圣性膜拜，使艺术家对作品"展示性"的推重终于在今天这个时候发展到了无以复加的地步。《北京人在纽约》这部电视剧片头出现的长达近 1 分钟的纽约夜景，正是通过光彩斑斓、晶亮辉煌的视觉效应，展示了富裕的美国生活的"审美"魅力，并以此撼动、征服观众的期待心理。观众在这里看到的，与其说是纽约街头美丽的夜色，不如说是电视剧的艺术"展示性"所带来的"纽约形象"——被抽去了内容的真实而与中国观众对美国方式的生活享受欲望相吻合的形式。同样的情况也出现在张艺谋的《英雄》当中：急骤缭乱的刀剑交锋，腾挪飞跃的人形交错，水落剑尖的清鸣——"展示性"之于当代艺术具有如此神奇的形象效力，不能不让人怦然心动。

与此同时，由"复制性"或"制作性"所带来的当代艺术本体性质的改变，不仅为当代大众提供了一种新的文化"形象"和"形象"的活动，而且使当代艺术获得了相当显著的新面貌。"复制不再像那种从词源学或习惯中引出的信念，只是一种现象的简单重复。它相当于一整套运行：它所使用的大量复杂技术、它所追求的目的和它所具有的功能，这一切使它成为一种生产……就一件产生于批量生产的摹本而言，其重要意义不仅在于它不涉及原本，而且还消除了这样一件原本能够存在的观念"，于是，"单一和繁多不再彼此对立，正如'创造'和'复制'不再互相矛盾"②。

第二，深度削平。当代艺术的深度模式消失，是与当代大众传播环境中日常生活的平面性相一致的。广播、电影、电视、互联网、摄录音像制品等，把当代文化活动的当下体验性质深深地植入当代人的现实消费追求，把大众日常生活不断推向以现实

---

① 瓦尔特·本杰明：《机械复制时代的艺术作品》，见董学文等编《现代美学新维度》，北京大学出版社，1990，第 177 页。

② R. 伯格：《皮格梅隆的冒险》，转引自《当代艺术科学主潮》，安徽文艺出版社，1991，第 5 页。

满足享受为内容的平面性过程。这就是：空间代替或取消了时间，"我们的日常生活，我们的精神经历，我们的文化语言，今天都受到了空间范畴而非时间范畴的控制"①。在此情形下，当代艺术只有通过强化艺术活动、艺术品的即时性效果，才能与满足大众日常欲望/生活享受动机的普遍可能性联系在一起，进而确立起自身同当代大众日常生活的共时性结构关系。对此，当代审美文化理论有必要建立一种使当代艺术在大众传播环境里获得批评性阐释的原则，即：其一，探讨艺术活动如何在大众传播条件下进入大众文化消费的广泛领域。其二，考察当代大众传播在消解艺术深度模式的同时，怎样在艺术活动与大众日常生活的共时性关系上为当代审美文化提供了新的生存活力。今天，艺术在大众传播环境中的现实景观表明，作为一种文化价值的"美"开始走向平面性综合而非深度创构，开始走向大众日常生活的参与而非超越；它使得有关当代审美文化的批评话语必须把当代艺术的合法性问题纳入理论范围之中。

第三，艺术活动的流行性/消费性与艺术的批判性要求的矛盾。随着当代大众传播的发展，当代艺术之介入大众日常生活的可能性不断提高，当代艺术不仅形成了自己新的话语形式——由阅读向视听、私密性活动向公众性展示的转移，就是这种话语形式的典型例证——而且依仗当代大众传播力量使自身话语形式产生了在审美文化领域的普遍审视能力，大众既从中直接感受着自身的生存活动、文化状况，又直观性地接受着艺术对现实的呈示。可以认为，在当代审美文化领域，大众传播作为一种新的文化语境，产生了艺术传统话语体系的分裂和新的话语形式对大众日常生活的直观意义。这也就是勒内·柯尼希所说的："像现成的东西一样，艺术也在现实之中，并且本身也成为事件的现实，这就是偶然事件。所以，艺术始终在各种不同的生活层次间编织着联结网，这个联结网在出乎意料的瞬间突然闪亮，从而使生活发生改变。"②而杜夫海纳也曾乐观地认为："我们相信，我们面临着当代艺术的一个解放运动……这种艺术以自己特有方式所做的事情正是现象学提出的任务：剥去包裹着这个世界的观念外衣，重新与它更质朴地交往，更愉快地接触。"③

然而，这种艺术的新的话语形式，却包含了艺术活动的流行性/消费性与艺术的批判性要求之间的冲突：由广播、电影、电视、互联网、摄录音像制品等带来的艺术

① 弗·杰姆逊：《后现代主义，或后期资本主义的文化逻辑》，见王逢振等编《最新西方文论选》，漓江出版社，1991，第343页。
② 引自G. R. 豪克著《绝望与信心》，李永平译，中国社会科学出版社，1992，第189页。
③ 杜夫海纳等：《当代艺术科学主潮》，刘应争译，安徽文艺出版社，1991，第17页。

直观视听形式和公众性展示形式，以艺术家和大众对艺术作为流行性/消费性文化活动的共同体认为基础，它意味着艺术本身在满足大众的当下性享受中已失去了成为文化"经典"的深刻历史前提；而艺术对社会文化的批判性要求，则表现为艺术活动主要不是为直接消费过程服务，而要否弃日常生活表层的流行活动。因此，对于当代艺术而言，其新的话语形式可否有力地协调流行性/消费性文化特征与艺术的批判性要求的矛盾，乃是一个超出艺术家具体操作过程而进入当代审美文化批评之中的问题。也就是说，在当代大众传播环境中，艺术话语形式的发展有赖于当代审美文化批评从流行性/消费性上发现其新的生存能力。

第四，技术推动力。在当代审美文化中，艺术与大众对话的文化背景建立在当今社会多种复杂性之上，当代大众传播的技术力量更推动了当代艺术与大众日常生活的这一"对话"迅速走向普泛层面。在由高度发达的技术所支持的当代大众传播环境里，技术直接参与大众传播中的艺术活动之"可能性不仅局限于想象的可能性或对新素材进行构思的可能性，而且还包括控制物质世界的可能性，将我们的个人态度扩展到作品积极的行为中去的可能性"①。这样，在具体操作中，技术既扩大了当代艺术在大众传播环境里的活动范围，又主动把大众日常生活引进艺术活动——在这方面，电视是一个最好的例子，如果我们承认如今电视已经成了一种艺术存在形式的话，那么，我们就会看到，电视之为"艺术"的制作与传播是一体的，而这个"一体"过程恰恰由一系列技术来完成：大众与电视的"对话"既是电视进入了大众之中，也是大众进入了电视；坐在电视机前面的今日大众既是在"看"电视，同样也在"看"自己和自己的生活。在这种情况下，当代审美文化理论及其批评活动无疑应把当代技术力量、形态及其所造成的环境理解为当代艺术的内在生成机制，把当代艺术在大众传播环境下的生存权力与技术材料、技术手段的实施联系在一起，在文化批评的意义上阐明技术力量作为当代艺术与大众对话的现实中介之普遍性及其合法化。这其实也就意味着，当代审美文化理论对大众传播制约下的艺术与大众对话形式和过程的理解，不仅需要从观念上进入艺术模式的转换，更需要在广泛的技术力量及现实规范中进行把握。

（原载《现代传播》2004 年第 2 期）

---

① J. 西赖特：《现象艺术：形式、观念与技巧》，见《艺术的未来》，王治河译，北京大学出版社，1991，第 86～87 页。

走向大众对话时代的艺术
——当代审美文化理论视野中的艺术话题

艺术和艺术活动所发生的巨大变迁，是当代审美文化领域中一个最为明显的现象。作为当代文化的直接成果及其精神/价值隐喻，当代艺术在人类审美文化实践意义上，不仅在自身内部激化出前所未有的话语形式并产生了空前复杂的艺术张力运动，而且由当代艺术及其时代变迁所隐喻的文化精神/价值构造，也突出了当代审美文化所面临的困惑及解决困惑的努力方式和方向。因此，在当代审美文化理论的批评视野中，一个非常突出的话题，就是当代艺术变迁及其文化背景问题。在我看来，整个当代审美文化中，这种当代艺术变迁的实质就在于提供了一种艺术大众化的审美图景，它在大众对话的方向上揭示了当代艺术运动的文化根据，从而使一个新的艺术时代在自身降临之际，便发出了不同以往的声音，展现了独特的风采。

一

一个艺术时代的到来与消失，记录了人类文化史上永恒而必不可兔的精神演化轨迹。希腊艺术向罗马艺术的转移，是城邦民主制社会屈服于那种适应了时代利益的农业文明的过程。今天，我们或许会说，希腊民族沉着的、赤裸裸不加掩饰的、质朴的自然生命精神，为罗马时代的浮华、炫耀、堂皇而奢靡的艺术风格所代替，即"一切带着罗马农民的味道"①，是艺术史上的一种堕落。但与此同时，我们却又不能不承认，作为一种艺术时代的变迁，罗马人之破坏了希腊艺术"高贵的典雅"，其实体

---

① 房龙:《人类的艺术》，衣成信译，中国文联出版公司，1989，第 156 页。

现了一种艺术史所表现的文化变革"合法性"——虽不合理，却适时而有效。如此看来，一个艺术时代出现与存在的"合法的"必然性，建筑在其文化隐喻的必然性之上。抛开人类文化进程来谈论艺术时代的本质，我们将会茫然无绪。而当我们从人类文化进程中抓住了艺术的文化隐喻并深究这种隐喻本身，我们则可以毫不困难地发现：艺术时代的变迁，就是人类文化变革过程及其结果的历史本质的一种"书写"形式，也是一个新的文化时代之开始确立。对此，现代英国著名哲学家科林伍德曾经正确地说道："艺术在它的历史过程中经历的这些变化，并不是独立的艺术生活用它自己的辩证法开始它自己新的形式的表现，而是整个精神生活的表现……因此，没有艺术的历史，只有人类的历史。使艺术从一种形态转变到另一种作为这个历史继续的形态的力量不是艺术，它是那种在整个历史中显露自己的力量，是精神的力量。"①

正因为这样，面对文艺复兴中的伟大艺术成就，我们方能真切体会到，中世纪艺术的无意识与缺乏自觉，遭到文艺复兴的近代人文主义和理性思潮的破毁；在其"复古"形式背后，是艺术中"上帝"的破毁，或者说是人类精神中自由理想的上升以及艺术活动对生命自尊和独立的强烈感受。它根源于商业（通过货币和信贷）文明战胜了以物易物的中世纪贸易方式，是资产阶级经济实力大大增强的结果，同时它也造成了一个艺术时代的来临。

出于同样的理由，我们可以相信，今天艺术所发生的一切变化过程及其结果，本质上仍与当代历史/文化、生活/世界的丰富变化相一致。没有人会怀疑，20世纪五六十年代以来，艺术所经历和正在进行的一切，正是对一个崭新文化时代的全面凸现。也没有人能够怀疑，当代人类文化进程及其本质，其实正是今天艺术的最深刻核心和原动力。对自然主义的反叛，就是当代艺术深思熟虑的一件工作，它恰恰隐喻了当代文化对人类自身历史活动所作出的巨大革命：当代人类文化创造在大众文化活动的共同参与和文化利益的相互共享层面建构自己的普遍原则，并进而指向人类精神/价值的真正自然本体——人的充分的感受性与日常生活的自我确认。它要求社会文化活动及其利益在整体上是社会公众普遍加入和直接感受的。然而，"艺术史告诉我们，事情恰恰不像我们所想的那样，'自然主义'远不是自然的和自明的，而是艰深复杂的，因而对于未入门的人来说像谜一般的莫测高深"②。由此，当代艺术对自然

---

① 科林伍德：《艺术哲学新论》，卢晓华译，工人出版社，1988，第99页。
② 汤因比：《艺术：大众的抑或小圈子的》，见《艺术的未来》，王治河译，北京大学出版社，1991，第9页。

主义的历史与风格的坚定排斥，从根本上产生着与当代人类精神、当代文化活动的紧密结合；社会大众在当代艺术中所参与和享有的，乃是与自身文化、自身文化利益的沟通。或者说，人们借助当代艺术所实现的，本质上是与自我追求的价值同一。

也许，人类还从来没有能够像今天这样满怀希望地期待着一个普遍大众的艺术时代的到来。如果说，艺术史上还没有出现一个伟大的、普遍适应人类文化利益的、大众自觉的时代，那么，今天的世界文化进程及其未来，已为产生这样的艺术时代提供了充满竞争力的机会。在这个时代，人们拥有一种从未有过的文化多元选择性，拥有空前广泛的自由追求的欲望。然而，这一事实是否为一个新的艺术时代的到来以及它的发展确立了至深的基础？换句话说，当代艺术的实践过程及其正在进行的工作，能否使我们肯定，当代艺术必然而且有能力在审美文化建构层面完成同这个文化时代的对应，清晰而有力地铭刻当代文化的精神/价值转换？

一个很有意思的问题：艺术时代的变迁，其行为过程的具体化又意味着什么？

无论一个文化时代的巨大特征如何可能在某种特定艺术活动中得到证实，或者一个艺术时代的自身话语如何全面隐喻了其文化活动的本质利益，它都必定涉及艺术行为过程的具体化问题。把这个"艺术行为过程的具体化"放到艺术时代的变迁中看，它最主要就体现在艺术结构形态方面，即：一是在整个文化时代的动态过程中形成并与文化活动相适合的艺术审美风格形态的变异；二是通过艺术家和艺术家的工作，艺术自身创造形态的变异。上述艺术时代变迁与文化时代的关系，在艺术自身行为的具体化方面就体现了这两点变异。

毫无疑问，艺术审美风格形态侧重其可感的形式；直接产生审美效果的，就是这种表现为艺术独立价值、诉诸人的审美知觉的感性形式特征。从这种可感形式上，艺术所表现的以及人们感同身受的，是深深浸润在一种审美风格形态之中的特定文化时代的强烈动态过程和因素。而一个艺术时代的产生，其审美风格形态的显著变异，事实上就是其文化时代的特殊宣言、具体感性的告白。这也就是卡冈在《文化系统中的艺术》一文中所指出的："风格的结构直接取决于一个时代的处世态度、一个时代的社会意识的深刻要求，从而成为该文化精神内容的符号。"① 这里，卡冈其实是从艺术作为文化的"自我意识"，因而是一种文化符号的角度，发现了艺术审美风格形态作为文化符号直接体现者的可能性。这就意味着，不仅艺术审美风格，而且艺术审

① 卡冈：《美学和系统方法》，凌继尧译，中国文联出版公司，1985，第 290～291 页。

美风格形态的时代变异，总是与这个时代的文化状态具体联系着。所以，如果我们放弃考察一种艺术审美风格形态变异的深刻文化过程，那么，我们除了能够从艺术现象上获得一些技术性证据以外，便将无以回答艺术时代变迁的根本文化性质问题。从这一点来讲，可以认为，一个特定的文化时代，必定有它自己相应的艺术认同、确证形式；艺术时代的变迁，在其审美风格形态变异方面，绝不可能超越特定文化时代的根本利益、表现和追求。

与此相似，当我们主要从艺术家的创作实践过程来探讨艺术创造形态的变异时，同样可以发现，无论就艺术创造心理的文化制约因素、艺术家活动的现实范围，还是就艺术家创作中的直接文化认知而言，在艺术时代变迁意义上，艺术创造形态的变异都与一定文化时代氛围及其所提供的可能性相联系。也就是说，在艺术创造形态的实践机制中，同样体现了艺术时代与一定文化时代的内在关系。伊格尔顿从审美意识形态层面论述了这一点。在他那里，"文学形式的重大发展产生于意识形态发生重大变化的时候。它们体现感知社会现实的新方式以及艺术家与读者之间的新关系"。在他看来，18世纪英国小说的兴起，就在其形式创造方面明确显示了当时一系列变化了的意识形态方面的趣味——这种"趣味"正是一个时代文化精神/价值理想的再现——"趣味从浪漫主义和超自然主义转向个人心理和'日常生活'经验；一种活生生的、真实的'性格'概念；通过不期而然的单线发展表现主人公，并关怀他的物质命运，等等"，所有这些，正是当时资产阶级日益自信的文化产物。所以，尽管"在文学形式变化和意识形态变化之间不存在简单的对称关系"，但是，在文学/艺术创造之始，作家/艺术家的"选择已经在意识形态上受到限制"[①]，即由艺术家活动而导致的艺术创造形态变异，必然为时代的文化因素所制约。由此生发开去，我们甚至可以认为，在单纯技术性层面，一定文化时代同样直接铺设了艺术创造形态变异的现实具体化过程——以文化时代本身的特定技术进步，直接导致艺术家创作实践过程中操作方式、材料等的选择和应用，从而使艺术时代的变迁在艺术创造形态变异这一具体化行为方面，充分感性地体认一定文化时代的巨大特征。这也就是我们这个时代之所以能够诞生光效应艺术、计算机艺术、新现实主义艺术等的重要原因之所在。

从上述立场来考察当代审美文化领域的艺术走向，应当说，当代艺术的自身行为具体化过程，其最大特征就是审美风格形态日趋简洁易明、直接普遍而可以重复。在

---

① 伊格尔顿：《马克思主义与文学批评》，文宝译，人民文学出版社，1980，第28～30页。

这个方向上，艺术活动、艺术家、艺术作品开始在日常生活层面与大众进行"对话"：对话的主体是互为的，既不是艺术或艺术家告诉作为接受群体的大众以某些特殊的东西，亦非大众绝对地规定了艺术和艺术家，而是双方在共同的文化/生存环境中，以相互间的文化性沟通为内容进行交流。艺术和艺术家并不自诩为黑暗中的秉烛者，大众的艺术接受也不可能是一种完全单纯被动的过程。相应地，当代审美文化领域的艺术创造形态，一方面为满足当今文化时代的艺术审美风格形态变异而不断趋向多样化、丰富化、生动化和日常化；另一方面，艺术创造形态的多样化、丰富化、生动化和日常化，又积极地生成和促进着当代艺术与大众对话的普遍前景，生成并促进着艺术大众化努力地全面展开。其如现代抽象艺术的最大意义，莫过于从艺术审美的"自明"维度，反叛了那种经典自然主义"自作自然"的艰涩，从而显示出艺术创造形态变异在观念和技术操作上是可能的，并且具有潜在而巨大的变通性。

从这种变通性上延伸，我们可以看到，沿着现代艺术道路发展下来的今日艺术及其创造活动，在更广大的范围内，同时在更加热情地与当代人类文化/生存环境相契合的过程中，通过观念的和技术的力量，把艺术活动、艺术家、艺术作品与大众对话的多样丰富性大大地推进了。以绘画来看，画家们一方面继续艰难地探讨着当代文化实践进程中的大众观念及日常生活、文化精神/价值构造的现状及其具体问题，同时这种探讨往往又更多集中在与大众现实文化行为直接关联的领域，并且试图以那种具体、直观的视觉感受符号/形象来刺激大众的普遍情感心理和文化认同①。可以说，在当代审美文化的艺术实践层面上，当代绘画运动已经走入了以千奇百态、变换无穷的符号/形象制作及其表演性、展示性来直接隐喻生活/世界的文化性结构和活动的天地，从而使当代大众不断从自身生活中直接产生出某种同艺术的更为广泛、直观的联系。当代各种具象艺术形态的纷呈迭现，就说明了这一问题：当"彻底现实主义"的美国艺术家汉森用玻璃纤维和聚酯制作的《游客》摆在观众面前时，观众在照相般幻觉中可以毫不困难地从这种同现实文化/生存环境相一致的新的视觉形象里，找到自己所熟悉的美国文化典型——艺术作品与观众的相互交流，强化了工业时代新的艺术媒介的运用和运用过程的现实张力（金霍尔兹的《经济小饭馆》和克洛斯的《自画像》同样如此）。而"概念主义"艺术家克索思把"实际的艺术品"理解为不是配上画框后悬挂在墙上的东西，而是艺术家在创作时所从事的活动，认定"实际

---

① 参见本书《视像与快感——我们时代日常生活的美学现实》。

的艺术品几乎与历史珍品不相上下"①，故而其作品《一个与三个椅子》能够通过一张真正的椅子、一幅同原物一样大小的该椅子的照片以及词典上有关椅子定义的文字复印件三者的制作合成，表达一种与大众接受视野中的日常生活背景完全一致的美学语境，在"用艺术眼光看待"这一点上，确定作品为一个艺术与大众对话过程的文化文本（同为概念主义艺术家的布伦，其《绿条和白条》在将作品当作一种昙花一现的思想现象进行加工方面，同克索思走的是同一条道路）。

所有这些事实，都已在一个新的、当代审美文化的价值取向上，向我们摆出了一种明确的姿态：当代艺术及其创造活动的大众化努力，标榜并正在不断实现着艺术与当代大众的广泛对话过程。这一对话的基本核心，就是艺术活动、艺术家、艺术作品与当代大众日常生活状态之间的相互趋近和认同，而不是彼此的间隔或分离。通过这一大众对话时代的诸种可能性及其现实活动，当代艺术愈益明确地显示了自己在人的生活和文化创造中的位置，愈益明确地显示了自己作为一种文化活动及其过程的现实力量。当代大众的所有日常活动则因这种对话/交流，在艺术的具体、直观形式里益发变得可以与自身生活、自身的文化性存在事实相一致，进而在社会中掌握广泛传达自己的欲求、深入表现自身的可能性，同时也不断获取自身当下生活享受的"审美化"能力。

在这个大众对话时代，艺术乃成为大众日常生活的普遍的文化延伸。在这一延伸中，当代文化的纷纭表象、人的活动和思考，经由艺术过程得到鲜明呈现，在对话/交流中提供给人们生活里未曾全部知觉的文化意味。而当代艺术作为这种延伸的实现，一方面使艺术家有可能集中关注当代生活/世界和当代人类文化的价值变动，集中沉思当代文化的本质；另一方面则使得艺术活动及其作品形式在大众接受中成为鲜明可感的直接呈现，而不再是隔着一层似有若无的纱帘来作猜度。正是在这样的情况下，我们才能确信地"把一件艺术品看作艺术家及其群众所处社会的图画"②。

可以认为，在当代审美文化中，由艺术现实所确立的，是一种艺术、艺术活动与大众日常生活的直接对话——艺术与大众之间实现了一种人与艺术形象、日常生活与艺术活动的双向动态交流，而大众则从中直观自己的现实文化处境。这样，艺术、艺术家和大众共同获得了一种新的可能性，即共同体验和表达对当代生活/世

---

① 参见 H. H. 阿纳森著《西方现代艺术史》，邹德侬译，天津人民美术出版社，1986，第 699 页。

② 见周宪等编《当代西方艺术文化学》，北京大学出版社，1988，第 512 页。

界的情感，共同体验和表达一种对当代生活/世界的文化价值态度。换句话说，这种当代艺术的大众化努力，在与大众对话的进程中将成功架设艺术本身与大众日常生活的文化通道，日渐改变艺术的传统职责。这也是艺术在当代人类审美文化实践中所发生的根本扭变，"以前不了解艺术的广大阶层的人物已成为文化的'消费者'。现代的观众，虽然可能没有由传统孕育的使艺术升华的能力，但在对完善技术和可靠信息的需求上，在对'服务'的渴求上，他们已变得更机敏了"①。艺术史上曾经有过的种种关于艺术的"神话"，在这一过程中难免破灭粉碎。代之而出现的，是艺术在当今文化时代中新的机遇和挑战。这些机遇和挑战为当代审美文化建构注入了新的可能性。

二

作为当代审美文化领域中艺术大众化的努力，艺术与大众对话的过程及其实现根源于今天的广泛文化背景。就艺术和艺术活动作为一种文化现象和活动而言，走向大众对话时代的当代艺术必然与当代文化整体面貌相联系——反过来，由艺术的大众化，我们也将可以看出当代文化精神/价值方面的特定结构风貌。就此追问下去，我们便能够从当代文化现象形态上看到这种联系的时代因素。

当代社会是一个交织着多种复杂性和可能性的社会。这种复杂性和可能性具有一个总的特点，即各种现实生存困厄、思想冲突、意识形态危机、人类心灵的曲折隐痛、经济结构的多元分化、政治权势的连纵对抗等，统统掩藏在当代文化活动动态的相互关系过程中。这种相互关系过程不仅表现在人们之间多层次的活跃交往上，而且通过各种传达形式予以"外化"、阐明。在这种情况下，当代人的文化/生存环境便产生了新的行动可能性，人们得以有意识地从事各种自我表现的"审美"的文化实践，并且在其中形成持续的联系。而艺术活动恰巧是产生这一持续联系的便捷形式，是人们对付已知的现在和未知的将来的有效文化形式。在这里，艺术家充当了必要的中介，当代艺术则被确认为一种重要的沟通和沟通活动——人们在其中自我表现着自身的文化追求和利益，强化着对整个文化/生存环境的新的思考。也正因为这样，当

---

① 阿多尔诺：《电视与大众文化模式》，见《外国美学》第9辑，商务印书馆，1992。

代艺术必定趋向于同大众文化要求和思想相一致：或表达大众日常生活中的文化差异因素，或表达大众对现实环境的认同，或体现大众日常生活在特定意识层面的自由想象，或体现大众文化活动的内在反叛。艺术活动、艺术家、艺术作品与大众的对话过程所体现的当代艺术大众化努力，借助这一进程而得到加强，并在整个审美文化领域连续深入地展开。

当代社会中，人们对自身文化活动及其结果的共同要求，同样使得今天的艺术和艺术活动不再是一种仅仅由艺术家个人承担责任的行为，而成为整个当代文化/生存环境中人类普遍沟通的过程。艺术和艺术活动、艺术家本人及其群体不是从整个社会进程及其文化现象形态中分离出来的，而是受整个社会及大众日常生活活动、文化利益所驱使。整个社会文化所要求和规定于艺术、艺术活动的，是在一种特定"审美形象"的构造中重新显现现实文化精神/价值的具体存在形态，以使大众从独特的建构行为和结果上直观自己的处境；现实文化进程及其利益所要求于艺术家的，则是充分体念、观照和具体表达当代大众日常生活的文化立场。艺术家不但作为艺术创造主体而现实地发挥自己的力量，并且作为大众日常生活的直接参与者和当代文化精神/价值的直接观察者，现实地构建当代人类文化实践过程的独特形式，亦即通过艺术家的工作，使"人开始从新的观点来了解自己，不满足于仅从同类身上反观自身"①。由此，可以认为，当一个艺术时代的诞生伴生在人们普遍生活的文化形式之中，那么这个艺术时代的基本面貌便必定受到这种共同生活要求的过程和性质影响。在我们这个由无限广泛的各种相互关系过程所确立的社会中，在这个普遍显现了人们日常生活动机的文化时代，艺术总是要尽可能地接近整个社会文化的共同利益，尽可能地体会整个大众日常生活过程，从而既现实地呈示当今时代的文化现象，又触及人的思想过程。这样，艺术不唯可以传达当代人类的文化精神/价值状况，而且可以在与大众相沟通的对话过程中，确定自身的基本文化形式。艺术与大众对话过程作为当代艺术大众化的努力，稳定地建立在艺术活动、艺术家对当代文化实践过程的认同之上，并使自己也显示出人的现实文化实践的力量。

当代科学技术环境是当代艺术走向大众对话时代的又一个基本因素。

20 世纪以来，人类文化发展已进入科学技术高度进步的时代，当代艺术及其创造手段不可能不纳入科学技术发展的因素以及人们在科技进步中所发展起来的技术能

---

① 雅斯贝尔斯：《存在与超越》，余灵灵等译，上海三联书店，1988，第211页。

力、观念。在一个高、精、尖的科学技术时代，人类的艺术想象力、创造力和接受过程必定与科学技术形态有着丰富而本质的联系。作为越来越具体、直接地参与艺术活动的力量，一方面，当代科学技术一方面在观念层面逐步改变了人们对艺术的理解和理解方式，推动着整个艺术活动更加直接地投入现实生活领域；另一方面，它在艺术的具体操作过程中扩大了艺术创造的语言，既积极地提供给艺术家更多的技术手段，又主动而广泛地把大众日常生活引入艺术活动范围中。这一点，也许正如艺术社会学家阿诺德·豪泽尔所说的："自从 19 世纪初以来，艺术和文化的民主化一直进行着。系列小说、马路剧院、平版画等都是导致出现电影、无线电和杂志的正常发展征兆，正是它们迎来了艺术的技术时代。就一方面而言，艺术的技术特性无疑和艺术本身一样古老。每一种艺术表现都依靠某些过程，每一种艺术都和一种技术装置或者工具设备相联系，不管是画笔还是电影摄影机，版画刻针还是电动纺机。这种依靠对于艺术形式来说是非常重要的，是将思想内容转化为可感觉的形式这一过程所必不可少的。"① 但只有到当代社会，科学技术空前高度的发展才使得今天的艺术和艺术家能够越来越多地掌握与大众对话的技术手段，在一种越来越少阻隔的境遇中越来越普遍地与大众相互交流。这一情形，曾经在波普艺术（Pop Art）中得到证实：当代工业技术的典型手段被艺术家们引入艺术构成元素里，再一次典型地表现了人们在技术时代中或焦虑或满足的问题——晶亮豪华的汽车图像成为当代社会物质繁荣的象征，撞毁的汽车残骸隐喻了生活中的悲惨性和紧张不安；彼得·布莱克的《玩具店》，则用橱窗里如实摆放的工业社会廉价产品来交流人们内心的那份怀旧感。为此，理查德·汉弥尔顿曾概括波普艺术为：通俗（为大众而作）、短暂（很快决定）、廉价（大量生产）、年轻（为年轻人而作）、诙谐、色情、手法巧妙、富有魅力、大企业式的。可以看出，正是在这些特征上，波普艺术为我们提供了当代文化条件下艺术与大众对话这一大众化努力的成功例子——其所依赖的发达科学技术背景，就是这种成功的基本力量。

　　另一个表明当代艺术走向大众对话时代的典型例子是光效应艺术：对色彩和光学效果的技术分析的进步，使得艺术家们在工业社会的有力支持下，能够有效地利用各种技术方法和材料来创造艺术表达语言。艺术作品之于大众接受过程不再是一种个体艺术家制作的独一无二的物体，而成为直接面向大众日常生活的特殊产品。它既是一

---

① 阿诺德·豪泽尔：《艺术史的哲学》，陈超南等译，中国社会科学出版社，1992，第 321 页。

种独到的文化表达形式，同时也是用诸如壁画、书籍、挂毯、玻璃、马赛克、幻灯、荧光灯、电影或电视来进行设计、再造和繁衍的形式化能力；大众从中所感受的，也就是日常身处的环境和生活过程。

也许，当代科学技术之于艺术的巨大渗透可以从不同方面来看待，人们也可持有完全不同的理解。但无论如何，一个基本事实是：当代艺术发展无法回避科学技术的强大力量，其相互遭遇的结果则是艺术活动、艺术家、艺术作品更多地面向整个社会文化构成中的大众利益，而不是孤单地存放在艺术家个体作坊中。其如当代大众传播媒介和传播方式迅速发展、大众传播范围日益扩大，已经日复一日地改变了当代大众的文化表达和感受经验及其审美方式、审美趣味能力；广播、电视、卫星传播等的发达，甚至改变或创造了艺术活动的形式。一百多年来，电影从它诞生开始，一步步地通过技术引导而发展成为当今最普遍的大众艺术形式，"它的命运却被技术和制片人的经济条件预先决定了。由于生产、复制及发行方法的特点，从一开始它就特别适合成为一种公众的消费品"；"它可以利用图画和讲话，音乐和色彩，无限的空间和时间，多得数不清的演员和永不枯竭的财富储存，在公众的思想上创造一个十全十美的幻境"，其"之所以如此，是因为所有这些手段出乎我们能想象到的，都贴切地各就其位"①。由此，当代艺术家不可避免地转向技术，以之为艺术活动的更加直接的手段和方式；当代艺术活动注定在这样一种变化了的文化/生存环境中，依赖科学技术力量来扩大自身的内在张力。就像电影的拍摄材料和技术进步所表明的：随着科学技术水平的提高，电脑制作渗透进视频技术而使摄录设备的功能更加齐全、性能更趋完善，从而打破了以往认为的录像片色调与清晰度不如电影的看法，并进而扩大了电影本身的表现能力——1972年，美国好莱坞制作了第一部用磁带拍摄的电影《为什么》，1975年法国电视电影公司尝试用磁带拍摄电影，使得"磁转胶"技术的成功不仅表明了录像摄制电影的工艺过程，更重要的是，当录像视频设备与电脑联机之后，更带来了电影作为一种当代大众艺术本身的奇异绚丽风采②。当年的《星球大战》《超人》，近年里的《哈里·波特》《终极者Ⅲ》《指环王》等影片在世界各地观众中引起如此巨大的震动，就足以证明电影依赖技术来扩大自身张力的可能性。应该说，正是由于这种艺术的内在张力极大地内化了科学技术的力量，因此，对于我们来讲，

---

① 阿诺德·豪泽尔：《艺术史的哲学》，陈超南等译，中国社会科学出版社，1992，第348页。

② 参见汪天云等《电影社会学研究》，上海三联书店，1993，第57~58页。

肯定科学技术在当代审美文化领域的客观性，肯定当代科学技术发展之于艺术和艺术活动的广泛改变，是我们深刻理解当代艺术大众化努力的必要前提。

当然，艺术大众化过程所要求的艺术活动、艺术家、艺术作品与大众的广泛对话，其所根据的一切文化背景最终通过艺术观念来发生现实作用。在这里，整个当代艺术观念的转变是实现大众对话的关键。即便是对当代科学技术力量的肯定与内化，也同样首先通过艺术观念内部的普遍确认，即今天许多艺术家所认识到的"技术具有一种赋予事物以生命的力量。而且技术为我们强化和扩展这种赋予事物以生命和意义的意向提供了手段"①，进而才成为一种审美文化的现实。所以，我们完全有理由认为，在当代审美文化中，经由艺术活动、艺术家、艺术作品与大众对话而实现的艺术大众化过程，其发生学意义上的当代文化背景一定隐藏在整个当代艺术观念的具体立场之中。事实上，当代艺术观念的流变，已经充分证明了这一点。而所有这一切，非但没有破坏，反而强化了艺术观念之于艺术本身的恒久力量。由此，当代艺术在审美文化层面所发展起来的自身大众化努力，才在各种艺术观念的有力支持下，最终持续地开辟了一个与当代文化、当代大众利益相呼应的艺术时代。

三

艺术的大众化努力，在当代审美文化中实现了一种"跨越"：现实生活方式向艺术活动、日常生活经验向艺术经验的跨越。其结果是"只要能够体会自身的审美经验，人们就可能使生活成为无止境的玫瑰花与欢乐"②。

不过，这一"跨越"并非直接达到了艺术超越本身。实际上，我们现在所能真正看到的，是艺术和艺术活动在当代审美文化领域的某种现实"跨越"形式，而非真正意义上的文化超越。这正是当代艺术大众化努力的真实而深刻的文化本质。如果说，当代艺术与大众对话的过程，在人类文化活动的审美形式上有可能深刻指向生命超越的本体价值，那么，此时此刻，它却只能借助这种现实的"跨越"形式而显现

---

① J. 西赖特：《现象艺术：形式、观念与技巧》，见《艺术的未来》，王治河译，北京大学出版社，1991，第 83 页。

② 欧文·埃德曼：《艺术与人》，任和译，工人出版社，1988，第 9 页。

自身：生命的终极意义并没有直接出现在当代艺术大众化努力的现实形式中，而是作为一种生命本体，在现实生活方式向艺术活动、日常生活经验向艺术经验的"跨越"中，被艺术本身及其大众接受过程逐渐自觉。

从文化性质方面分析，当代艺术在大众对话时代所实现的"跨越"表明：

第一，今天的艺术已直接进入大众日常生活领域，对当代人的文化/生存环境和文化实践进行直接审视，从而强化了大众与艺术间的相互亲近感。"大地艺术"之不满足于传统的在画廊、美术馆及私人房间里展出作品这一形式，就是很好的说明：艺术家直接在人们生活中熟悉的风景地进行创作，把在"大地"上能够引起观众注意的活动拍下照片，以此突出表现人类生存的当下环境特征；观众在这一艺术接受过程中所感悟的，不仅是艺术家的作品，更是对自己生存活动及其变化境况的直接观察。从这个角度来看，当代艺术大众化努力所展开的大众对话时代，实际已从当代审美文化实践方面把人的自我文化理解的可能性更加凸显了出来。这也就是巴思所说的："读者并非在聆听某个专家关于世界权威性的叙述，而是与某种业已存在的事物不期而遇，就像一块岩石或一只冰箱那样。"① 正是在这个意义上，艺术不是高高在上、与大众日常生活相分离的神圣对象，从而它才可以切实履行自身的现时代文化责任。

第二，当代艺术与大众接受过程之间已由传统的那种作品对接受者的单向展示方式，积极地转向了人与艺术、生活实际与艺术活动的双向动态交流，大众在艺术中所直面的就是自己的文化/生存状态；阻隔艺术与日常生活、艺术家与普通大众、艺术过程与文化现实之间的壁垒已被推倒，"为艺术而艺术"不再能够成为当代审美文化领域中艺术的唯一准确标志。在某种程度上，艺术家和全体大众一样，都在生活中努力表达着一种文化态度、人类全体的情感状态，只不过艺术家先行了一步，或者说更熟练掌握并在自己的独特行为中先行实现了这种表达，以此与社会大众共同分享表达的过程和结果。就此而言，艺术作为"先锋"的概念确实是深有意味的——当然，这并不是指它现在还能像有些人所想象的那样是一种孤立前行的怪物；相反，它之所以成为"先锋"，在于艺术活动、艺术家与大众文化追求、文化利益的一致性以及艺术活动与大众接受的文化互通性。作为当代审美文化领域艺术大众化努力的结果，这一

---

① 转引自塞奥·德汉《美国小说和艺术中的后现代主义》，载〔荷兰〕佛克马、伯顿斯编《走向后现代主义》，王宁等译，北京大学出版社，1991，第266页。

双向动态交流的实现，也可能使人们自身日常生活现实在交流行为中被放大到大众直觉把握的地步。汉森的《游客》就在一个为人所熟悉的视觉造型上，使"身体已经变成商品"这一文化现实得以在观众回视自己的过程中化为一种人的具体文化感受。

第三，当代艺术和当代文化一样，拒绝把理想主义提前到现实生存环境之中。当代艺术介入生活的深度，使它义无反顾地与大众携起手来，共同面对复杂的当代现实、交流相互间的复杂情绪，在当代文化进程中为自己争得一片天空。艺术不是艺术家的个人庇护所，而是现实文化/生存活动的一种表达样式，人们在艺术活动中直面的就是现在的生活。换句话说，当代审美文化中的艺术功能已经以对日常生活的直接切入，代替了那种对现实之外的理想的尽情赞美。它对当代文化/生存现实的直接审视，一方面出自当代大众对自身生活的直接要求、人对现实状况的满足或不满，另一方面则同时是当代文化的直接隐喻——隐喻了文化变迁中人的自我审度过程。也因此，当代艺术能够在今日世界里充分多样地运用新的艺术语言，直接与大众在日常活动层面进行对话。从这一点来讲，当代审美文化领域中艺术与大众对话所实现的艺术大众化努力，有着具体而可靠的基础；它不是把一种先在的、理想主义的设计植入艺术活动中，而是在向大众呈示现实文化/生存环境的直观形象方面产生出自己别具一格的价值。

作为一种文化"跨越"形式，大众对话时代的艺术过程"只是文化的一个组成部分，就是说，只是克服生活辛劳这件事的一个组成部分。甚至连艺术的生产也是得首先理解为文化的生产的"①。

从当代审美文化本身来看，当代艺术的大众化努力在艺术活动、艺术家、艺术作品与大众对话的过程中，必然产生这样两个问题：其一，艺术大众化努力、当代艺术与大众对话的广泛性，是否确实产生了一种新的艺术合法性？或者说，当代艺术怎样确定地成为一种当代的文化活动？其二，不断走向大众对话时代的当代艺术显然潜在着"庸俗化"的威胁，我们对此应当怎样加以理解？

应该看到，这两个问题比之我们前面已有的考察和叙述更为复杂。在这里，不仅"艺术合法性"是一个必须追究的理论对象，而且，由于当代艺术的大众化努力本身仍在遭受许多人的指责，因而客观分析、阐释当代艺术的大众化努力及其过程，便向作为文化批评的当代审美文化理论提出了一种挑战、一种要求。这也就是说，在当代

---

① 巴琼·布洛克：《作为中介的美学》，罗悌伦译，三联书店，1991，第37页。

文化/生存环境和艺术现实面前，当代审美文化理论不仅要说明当代艺术发展的本质，还应能够解释当代艺术大众化努力的内在文化意味。我们所说的"艺术合法性"和艺术对"庸俗化"威胁的自身理解，其实已不是一般美学或艺术学所能予以彻底阐明的，它必须依赖当代审美文化理论的批评力量加以深入探究。

在一定意义上，当代艺术的大众化努力已经改变了艺术的传统色彩——既影响了艺术、艺术活动作为当代审美文化的具体存在样式，也一定地改变了艺术和大众日常生活、艺术家和大众的传统关系。因此，任何一种对当代艺术的理论审视，在今天比之以往任何时候都更加复杂了。对当代艺术的理解，倘若仍旧站在艺术家个人活动的立场上，将难以透察或必定会产生迷眩。由于当代艺术已从艺术家个人内心独白变成社会大众的文化沟通/交流过程，艺术活动成为人们所从事的直观自身文化/生存环境的一种独特精神方式，因而对当代艺术大众化努力中的"艺术合法性"及其作为人的文化活动的理解，总是涉及对整个艺术传统和许多固定的艺术观念的重新阐释，涉及当代人类文化活动本质与艺术观念之间关系的全面把握。换句话说，当代审美文化理论之于当代艺术阐释的必要性，最基本的也是前提性的，在于对艺术观念的重新审视，包括对"艺术是什么"问题的理论辩证。

艺术对于人的生活及其文化现实的表现，其根本归途是通过艺术活动刺激、强化人内心的文化意识，在艺术享受中体验自我生命的困厄或喜悦；人的永恒生命精神冲动始终是艺术表现的对象和艺术自身价值之所在。但是，艺术对于人的文化意识的强化，并不是单一向性的过程，其中同样包含着人对艺术的选择。所以，艺术只有在各种方式的表达过程中才能全面满足人的要求，实现强化的效应。尽管当代艺术的大众化努力可能在审美文化领域产生"庸俗化"的问题，然而，"庸俗化"并不是艺术大众化的等同物。当代艺术所面临的重大问题，是如何在一种与传统观念不同的背景下，从整个当代文化层面来把握自身的追求——这里，我们仍将涉及"艺术是什么"问题的重新阐释。

更何况，在一个业已进入经济全球化高速发展的发达商品时代，艺术想要完全拒斥商品社会的"庸俗化"几乎是不可能的。问题在于，当代社会经济及商品观念的发展，作为人的文化现实/生存环境，是否可能从艺术生产和艺术消费是一种当代生活方式重要组成部分这一方面，促进更多具有创造性的艺术和艺术家产生出来，从而使"庸俗化"威胁被消解在人的普遍的艺术活动及其自我享受当中。甚至，如果我们能够从积极的方面，而不是在否定的意义上面对艺术的"庸俗化"问题，那么，我们就可能像斯金纳（B. F. Skinner）那样大胆地看到，"也许一种勇敢的庸俗比任何别的东西都更可能使我们培育起一片土壤，更多的具有创造性的艺术家将从这里产生"①。

在这个意义上，我们可以想象，当代艺术的发展及其现实，必定要求当代审美文化理论一方面能够对艺术的当代性质和追求进行有效阐释——传统美学理论对此往往显得苍白无力；另一方面，当代审美文化理论又必须能够在当代文化的丰富现实中，调整自己对艺术的审视方式和理解观念，真实地把握当今文化时代中人的现实生命实现过程。

诚然，当代艺术的大众化努力，其与大众文化意愿和文化活动的日益紧密联系，既体现了艺术的大众对话时代的种种风貌，也延伸了当代审美文化理论之于艺术阐释的广阔前景；既突出了当代文化活动及其性质的深刻变迁，又促进着当代审美文化批评向文化建构领域的拓进。面临今天的艺术形势，当代审美文化理论及其批评实践不仅不可能拒绝对当代艺术大众化努力及其过程的必要阐释，而且必定在当代审美文化、当代文化建构高度进一步强化自己的阐释能力。

（原载《思想战线》2005 年第 2 期）

---

① B. F. 斯金纳：《造就创造型的艺术家》，见《艺术的未来》，王治河译，北京大学出版社，1991，第75 页。

"技术本体化"：意义与挑战

——当代审美文化视野中的技术与艺术问题

在一个高度技术化的时代,对美学及其总体发生背景——当代文化景观的讨论,总是不可避免地遭遇到技术发展所带来的一系列根本性问题及其对今日理论本身的深刻挑战。因此,当我们把理论兴趣集中到"当代审美文化"这一已然超出了纯粹美学范畴的话题上来,就必然要涉入当代技术的总体图景之中,要对这样一个技术化时代的现状与趋势,特别是它与当代艺术审美活动的关系,作出适时而合理的辨析。在我看来,这种在当代审美文化系统中所进行的辨析,无疑应把视点积极地投向存在于艺术审美活动中的"技术本体化"现象及其趋势,以此来确定我们对当代审美文化的一种研究策略。

一　"技术本体化"的可能性

在当代审美文化系统中, "技术本体化"主要是指:第一,当代艺术审美活动——生产/消费中的技术力量,乃是一种从根本上直接驾驭了艺术审美价值的叙事元素;它不再是传统艺术语境中游离在艺术审美活动之外的某种无关艺术本体的工具性存在,而成为直接关涉艺术"如何可能"的最基本元素,即"艺术作为审美体验的一种结构性活动,总是同人的活动及其技术联系在一起的"①。第二,技术手段、材料、方式在沟通并实现艺术叙事效果的过程中,直接产生出一种与经典艺术话语相区别的话语规则,进而产生出艺术审美活动在整个当代审美文化系统中

---

①　M. 杜夫海纳等:《当代艺术科学主潮》,刘应争译,安徽文艺出版社,1991,第118页。

的新的合法性原则。这里，"技术本体化"的第一层含义意味着，我们在对当代艺术进行理论分析时，已经不可能仅仅从外在方面来看待技术存在，而必须内在地、理所当然地将之视为全部艺术价值的构成、艺术的美学本性。毫无疑问，当艺术审美活动主要是在一种叙事运动（由叙事内容、叙事结构、叙事话语组成）中展开自身的美学意蕴时，技术手段、材料及其方式等的全面介入和多层次制约作用，就在这种叙事运动中把当代艺术审美活动推向了一种新的组合关系。恰如电影叙事话语必须依靠摄影机的推、拉、摇、摆，作为一种特定力量"在场"的摄影技术，直接决定了"电影艺术"这一概念本身。也就是说，为了赋予对象一定的意义，人们可以运用全部摄影、制作技术的表现手段——无论是拍摄角度、照明设计，还是对摄影机镜头性能的调度——在"电影艺术"与"电影技术"之间构筑起一层内在性关系。而就第二层含义来看，当代艺术的生产/消费（制作、传播、销售/欲望、需要、接受—阐释）直接与各种技术——其如广播剧与录音棚、录音设备，电视剧与摄像机、电子声像编辑机——相关联。因此，传统的、手工艺性质的艺术家活动和鉴赏型的观（听）众逐渐消失了，代之而起的艺术话语规则主要成为一种技术规则，它在经常性地、重复地、无边无际地诱导人的各种生活经验和审美体验的过程中，在自身语境中编织出相应的叙事效果：贯穿在艺术叙事效果的各种构成因素之间的，乃是一种技术性方式或直接就是技术本身。日本著名导演今村昌平在《栖山节考》中以技术话语形式展现的摄影机镜头表现力，就很充分地说明了这一点：当活埋人——人在坑中挣扎和用土把坑填平，直至再踩上几脚后扬长而去——的过程，在一个长达 1 分 20 秒的全景镜头中保持着一种残酷而自然的纪录特征时，那种由镜头/技术所直接构造的冷漠人性，便突出地强化了影片的叙事力量。其他如电视画面的优劣，则不仅与摄像师对摄录技巧的掌握相关，而且直接相关于摄像机的性能、录像带的磁质、电视屏幕的清晰度等；建筑物的视觉美感，既与建筑师的设计构思相关，又充分依赖于各种建筑材料的品质及其运用。

这样，进入当代审美文化系统的"技术本体化"现象及其趋势，在艺术审美活动范围内便构成了一个新的理论话题。我们的有关探讨不能不涉及此，而且必须考虑到，"技术本体化"在当代文化语境中之所以可能，是由以下几个因素共同作用的结果。（1）是当代技术本身不断趋于泛化的结果。如果说，过去长久以来占据我们生活活动支配权的，是我们对精神生命的意识运动及人文价值理想，那么，今天，技术正"以自然科学为根基，将所有的事物都吸引到自己的势力范围中，并不断地加以改进和变化，而成为一切生活的统治者，其结果是使所有到目前为止的权威都走向了灭亡①。正是在这种技术日益泛化之中，各种技术手段、技术材料、技术方式等从艺术建构的外围主动地进入艺术内在结构之上，成为"本体性"的存在而支配了当代艺术的话语形式。（2）是当代大众传播活动不断助长了技术力量向艺术审美活动的本体性渗透。事实上，在当代文化语境中，人们的日常生活与思维活动已经越来越离不开大众传播媒介、方式及其过程，大众传播活动大量地运用广播、电影、电视，包括录音、录像及其制成品等作为叙事手段，在各种影像的堆叠中重新组合我们的经验世界和生存方式。这种"由一些机构和技术所构成，专业化群体凭借这些机构和技术，通过技术手段向为数众多、各不相同又分布广泛的受众传播符号的内容"② 的大众传播的存在，其与当代大众生活及艺术审美活动的关系，主要就是确立在一种以技术为中介的"影响（制约）—接受（认同）"运动之上；正是由于技术在当代大众传播中的成功运用，推进了大众生活在技术层面的普遍、丰富的发展，直接规范了人的生活的诸多可能性，明显强化了技术材料、手段和方式在当代艺术中的作用。因此，今天的艺术往往更多地利用了大众传播的技术效力，通过光、声、色、形等结构因素的最大限度的组合或分解、转换或改制，对大众形成了有效的吸引力。其如电子扩音设备的音量达到了人的耳朵所能忍受的极限，迫使听众不再像以前那样倾听，而是调动其全部感官、关节、肌肉来应合技术力量所形成的声响魅力。在一定程度上，我们可以认为，在整个大众传播活动所制约的当代文化语境中，离开了技术的存在和运用，艺术审美活动势必减弱其原本可能产生的迷人光彩。为此，当代艺术中的"技术本体化"性质乃在大众传播活动层面得到了突出显现。（3）是大众对各种"影像"的迷恋，在当代生活以至当代艺术审美活动层面，造成了技术崇拜这一现代迷信——毫无疑问的是，无论以人物为载体的"影像"（如影视明星、歌星、时装模特），还是以物质环境为载体的"影像"（如豪华的居室、浪漫的咖啡屋），或者直接以物质材料为载体的"影像"（如名牌服饰、名烟名酒、高级汽车），无不是以技术手段、技术材料

---

① K. 雅斯贝尔斯：《何谓陶冶》，转引自《文化与艺术评论》第 1 辑，东方出版社，1992，第 201 ~ 202 页。

② M. 杰诺维茨：《大众传播研究》，参见丹尼斯·麦奎尔和斯文·温德尔著《大众传播模式论》，祝建华等译，上海译文出版社，1987，第 7 页。

制造出来的；各种"影像"的无限泛滥既刺激了个体感官享受欲望的迅速膨胀，也同时将技术本身迅速引入集体无意识领域，使当代人极端地认同于一种技术魔法，并且迷失在其中。这样，在当代艺术审美活动中，"技术本体化"的可能性通过制造"影像"和大众的"影像"迷恋，"不仅局限于想象的可能性或对新素材进行构思的可能性，而且还包括控制物质世界的可能性，将我们的个人态度扩展到作品积极的行为中去的可能性"①。

我们已经没有理由怀疑当代艺术审美活动中的"技术本体化"现象及其趋向。由于它的可能性是这样具体地展现在我们今天的生活世界里，所以，在我们注定要从艺术审美活动来考察当代审美文化现象的种种缘由之时，艺术的"技术本体化"问题必然进入我们的研究视野之中。

二　重写艺术概念

当代艺术审美活动中的"技术本体化"，使我们必须注意一个问题，即如何确定"当代艺术"概念？或者，我们将何以面对"什么是艺术"这个本体论追问？

应当承认，我们曾经反复争议过的"艺术"，无论人们对它有什么样的界定，其经典话语形式仍然是"创造"（"创造性"）。虽然何谓"创造"（"创造性"）总是一个有待讨论的问题，但是，在艺术家方面，人们总是愿意把它归于个体的"匠心独运"，而在作品方面，则把它归于"独一无二"。这一点，正如《镜与灯》的作者所概括的，其本源正在于"诗人的情感和愿望，寻求表现的冲动，或者说是像造物主那样具有内在动力的'创造性'想象的迫使"②。也许，就这一话语所产生的浪漫主义文化的理想景观来看，其理想性旨归曾经唤起过无数人为之激情沸腾。然而，在当代文化对浪漫主义传统的终结意义上，"创造"（"创造性"）的艺术便相当令人可疑了。特别是，当技术力量以"本体化"方式进入艺术之后，艺术的经典话语形式就不得不经历一番重写。

这种"重写"的最基本形式，就是以技术性的"复制"或"制作"来置换纯

---

① J. 西赖特：《现象艺术：形式、观念与技巧》，见汤因比等著《艺术的未来》，王治河译，北京大学出版社，1991，第86~87页。

② M. H. 艾布拉姆斯：《镜与灯》，郦稚牛等译，北京大学出版社，1989，第26页。

粹个体手工艺性质的"创造"。这是艺术审美活动在当代文化景观中所发生的无可更改的事实，也是审美文化领域的革命性后果。因此，当我们看到美国的新抽象艺术画家默里（Elizabeth Murray）以破坏形象的零乱碎片来重新组合成一幅《回味无穷》（*More Than You Know*，1983），并且回味她所说的"原始的意义中爆发出了一种新的东西，进入了一个新的境界"，我们就可以理解，事实上，只是由于一种技术变形的无限张力，才使得斑斓的色块能够在一个分崩离析的黄色空间里，把一对红色椅子拉近一张发绿的紫色桌子，在碎片的杂乱集合中产生一种激烈运动的紧张感，制造出画面本身的开放性和不定性。"复制"或"制作"的艺术，正产生在一种技术力量的无限重复运动的可能性之上；多元的技术手段、技术材料和方式等消解了艺术"创造"的内涵，使艺术家更多地成为当代社会的"技术魔术师"。

在这里，我们应当充分注意到，"技术本体化"在以"复制"或"制作"置换"创造"（"创造性"）而"重写"艺术概念的过程中所产生的当代艺术话语的内在张力。

第一，"技术本体化"对个体性力量和存在的价值削平，在一种新的文化维度上推翻了艺术的"创造"神话。艺术概念的经典话语形式在整个当代文化景观中的最大的裂隙，就是浪漫色彩的个人主义对艺术审美活动的话语权，被技术发明和技术运用中"复制""制作"的广泛性和巨大潜力所消解。其如音乐制作与接受。不仅音乐的结构元素中直接引入了技术手段、技术材料——一些作曲家、演奏家、演唱家直接把声音录进软件，由计算机演奏的情况已日益普遍起来，而且，由于音乐传播中电声媒介的发达、录音控制的出现，使得音乐传播形式也变化多样，甚至出现了以高技术方式组合的图形、视像对音乐本身的同步配合。技术之于音乐制作与接受的编码、解码功能成为音乐本体的功能。从这一特例，我们或许已经可以了然，整个艺术审美活动在不断趋向以技术为核心的"文化工业"过程中，不断地走向了平面性和现实制约的共存性活动；艺术"创造"的中心模式在个体性及其自律性、自主性瓦解的同时，已然失去了其建立在19世纪浪漫理想和个性自觉基础上的神圣庇护所。这一点，最明显不过地反映在以技术为先导的大众传播艺术之中：在由大众传播技术所控制的那种共时性的编码体系中，当代生活的形式与内容及其艺术"再造"的可能性，被不断地放大或缩小在一个已经不是或不仅仅属于个体的生存语境中，大众通常是在不断重复、复制传播符号的基础上，对艺术活动进行认同或拒斥、经验或模仿，"个体的时代失去了其显著的力量"①。这样，一方面，艺术家在艺术活动中更多地依赖大众传播的技术应用和控制手段来从事艺术活动，大量演示着日常生活过程及其文化变迁景观；另一方面，大众传播凭借自身的技术操控能力，利用"信息的特殊性质、广泛传播和一切人都易于理解的词汇能够对公众产生直接和有力的影响"，"传播常常是明显的而且在其他条件下决不会传递给群众的艺术材料"②，使以往一次性的艺术创造转变为由可复制的视听形象/影像所保留的多次性消费行为，把以往艺术"鉴赏者"面对"创造性"作品时的那种独一无二的个人体验，转变为可以连续、反复进行的大众视听活动。经典艺术话语系统中的"作者"和"读者"的界限消失了，因"技术本体化"而来的"复制"或"制作"在为人们提供各种新的影像和影像消费活动的同时，也使自己"不再像那种从词源学或习惯中引出的信念，只是一种现象的简单重复……就一件产生于批量生产的摹本而言，其重要意义不仅在于它不涉及原本，而且还消除了这样一件原本能够存在的观念"③。原本的失落或"作者之死"，意味着技术话语在当代艺术语境中的有效性及其所实现的对个体性力量的消解——我们不复再见那种"个人"风格，当代艺术语境中的真正主体不复是个别的艺术家或读者，而是技术规则的自身运作。这样一来，艺术的"技术本体化"现象及其趋向，便真的如福柯在《作者是什么?》中所说的，"不仅使我们防止参照作者，而且确定了他最近的不存在（recent absence）"，"必须取消主体（及其替代）的创造作用，把它作为一种复杂多变的话语作用来分析"。④

第二，与上一种情况相联系，当"技术本体化"现象蔓延之后，艺术审美活动的深度历史价值逐渐为一种由技术力量所驱使的最大程度的展示性/表演性所取代：艺术既然不复是艺术家独一无二的"创造"，而是运用一切可能的技术发明、技术方式来"制作"/生产，那么，它的最强有力的话语形式便只能是走向技术搭建的展示平台。这也正如本杰明在《机械复制时代的艺术作品》中所指出的："随着对艺术品进行复制的各种方法，便如此巨大地产生了艺术品的可展示性。"⑤ 而能够使艺术审

① 哈贝马斯：《论现代性》，见王岳川、尚水编《后现代主义文化与美学》，北京大学出版社，1992，第11页。
② M. 杜夫海纳等：《当代艺术科学主潮》，刘应争译，安徽文艺出版社，1991，第186页。
③ R. 伯格：《皮格梅隆的冒险》，转引自 M. 杜夫海纳等著《当代艺术科学主潮》，刘应争译，安徽文艺出版社，1991，第5页。
④ 见王逢振等编《最新西方文论选》，漓江出版社，1991，第448、458页。
⑤ 瓦尔特·本杰明：《机械复制时代的艺术作品》，见董学文等编《现代美学新维度》，北京大学出版社，1990，第177页。

美活动产生展示性/表演性力量的，仍然是技术的魔法：在影视制作中，特殊效果的展示充分利用了从聚苯乙烯、石膏和玻璃纤维到镜子、炸药、模型，以及鼓风机、干冰发生器（用以产生烟雾）等所有的技术设备和技术手段——随着电子特技和视频特技的应用，一种能够将几幅图像叠加后产生特殊"透视"效果的彩色分离重叠技术（CSO）也直接加入影视效果的展示过程；正是通过技术材料、手段等的直接加入，美国人史密森（Robert Smithson）才得以自傲地向我们展示他的《螺旋防波堤》这幅巨型的大地作品。而下面的两个例子也许更能说明这种"技术本体化"之于艺术审美活动的展示性/表演性趋向：

1979 年，法国电子合成器演奏家米歇尔·雅尔在法国国庆节之夜，在巴黎协和广场举行了一场彩色音乐会，这场音乐会通过电视转播，使西欧各国 2.5 亿人为之陶醉；

1992 年 7 月 12 日，西班牙著名歌唱家多明戈和马尔菲塔诺在圣安杰诺城堡的露台上，演出了普契尼的歌剧《托斯卡》，27 部摄像机对此进行了全视角拍摄，利用卫星向全世界 107 个国家的 15 亿观众实况转播了这出古老的歌剧。

这种种情况都表明，当技术力量日益密切地与整个艺术审美活动联系在一起，经典艺术话语的那种独有的私密性被瓦解了；艺术家、艺术审美活动要想继续对建立在现实之上的认识活动发挥作用，就必须利用技术的广泛性而尽可能向大众敞开门户。也因此，对那种以技术为先导的艺术传达方式的把握被充分容纳进整个艺术审美活动，对艺术传达的设计成为某种预定的、先在的过程。艺术传达在某种程度上成为艺术的叙事要素，而不是同艺术过程相分离的又一领域——对传达的要求先于艺术"创造"，而传达本身则同时是一种创造过程。这样，艺术传达及其方式在艺术审美活动的整体性结构上对艺术家、大众的制约性，就成为"技术本体化"现象重写艺术概念的又一层内容。

第三，当代社会中，各种现实生存困厄、思想冲突、意识形态危机、人类心灵曲折隐痛、经济多元分化、政治权势连纵对抗等，把人们带入一个急剧动态的文化氛围里，使人的生活产生了积极行动的可能性并形成持续的联系。而艺术审美活动正是人们在今天这个时候对付已知的过去和未知的将来的有效文化构建——人们在其中自我展示着自身的文化利益和追求，强化对整个文化—生存状态的思考，形成人际间的广泛沟通。由此，从总体上看，当代艺术审美活动与大众生活之间，形成了一种复杂的"对话"关系。这种"对话"，就其话语形式而言，所产生的是一种艺术与大众、艺术审美活动与大众生活的共时性平面切换；而技术力量的扩张与强化，艺术中"技术本体化"的趋向，则一方面推动着当代艺术审美活动与大众生活的"对话"走向一个更加普遍的层面，另一方面又加剧着"技术本体化"对艺术概念的重写趋势。其如在大众传播环境里，人的想象力、创造性和接受—认同过程，总是同一定的技术形态相联系。这样，在艺术的具体操作中，技术既扩大了当代艺术审美活动在大众传播环境里的语汇量，又主动把大众生活引进艺术之中。可以说，正是由于"技术具有一种赋予事物以生命的力量。而且技术为我们强化和扩展这种赋予事物以生命和意义的意向提供了手段"①，才使得今天的艺术家能够相当熟练地掌握技术手段、材料和方式的特点，并增强与大众生活"对话"的可能性，在没有阻障的境遇中同大众进行广泛沟通，进而扩大艺术的内在张力。这就像法国人阿尔曼（Arman）所做的工作：他经常用一些快干聚酯将许多技术成品——小提琴、塑料管、电子制品及其他高技术物品裹住，仿佛是用技术来密封由技术造就的现代生活；而他在1982年制作的大型作品《长期停放》（*Long-term Parking*），则在巨型水泥塔中嵌入了60辆汽车车体，以此与公众交流对当代文明的观念。

必须看到，在当代艺术审美活动中，诸如此类"技术本体化"的现象及其趋向，早已打破了经典艺术概念，而带来了艺术在当今时代的全新的革命。"技术本体化"之于当代艺术审美活动的合法性，理应受到审美文化研究的高度重视。

三　"技术本体化"的魔咒

有必要指出，"技术本体化"现象及其重写艺术概念的力量，带来了它自身的一种新的、基本的，但同时又是魔咒般有力的话语权。对此，当代审美文化研究无疑需要做出认真的反应。

"技术本体化"之于当代艺术审美活动的话语权，首先就鲜明地表现在将日常生活话语引入艺术话语，或使艺术话语向日常生活话语靠近这一方面。

1970年，美国的杜安·汉森（D. Hanson）用玻璃纤维和彩色聚酯制作了一座

---

① J. 西赖特：《现象艺术：形式、观念与技巧》，见汤因比等著《艺术的未来》，王治河译，北京大学出版社，1991，第83页。

与真人同样大小的雕塑《游客》。他以超级写实主义的手法，运用摄影技术直接从真人身上进行翻模，然后再复制模特儿的容貌：这是一座由技术手段加以制造的不可思议的"虚无之像"，它直接击碎了阻隔艺术与生活关系的那条通道，进而使得观众在面对这座如真人般的雕像时会突然产生出一种莫名的恐惧——看似有血有肉的躯体却不能呼吸，"有如死去一般一动不动地僵立在那里，或像灵魂已飘移他乡的弃尸"。

而属于"新印象派"的克洛斯（Chuck Close）为了找到被他称为"构成艺术标志的新途径"，用摄影和照相制版技术制作一种类似照片或幻灯片的光滑而无特征的平面构成效果，并且用图格以及加在图格上的印色指纹，把影像和所有信息传递到画布上去，从而保证了最细微部分和整体形式在画布上的真实性。就像他的《罗伯特——方块指纹Ⅱ》（1978），通过加强技术上的机械性与手工效果之间、形象的流动与固定因素之间的预期张力，来突破图像与方法间的平衡，实现艺术作品与其真实形象间的某种微妙联系。

这一切，在一种新的话语形式上向我们提供了认识当代艺术活动的可能性，即：技术材料、手段、方式等的力量与运作，在其自身"本体化"过程中，产生了一种沟通、重组艺术话语与日常生活话语的力量，一种把艺术引向日常生活维面的不可抗拒的话语权。以往掌握在艺术家个人手中的那种对生活的独断式判断或浪漫理解，在艺术家越来越频繁地调动技术力量的时候，逐渐丧失了它的优越性和合法性。相反，在技术力量这一当代的合法权威引导下，日常生活的每一种样态、每一次运动和每一种可能性，都无情地踏过那道间离艺术与日常生活的壕沟，全面侵入被艺术家和"艺术"长期盘踞的领地；艺术审美活动就此自觉或不自觉地转向生活中的日常话语形式，流入日常生活冲出的河道。换句话说，在个体性浪漫时代已经结束的今天，经典艺术话语的传统的神秘性和自设的独立法则，被精密化、科学化、技术化的社会生活所技术化和程序化，艺术家个人单枪匹马的英雄时代在自身不断退隐之中而放纵着对技术魔法的迷恋，抛弃了任何升华、净化生活的浪漫幻想，尽力转向对由技术力量所操控的生活的尽情体验，并将自身逐步纳入日常生活话语的"现在"之流。

一句话，"技术本体化"在引导日常生活话语进入艺术话语的过程中，产生了艺术审美活动与社会总体性生活过程的同一趋势。

这样，我们就不难看出，"技术本体化"以一种新的话语霸权，在我们面前既展示了经典艺术话语体系的分裂，也导致了日常生活话语形式之于艺术审美活动的当代性意义。至少，我们必须相信，"技术本体化"行使自身话语权的结果，使"艺术始终在各种不同的生活层次间编织着联结网，这个联结网在出乎意料的瞬间突然闪亮，从而使生活发生改变"①。

与此相联系，"技术本体化"在引致艺术话语向日常生活话语靠近的同时，其最大的也是最具威慑性的方面，是使当代艺术审美活动在"消费文化"形式中瓦解了主流文化的意识形态中心话语权。这里面存在两种情况。其一是"技术本体化"带来了艺术审美活动作为一种消费文化的可能性和现实性。正是由于技术能够在自身变化中产生出空前广泛的"影像"组合，能够通过技术处理上的切入、转换、遮蔽、修整、取舍选择而实施具体操作，因而，它能够在技术魔法中把当代人从传统层面提升到新的领域，在他们眼前展现一个越来越清晰可辨、亲切可感而活跃的世界风貌，满足他们日益增长的生活欲求。例如，在直接依赖技术力量的大众传播活动中，电影、电视、广播、音像制品以及录音机、录像机等成为引导人们"消费"艺术的有力工具，使人们对艺术接受/理解的可能性由"阅读/思考"延伸到"直观视听/感知"形式中，即由那种必须经由反复审视以体会艺术符号的内在隐喻、反复解析作品构成以深入领悟艺术家动机的活动，转向在视听形式中凭借广播、电影、电视、报刊、音像制品等来直观由传播媒介的操纵者有意增删、调整、改制了的影像，从而直接感知艺术的魅力。这样，在大众传播技术的直接作用下，艺术审美活动之于今天的大众，已经不再是纯粹"他性"的存在，也不必依赖太多的智力分析，而是在经常性的"直观视听/感知"中成为大众亲历的对象和活动。

正是在这种情形下，当代艺术审美活动日渐突出了其"消费文化"的特征。以往艺术引以为自豪的历史感、人性价值、理性判断等深度模式，退隐到满足大众生活享受的新的消费性之中——现在，人们通过报刊、画册等就可以看到以前只有在美术馆里才能目睹的雕塑、绘画，不必坐进音乐厅或剧院就能够从电视、广播、激光影碟、录像带等中听到动人的旋律、看到翩跹的舞姿和精彩的情节。在这一转移中，艺术审美活动的生存权利随之向广大艺术消费者方面转移。

其二是"技术本体化"又以"消费文化"所固有的大众性、流行性、享乐主义欲望膨胀的特征，来消解主流文化对社会生活、社会事件、社会文化心理的意识形

---

① L. 柯尼希语，引自G. R. 豪克著《绝望与信心》，李永平译，中国社会科学出版社，1992。

态主导性，颠覆主流文化在当今社会的意识形态中心话语权，直至将其逼入"解中心化"的尴尬境地。毫无疑问，这是一种"技术的狡猾战略"：因为当"文化的生产被驱回到一种精神空间之内，但这种空间不再是旧的单个主体的空间，而是某种被降低了的集体的'客观精神'的空间"① 时，一方面是主流文化原先的权威不复具有昔日的赫赫声威，而滑到了丧失文化制辖力及其对艺术审美活动的意识形态作用的边缘，丧失了它所竭力想要保持的那种中心位置；另一方面，技术力量乘虚而入，在当代艺术审美活动与主流文化相疏离的空隙间，以"本体化"身份夺占主导地位，形成一种新的中心话语权。例如，在一个影视本文中，当镜头/反打镜头的组合在摄、录技术中得以组合，这种在两个人物或两段场景之间来回切换的构型，其本身已经不再呈现为"自然的"方式，而是一种高度技术化的组合：观众的视觉空间在此被片断化了，提供给观众的是一个为虚构故事而预设的"技术空间"。而当我们习惯于这种镜头/反打镜头的引导时，那么，它指向哪儿，我们就看向哪儿；它让我们什么时候看，我们就什么时候看；不知不觉中，由主流文化引导的某种审视立场便由这种技术组合所形成的话语形式的指向所替代，技术力量在这一影视本文的镜头组合中完成了对主流文化的特定颠覆。因此，如果说，在经典艺术话语中，主流文化曾经牢固地确立了自身的合法性，那么，"技术时代，也只有它才带来了整个权威世界的崩溃"②。

作为"技术本体化"之基本话语权的又一个表现，则是一种感性时代所特有的"狂欢"庆典。操纵这一"狂欢"庆典的魔杖，就是当代艺术审美活动因技术力量而来的煽情力。这是一种使人在当下体验中达致迷狂的、不可抗拒的力量。

由于"技术本体化"的直接后果，是技术手段、材料及其方式等在艺术审美活动中不是作为外在力量，而是直接成为一种内在叙事元素，因此，诸如电子合成、声光变幻控制、多元构型方式等在艺术制作过程中所具有的绝对刺激作用，往往以其所拥有的无与伦比的形象直观性、生动丰富性，在数量巨大的听众、观众中间形成一股强烈的综合感染力量，既不断推动着当代大众生活内容与形式的迅速更迭，又强制性地决定了当代人对生活的当下感（即时性体验要求）——其如大众传播的直接性、形象性、生动性、丰富性，在语言、画面、音响、色彩等

---

① 杰姆逊：《后现代主义，或晚期资本主义的文化逻辑》，见王逢振等编《最新西方文论选》，漓江出版社，1991，第350页。

② K. 雅斯贝尔斯：《何谓陶冶》，转引自《文化与艺术评论》第1辑，东方出版社，1992。

的技术合成中，转换为对大众接受过程的即时有效性，短暂而强烈、频繁地刺激着大众的感知活动和判断能力，在大众生活需求的现实过程中煽动起情感体验的狂热追求与满足。这样，生活本身的"此在"形态与直接获取可能性，压倒了人对生活的持久信念。

正是这种诞生于技术魔杖下的煽情力，使当代艺术审美活动不断地趋向于制作那种满足大众丰富的日常欲望、可传播且可为大众直接享受的艺术"成品"而不是"半成品"——它们需要激起的是人的当下满足感而不是等待一种长久体验与深思熟虑，是可以变幻的技术"影像"而不是艺术家呕心沥血塑造的"典型形象"。由此，一方面，我们看到，由技术力量造就的艺术审美活动的当下感、即时有效性，直接刺激、煽起了大众的当下（即时）体验情绪，以至狂热的投入；另一方面，我们又可以看到，大众的激情与狂热，反过来又对艺术家、艺术作品或艺术审美活动进一步提出了一种更多地满足激情享受的要求。技术力量在此成为一根挑逗艺术审美活动的魔杖，成为激情"狂欢"场上的冷酷的主宰。

然而，需要知道的是，在这种"狂欢"庆典的背后，在技术的煽情力操纵下，最终所实现的，不过是一份"剧终人散"的空落，一种激情耗散之后的体乏心虚。当下的满足或安慰并不能就此成为永恒的回味、内省，相反，它只是在影像制作中完成了一次对当代生活的技术组合，并且拉动了下一次"狂欢"庆典的序幕。也许，这就是人和人的艺术在"技术本体化"面前的一种新的遭遇。

四 "技术本体化"与审美文化研究策略

艺术审美活动中的"技术本体化"现象及其趋向，使得主要以艺术为对象而介入现实文化语境的当代审美文化研究，在起始之处就面临着一种选择上的困难：当经典艺术话语被置于不断消解的语境之中，当技术"复制""制作"不再与"创造"（"创造性"）概念相矛盾并使所有作品"都是一种再生产"，"本文潜藏着一个永不露面的意义，对它的确定总是被延搁下来，被补充上来的替代物所重构"[①]，处

---

① 德里达：《弗洛伊德与书写的意味》，转引自胡经之、王岳川主编《文艺学美学方法论》，北京大学出版社，1994，第393页。

在这种情状下的审美文化研究将何以理解"艺术合法性"问题？换句话说，在当代审美文化研究系统中，我们应当怎样从理论上考察以下两点？第一，考察"技术本体化"为当代艺术审美活动提供了一种新的生存形式和生存活力。第二，考察艺术审美活动在"技术本体化"过程中的现实景观，以便在介入艺术的审美批评的同时，从理论上克服"技术本体化"异化艺术审美活动的某种潜在威胁。所有这些困难意味着，当代审美文化研究实际上已经无法回避"技术本体化"的挑战，而只能将此问题置于自身之中，在当代性立场上充分适应艺术审美活动的现实——无论我们是否愿意为这种现实的合法性进程进行辩护，都必须进入"技术本体化"现象及其趋向之中，寻求楔入当代艺术审美活动的理论视点。尽管"技术本体化"的确产生了当代艺术审美活动（乃至整个审美文化领域）的种种分裂，但是，对此作简单的否定或肯定、敌意的漠视或片面的夸张，都不足以使我们将问题的实质真正引入到理论探讨之列。

可以肯定，当代审美文化研究的主旨，不仅是为了对现实文化语境中的艺术审美活动进行一种现象性描述，更重要的，是要在此基础上产生一种策略性主张，掌握建构审美文化的理论话语权，建立起一套介入艺术的审美批评的话语系统，并进而扩展到对整个审美文化系统的必要的理论引导，真正实现审美文化研究的当代性转向，即走向一种新型的文化批评活动。这样，对"技术本体化"现象及其趋向的关注，便成为我们的一个理论出发点。

就当代艺术审美活动中的"技术本体化"与审美文化研究的关系而言，我们的策略性主张应当充分注意到：如何从"重写艺术概念"方面，阐释"技术本体化"之于整个当代艺术审美活动的效度问题？或者说，怎样理解"技术本体化"自身话语权的合法性？一个确凿无疑的事实是，技术手段、材料、方式等的全面侵入及其"本体化"过程，已经从根本上消解了经典艺术活动在当代文化语境中的延伸能力，使之产生了历史性中断或"合法性危机"。抱守经典艺术话语的浪漫理想，在今天变得如此不切实际，甚而不堪用以说明最普通而又简单的流行艺术现象——在艺术"创造"或"创造性"的视界中，我们永远也弄不清楚为什么一场精心设计的音乐会可以使一个无名小卒一跃成为"歌坛大腕"，为什么多声道电子复录技术能够让一个人的声音变得如此温婉多情而令几大洲的人为之迷醉。而一旦我们能够穿透"技术本体化"力量的无边的魔阵，我们就可以从一种新的视点上，看到经典艺术话语与当代艺术话语之间所存在的巨大的、无法缝合的裂隙，看到所谓传统艺术与当代艺术的区分至多是一种功能性的、对具体情形的区分，而不可能构成对"技术本体化"与当代艺术审美活动关系的否定性判断。由此，我们对"技术本体化"的效度、话语权的合法性，才可能有一种立足于现实文化语境的把握，进而产生对那些围绕在艺术审美活动周围的广泛的当代审美文化现象的深刻理解。

"技术本体化"现象及其趋向虽然多方面地改变了当代艺术审美活动的话语形式，特别是以"技术的狡猾战略"逐渐瓦解主流文化的意识形态中心话语权。这一点虽然在某种程度上带来了艺术的"技术主义"倾向及其一定的消极性——诸如"影像"泛滥和"狂欢"背后的文化虚无性，但它实际上却又为审美文化研究趋近于一种文化批评活动提供了某种可能性：正是在中心话语权暂时"空白"之处，在技术力量引导当代艺术话语形式疏离主流文化而呈现多元分化的过程中，我们的审美文化研究可以借助"技术本体化"趋势而主动介入艺术审美活动的多元语境，形成自身对各种艺术问题乃至整个文化问题的干预力量。在今天这个时候，能否有力地协调日常生活话语与艺术话语之间的张力，协调因"技术本体化"而产生的主流意识形态与技术力量之间的话语冲突，协调技术手段、材料和方式等所操控的消费性、流行性文化特征与艺术审美活动的批判性文化审视功能之间的分裂性矛盾，乃是审美文化研究在理论上确立自身话语权的基础。它一方面必然要求审美文化研究从根本上适应"技术本体化"过程中的艺术话语转型，把"技术本体化"现象和趋向理解为当代艺术审美属性、审美价值的内在构成，从而在广泛而普遍的技术力量及其现实规范中把握当代审美文化系统中的艺术演进；另一方面，它又并不要求我们放弃基本的历史主义立场和人文关怀精神，放弃审美文化研究的功能引导，而是需要我们能够在积极进入现实艺术语境乃至整个文化语境的同时，产生足够的理论介入能力。这样，我们就可以发现，主动关注当代艺术审美活动中的"技术本体化"问题，无异于更加可能强化审美文化研究本身在当代艺术审美活动失去聚合力之后的理论权威性，成为主流文化的意识形态中心话语权被急剧消解之后的一种"新的崛起"——当然，这不是一种文化抑制的权威力量，而只能是开放的、综合的引导性话语权，并且指向了历史主义意识与现实主义功能相统一的内涵丰富的文化建设，在无序中重建新的秩序性。

也许，正是这样，当代审美文化研究才可能产生一种立足于现实文化语境的人道价值，才可能回答雅斯贝尔斯发出的疑问：

人们仍然需要一个引导他生存的根本权威的生活世界，但这个生活世界在技术世界中可能吗？那新的技术世界又与过去世界的区别何在呢？①

（原载《美学与文艺学研究》1994 年第 1 辑）

---

① K. 雅斯贝尔斯：《何谓陶冶》，见《文化与艺术评论》第 1 辑，东方出版社，1992，第 202 页。

美学如何可能走向大众生活

　　面对当代中国美学研究中存在的理论危机，似乎有一种乐观的态度，认为只要我们把研究立场转向现实的大众生活，当代中国美学就可以"柳暗花明"了。于是乎，我们现在"有了"摄影美学、城市美学、劳动美学、环境美学、广告美学、服装美学、旅游美学、体育美学、烹饪美学等。这样，三百六十行，几乎行行出美学了。

　　我并无意贬低持这种态度的同志的理论热情。然而，它是否真的符合美学研究自身的理论自觉？或者，它是否更本质地表现为我们寻求当代中国美学新出路、新发展的"感性的理想"？是否当代中国美学研究出现了理论上的一种"非自然倾向"？

　　和大众生活加强理论上的联系，走向现实生活层面，应该是当代中国美学发展的必然。但是，这种必然性是建立在美学本身的内在关系上的。作为思想的形式，美学从一开始就是生活的深刻抽象、高度理性；同生活的关系，是美学天然的结构。随着当代社会文明的高度发达，大众生活形式和内容的变迁，以及由此而产生的人的感性体验中机械性与创造性、物质欲望与精神享受、道德理想与个人利益的尖锐对立和冲突，人在现实生活中的苦闷与孤独愈益强烈。当代生活的许多困惑，需要在日常审美活动中得到克服或消解。作为一种深刻的抽象，当代美学在其逻辑进程中必须自觉地理解当代大众生活的困惑，理性地抽象其中的对立冲突。因此，如果我们强调当代中国美学走向大众生活的必然性，就必须首先关心必然性背后的内在关系。也因此，当代中国美学走向大众生活的过程，就并非是"是否可能"的问题，而是"如何可能"的问题，即怎样才能真正"走向生活"。

　　在我看来，当代中国美学走向大众生活的第一个障碍，就是：在本质上，美学不是纯粹经验的分析，而是玄思过程中的思维抽象；"走向生活"则意味着美学必须以经验活动（包括日常生活感受）为某种理论的分析依据。思维抽象与经验活动之间的相互对立，如果不能在研究领域达到自觉的克服，就会导致美学走向大众生活的失误与偏离，尤其可能以当代生活经验削弱美学理论活动的玄思本性。克服这一障碍的途径，在于合理选择美学走向大众生活过程自身的理论基础。这个基础，我以为就是以当代生活日常活动的抽象为形式的经验综合的判断。

所谓"抽象"，是指美学思维过程中直接面对的，不是大众生活的日常的、表面的具体样式，而是经过某种理性把握的大众生活多样形式底层的深刻意蕴，是一种对大众生活形式和内容的"具体的抽象"。所谓"经验综合的判断"，则表明美学在走向大众生活的理论道路上，必须远离一般纯粹经验分析的局限，既以日常生活活动的抽象为对象，又不放弃具体审美活动形式、审美经验（包括日常活动中所积淀的审美情绪），在理性的统一中，使美学与大众生活的关系体现出特定的内在逻辑规律。这样，当代中国美学走向大众生活的过程才可能成为理论上必然的演绎形式。

如果我们再深入地理解，当代中国美学如何可能走向大众生活，关键在于怎样实现美学体系自身在实际思维运行中的理论自觉。当我们指明美学走向大众生活的理论基础，是"以当代生活日常活动的抽象为形式的经验综合的判断"时，其中所包含的"抽象"与"经验综合的判断"，也就是两种相联系的思维限制：唯其是"抽象"，才能使我们对大众生活形式和内容的美学思维，总是确定在一个有着自身规定性的范畴（概念）之上，从而保证美学研究在现实应用与理解方面，始终是一个具有基本概念形式的自身总体思维逻辑的连续性表现，而不致产生当代中国美学在具体生活领域中的理论分裂；唯其是"经验综合的判断"，所以对一般日常活动经验的超越，便不会产生理论与现实生活的隔阂，而在大众生活表现出具有一定地相融于美学思维视界的现实与长远的可能性方面，发现美学对大众生活的特殊渗透。

值得担心的是，目前我们所看到的，大多是与上述理解相反的两种情形：或者，在走向生活的具体过程中，以现实经验活动代替美学本身的思维形式，在当代生活的日常形式面前抛弃了美学理论的限制，把美学引向设计学、工艺学的层次；或者，对现实生活的探讨，仅仅变成借美学的名词以抬高具体生活活动的理论地位。所谓美学"泛化"，正是冲着这两种情形说的。

当然，准确把握当代中国美学如何可能走向大众生活的问题，还应有一种更为深邃的文化建构理想。由于现实的大众生活本身就是当代文明的表现，当代生活的困惑也就是当代文明的内在矛盾。所以，在走向大众生活的过程中，当代中国美学必须关心当代文明的具体困境，关心人类文化创造总体过程的根本利益，以自身的卓越理想而最终使美学成为人类全部创造活动中独特的文化建构方式。只有这样，当代中国美学走向大众生活才能够不只是对现实的迁就，而且是对现实的文化超越，真正富有持久的意义和深远的影响。显然，这就注定需要我们有与人类文化活动的动机和理想相沟通的心灵，有一份以审美为最高文化创造形式的理性。

（原载《福建论坛》1991 年第 1 期）

回归感性意义

——日常生活美学论纲之一

一

进入 21 世纪以来，对于各种关乎当代人日常生活及其现实境遇的问题，美学界的理论兴趣越来越浓厚。讨论此起彼伏，众声喧哗，莫衷一是。然而，不管相互争执的观点如何各异其趣，有两个问题却是人们在争论中不能不关注或者说是共同关心的：

其一，当代人的日常生活究竟为何？如果说，一个时代美学趣味的发生，不能不直接源于人的基本生活行动和生活动机，那么，"日常生活"的当代改变及其现实情状，便必定成为我们时代美学趣味的当下发生机制，从而也直接规定了我们在理论上对这种当下趣味的判断。从已有讨论中，我们其实已经可以清楚地看到，对当代"日常生活"的各种观察与理解，不仅间接地呈现出不同声音本身的生活利益和生活满足，同时也直接决定着不同声音各自不同的价值理想①。从这个意义上说，理论上对当代日常生活及其现实境遇的美学判断，其实也是一种有关"生活"的现实选择。

其二，最关键的是，"日常生活"的当代改变及其现实情状，无可回避地把原先处在"二元"（理性/感性）本体中的"感性"再次凸显出来。"感性"为何？"感性意义"究竟为何？这个问题已然成为人们无法回避的重大理论对象。对这个问题的具体把握，既是我们获取日常生活经验的出发点，是我们讨论各种当代日常生活问题

---

① 关于这一点，可参见《视像与快感——我们时代日常生活的美学现实》（《文艺争鸣》2003 年第 6 期）、《评所谓"新的美学原则"的崛起——"审美日常生活化"的价值取向析疑》（《文艺争鸣》2004 年第 3 期）、《谁的"日常生活审美化"？怎样做"文化研究"？》（《河北学刊》2004 年第 5 期）、《知识论与价值论上的"日常生活审美化"——也评"新的美学原则"》（《文学评论》2005 年第 5 期）等文章。

的基本前提，它事实上也是纠缠在各种当下美学趣味批评之中的核心。如果说，在各种不同价值取向的当代日常生活的美学判断中，感性的正负两面性都被极度放大了，那么，正是这种"被放大"的感性存在，以其对当代日常生活现实的意义，挑战了各种生活中的趣味选择和理论上的价值阐释。也因此，当前人们对当代日常生活及其现实境遇问题的理论兴趣，最终还是归结到"感性意义"的具体理解之上，并由此展开美学的另一种当代之途即"日常生活美学"。即如已有各种关于"日常生活审美化"的讨论，尽管在它们中间总是存在各种不同的理论声音，但无论怎样，这种讨论的存在本身就确已表明了"美学走向日常生活"的现实性，以及"日常生活美学"成为一种现实美学话语的可能性。

当然，重要的是，不仅"日常生活"和"感性意义"两个问题直接联系在一起，凸显为近来美学存在的理论现实，而且，正是在这一直接的联系中，曾经被我们的美学"理性处理"的"感性"问题，再度从当代生活的价值阐释中获得了存在具体性。这一点显然是非常重要的——在日常生活的当代维度上，美学上的理性一元主导论传统遭遇了挑战，进而使人们有可能重新思考生活意义的日常满足及其美学价值这一很长时间以来被忽视了的问题。

可以认为，感性问题重新获得高度重视，既表明了"日常生活"作为一个当代问题的理论阐释前景，同时它也十分具体地呈现为美学发生当代转向的理论契机。在这一过程中，充分体现"日常生活美学"之为一种当代理论转向的，不仅在于"感性"重新回归人的日常生活语境，而且在回归日常生活之际，"感性"在理论上被理解为当代日常生活中人的现实情感、生活动机以及具体生活满足的自主实现，亦即人的日常生活行动本身。由此，通过回归"日常生活"，"感性"既在美学问题领域生成了自身的现实性，又在理论上确立了"日常生活美学"的阐释取向——在这一阐释取向上，"感性"必然超越其在传统美学系统中的认识本体位置；理性一元主导论的美学认识论中的那个"卑下"的人的"感性"不复存在；"感性"以一种自然存在方式作用于并且呈现为人的日常生活形象，它通过人的行动而直接现实地呈现为日常生活的"意义形象"。

感性问题有了新的美学意涵。它既为我们提供了挣脱传统理性一元主导论的美学认识论的可能性，同样也为我们展示了美学朝着人的日常生活开放自身阐释能力的现实性。正是这一"日常生活美学"的转向，有可能积极地标举一种"新感性价值本体"——感性意义成就日常生活的美学维度。

二

作为"日常生活美学"的理论核心，"新感性价值本体"不是知识论意义上的认识范畴，而是一个在人的当代生存现实中反抗理性一元主导论的美学范畴，是一个在指向现实的阐释中不断获得自身确立的当代生活存在范畴。其基本点，就在于明确主张：在当代，人的日常生活系于生活行动本身的实际发生和满足，而日常生活的美学趣味则决定于这种发生和满足之于人的实际生活的感性意义。对人而言，正是在感性意义的领域，日常生活才有其充分的美学阐释价值——日常生活审美化正是这一美学阐释价值的具体呈现。

具体来讲，作为"日常生活美学"的核心范畴，首先，"新感性价值本体"的提出，旨在充分表明，日常生活现实中的人的感性的生活情感、生活利益与生活满足，不仅在形式上是自足的，同时在内在性上也自然合法。质言之，在存在意义上，"感性"自然性是人的实际存在的现实维度，也是一个不可取替的存在根基。它是人之所来，也提供了人的日常生活之所向；它呈现为日常生活的存在形象，同时向人的生活行动提供存在的希望。日常生活的存在合法性正是建立在这样一种感性合法性的基础之上，而日常生活的意义呈现就是在人的感性存在的现实展开中获得的。换句话说，离开感性，任何有关生活意义的阐释都将变得虚伪和无意义。

显然，对于这种源自人的日常生活行动的感性存在的自足性与合法性的肯定，一定是具有挑战性的。因为这一肯定尽管没有直接颠覆理性一元主导论在有关生活认识关系上的知识绝对性——在有关生活的认识传统上，由于普遍知识话语高度强化了理性权力的特性，人对自身生活的认识普遍满足于理性一元的控制——但是，从另一个方面来看，理性在知识话语系统中极度夸张的普遍性，现在却有可能被阻止在生活存在的日常现实之外。在指向现实阐释的过程中，"新感性价值本体"的提出和确立，使得理性在人的认识系统中的权力已不能自动延伸为对日常生活的必然性干预力量。也就是说，作为一种非知识论的阐释话语，在"日常生活美学"中，感性与理性之间可以是一种非对抗性的关系——二元对立的紧张性和非此即彼性，被二元分立的疏远性所取代。这一点，恰恰成为"日常生活美学"的基本特点之一，同时也是传统美学认识论往往无力面对当代日常生活现实的主要原因。

其次，在"日常生活美学"的阐释指向上，"新感性价值本体"现实地揭示了当代日常生活与感性之间的同质化关系。应该说，这是问题的一个关键点。这种"同质化关系"的具体呈现就是：一方面，人的各种日常生活动机、生活利益的实现需要，直接呈现为当下具体的生活行动，动机的发生与改变同人的日常生活行动的实际展开相互一体；另一方面，日常生活意义的实现不仅十分具体生动，同时也直接取决于它所获得的感性呈现方式及其实现的感性满足，人的日常生活动机、利益及其实现，在生活行动的感性存在形象上得到有意识的价值确认。这也就是吉登斯等学者所指出的，"日常生活的美学化过程可能是这个变化的世界的一个重要部分，因为它在使人感觉麻木的同时也能激起感觉，它还改善了物质环境"①。

肯定感性，就是肯定生活；肯定人的日常生活的正当性，就是肯定感性意义呈现的合法性。由此，人的日常生活与感性的同质化，便在当代现实中最大程度地"直观化"了人的感性实践要求与利益满足，感性意义的生成则有可能在提供（或者重建）日常生活的美学维度方面变得十分具体。对于"日常生活美学"而言，正是这种相对于人的日常生活的当下直接性特征，具体表达了日常生活本身的巨大感性实践功能，也非常生动地再现了当下生活与感性的同质化——生活即感性呈现，感性对自身的价值肯定亦即生活的自我实现。

最后，在日常生活的现实的美学阐释上，"新感性价值本体"突出了人的生活行动的感受实在性。当我们把一切意义的生成联系到人的行动的可能性与普遍性之上，实际上，我们就已经可以认为，所有对于意义的确认都不可能离开人在生活中对自身行动过程及其结果的直接感受。同样，感受生活行动本身以及对生活行动的直接感受，是生活意义的呈现过程。在这一过程中，感受本身就是一次生活行动，同时也是一种鲜活意义的感受。因而，在日常生活中，感受生活行动和生活行动的感受必定具有鲜明的实在性。这种实在性既引导了人从日常生活实际发生中所获得的情感，也满足着人在日常生活行动中的利益需要。对于人和人的日常生活来说，感受的实在性既是生活行动的出发点，也是生活行动的归结点。日常生活意义的美学阐释，就开始于对这种感受实在性的确认。可以说，"日常生活美学"的阐释指向，正是通过这样一种"确认"而直接确认着日常生活意义的美学转向。很明显，这种对人的生活行动的感受实在性的肯定，在美学认识论的知识体系内部是十分危

---

① 参见西莉亚·卢瑞著《消费文化》，张萍译，南京大学出版社，2003，第240~241页。

险的，因为在人的感受生活行动和生活行动的感受中，由日常生活行动的实在性所带来的人的感受力，现实地超越了理性的控制力。然而，如果我们能够意识到，"日常生活美学"的阐释指向其实是非知识论的，那么，日常生活行动的感受实在性便可以不再令我们可怕。

或许，对于受制于理性一元主导论的传统美学认识论来说，"用普遍性确认知识，把理论当作信息的真正支撑物，并试图以一种标准化的或'逻辑的'方式推理"，"想在普遍法则的规定之下产生知识"这样一种理论传统，现在已经面临着"如果一个很有前途的知识理论失去与实际的接触，则它的规则不但不会被科学家使用，而有可能在所有场合都不可能被使用"① 的局面。就当代美学需要重建自己的现实阐释能力这一点来说，放弃原有那种在价值信仰、知识体系上对认识理性的执着，把对人的日常生活的美学阐释从作为认识本体的"感性意义"方面，现实地转向作为日常生活呈现方式与满足结果的感性生存实践，并且从人的生活感性出发来阐释日常生活行动的价值功能，体会人的日常生活满足的意义形象，不仅可以在理论的阐释指向上突破以往一以贯之的知识论维度，也将能够真正体现出美学在当下语境中对人的生活价值体系的重建力量。这，就是美学的日常生活转向的生动前景。

三

在人的日常生活层面上，积极地承认感性问题所具有的新的美学意涵，并在此基础上提出"新感性价值本体"的确立要求，从根本上明确了当代美学走向日常生活的理论新景。这就是：通过超脱理性一元主导论的美学认识论的知识体系，"感性"一方面独立为人的日常生活领域的当代性话语；另一方面则实际地削弱着传统知识体系在生活的美学趣味上对于理性权力的执守。由此，在"日常生活美学"的阐释指向上，我们所要面对的真实问题，不再是继续从捍卫一元主导的理性权力立场出发，强调美学认识体系如何从知识论上构筑对抗日常生活感性入侵的生活意义系统，而是美学如何能够直接面对当代文化的阐释要求，具体进入日常生活的现实之境，在日常

---

① 保罗·费耶阿本德：《告别理性》，陈健等译，江苏人民出版社，2002，第132、317页。

生活的感性呈现和人的日常生活满足中寻求意义的有效传达——既从日常生活的感性丰富性中发现人作为感性本体的存在合法性，又从人的感性实现的多样性中发现日常生活作为生存实践的价值前景。而人的生活价值体系的重建，正是美学在当今时代所负有的现实文化责任。

毫无疑问，这样做不仅相当困难，而且充满了挑战。困难在于，在美学的普遍性知识话语中，"感性"一直以来处在一个被严加防范的生存入侵者位置。"纯洁知识"的美学建构意图不仅将"感性意义"的赋予权交给了"全知全能"的理性，而且始终提防着日常生活领域活跃的感性实践向意义领域的渗透。"现有理论的问题在于它们开始于一种现成的分区化的状况，或从一种出于与具体的经验对象联系而使之'精神化'的艺术观念出发。"① 因而，在已经构成为传统的美学知识中，"感性"仅仅是一个以认识论方式获得承认的因素，而从来不构成为人的生存本体。

事实上，由于至上理性的一元主导逻辑，美学不仅在理论上必然偏于认识论，体现出十分明确的"现实超越"的知识构造意图，而且在美学认识的内部，现实感性的混乱性质也常常被放大为威胁美学知识体系构建的"病毒"，注定要被认识理性所抑制。这样，由于美学对生活趣味的价值判断通常转移为依赖"理性价值"而进行的审美认识，因而在通过认识论方式所构造的美学知识体系中，人的日常生活的感性存在、人的生活满足的感性性质始终是被怀疑的。对此，康德已经说得再清楚不过了："如果对一给定对象的愉快先行出现，却还要承认对一对象的表象的鉴赏判断中愉快的普遍可传达性，这样的程序就自相矛盾了。因为这样一来那愉快就只能是感官感觉中的单纯的舒适快乐，因此按其本性来说只能具有个体的有效性。"在康德那里，"除了知识和属于知识的表象之外，不可能有什么可被普遍传达的东西。因为只有在认识的范围内，表象才是客观的，并且因此才有一个普遍的联结点，由于这个联结点，所有人的表象能力才必然会彼此协调一致"②。显然，正因为在认识论上现实感性不是自足的，所以人作为日常生活的感性主体身份也同样被美学认识所拒绝。这种建立在感性与理性对立性关系上的美学传统，其强烈的认识论指向不仅先行预设了理性与感性的主从性，而且还先行预设了它们之间的层级性差别，从而也将美学知识体系引向了认识论意义上的层级化架构。至上理性的一元主导性在规定人们对待感性

① 杜威：《艺术即经验》，高建平译，商务印书馆，2005，第10页。
② 《康德美学文集》，曹俊峰译，北京师范大学出版社，2003，第464、465页。

的价值态度之际，也确立了美学对待自身的立场——对一切感性话语保持高度的理性
警觉。

挑战也由此而生。当日常生活的感性存在、感性利益及其满足作为一种新的价值
话语，在"日常生活美学"的阐释指向上用于把握人在日常生活行动层面所面临的
各种美学问题，不难想象它对我们熟悉的那种理性一元主导的理论传统、美学知识所
产生的冲击。对于日常生活感性的新的美学意涵的阐释，对于"新感性价值本体"
的美学肯定，将会（并且正在）引导我们从确立一种新的美学维度这一点上，重新
审查理性一元主导论美学知识话语在当代日常生活面前的现实局限性，意识到通过认
识层面的理性制度性权威来继续持守美学的知识论构造，在日常生活的意义阐释上是
有问题的。因为有一点很明显：对于人的日常生活来说，感性问题并不局限于认识论
范畴；在更大意义上，日常生活的感性存在、感性利益及其感性满足是一个生存论的
意义问题。尤其是，对于日常生活美学趣味的价值判断而言，人的日常生活的感性权
利之于人的现实生存需要和行动，更具有一种生存论的特性——人的感性、感性活动
不仅与人的理性权利一样具有自主自足的价值，而且往往更加生动、更加具体。因
此，在"日常生活美学"的阐释指向上，对人的日常生活行动的感性意义的充分阐
释和积极肯定，一方面已经把美学从认识论的知识体系直接引向了生存现实的意义维
度——知识构造的绝对性转向意义阐释的开放性，美学由此产生出新的、现实的理论
力量；另一方面，它也通过质疑美学认识论，通过质疑美学认识论的理性权力绝对
化，在美学内部进一步产生出日常生活感性话语反抗理性一元主导性权力的新前景。
在这样一种新的理论前景上，体现当代美学话语权力重新配置要求的"日常生活美
学"不仅具有挑战性，同时也成为现实的美学方向。在这一方向上，直面人的感性
生存——感性生活动机与欲求、感性生活表达与满足、感性生活实现与享受的"日
常生活美学"，其阐释指向既是回归性的——理性一元主导回归感性多样的生存现
实，也是开放性的——在阐释中，美学从传统理性的知识体系走向人的鲜活生活，直
接感受处在开放变化中的日常现实，并在开放变化的日常行动过程中不断形成和发挥
自身的阐释能力。

开放性的阐释指向不是对意义的知识循环论证，而是日常生活美学意义的现实生
成过程，同时也直接联系着当代文化的消费性生产活动及其对人的现实价值意识的改
变。"日常生活美学"的现实功能，由此进一步凸显为一种介入文化建设的当代
力量。

四

在"日常生活美学"的阐释指向上，美学话语社会化的当代前景得到进一步体现。

第一，在理性一元主导论的传统美学话语体系中，人的日常生活感性由于是一种限制性的存在，所以就如杜威在分析艺术时所揭示的，"将艺术与对它们的欣赏放进自身的王国之中，使之孤立，与其他类型的经验分离开来的各种理论，并非是它们所研究的对象所决定的，而是由一些可列举的外在条件所决定的"，"理论家们假定这些条件嵌入到物体的本性之中。但是，这些状况的影响并不局限于理论"，"这深深地影响着生活实践，驱除作为幸福的必然组成部分的审美知觉，或者将它们降低到对短暂的快乐刺激的补偿的层次"①。然而，现在的问题是：在当代人的日常生活中，理性权力被过度使用之后，它却又从另一个方面进一步激化着现实中人作为感性存在本体的反抗性。这种"反抗"不仅出现在当代日常生活行动的具体方式上，诸如"超女""快男"文化的集体性娱乐，而且"反抗"还延续到了作为反抗之"物品"的人的身体上，"在经历了一千年的清教传统之后，对它作为身体和性解放符号的'重新发现'，它在广告、时尚、大众文化中的完全出场……今天的一切都证明身体变成了救赎物品。在这一心理和意识形态功能中它彻底取代了灵魂"②。感性作为人的日常生活行动中的现实利益，常常以一种变本加厉的实现方式显现着自己的存在。

尤其是，在当代消费性文化生产关系中，随着人的感性的日常生活趣味和满足不断成为一种独立而鲜明的美学话语，那种仅仅将感性当作美学认识论附属品的理论传统也正在被日益打破。因此，一方面，在当代语境中，人的实际生活的生产与消费的一体性，使得美学对人的日常生活的各种阐释，总体上呈现为一种生活叙事而不再是一套有关"人生终极"的价值话语；作为独立的日常生活美学话语的"感性"是陈述性的，而非判断性的——"感性陈述"的现实表明，以人的日常生活行动作为具体表达内容的美学话语，源自人的日常生活真实性对理性一元主导的终极价值的抵

---

① 杜威：《艺术即经验》，高建平译，商务印书馆，2005，第9页。
② 让·波德里亚：《消费社会》，刘成富等译，南京大学出版社，2001，第139页。

制，它在"叙事化"人的各种日常生活感受和满足的过程中，力图还原人在日常生活行动中所实现的现实快乐，在日常现实的快乐中赋予人的生活直接享受的意义。而在另一方面，感性本身作为人的日常生活意义表象又具有一种"反构造性"，它直接与人的身体感觉相对应并且不断激化人的身体感受的敏锐性，从而进一步瓦解了人对意义构造的持久期待，也消解了人在日常生活中对实现深刻性判断的耐心和信心。在"日常生活美学"的阐释指向上，取消意义构造的艰苦努力，不断趋于事实本身而非深度理性，最终使得美学本身对人的日常生活的各种感性陈述也变得流畅起来。作为"感性陈述"的美学话语在人的生活行动层面产生了从未有过的现实魅力，开始活跃地描述着人对日常生活的丰富经验。它不再仅仅作为人的存在的精神符号，而是现实地成为日常生活的经验形象、事实呈现。

第二，在理性一元主导论的美学认识论体系中，美学权力主要体现为通过预防和矫正感性功能而精神性地引领、确定人的存在价值。这就是当年鲍姆嘉滕意味深长地指出的，"低级认识能力即感性""需要稳妥地引导"，"必须把它引上一条健康的道路，从而使它不致由于不当的使用而进一步受到损毁，也避免在防止滥用堂皇的托词下合法地使上帝赋予我们的才能受到压制"①。美学在理论上维持着对人的存在的精神想象能力，却没有能够真实有力地介入人的日常生活，无法现实具体地证明日常生活的价值。这正是美学话语"非社会化"之所在，也是以往美学知识在当代人日常生活面前的限度之所在。而"新感性价值本体"的提出及其确认，则使得"日常生活美学"在"感性陈述"人的日常生活过程中，最大程度地打破了那种满足于作为超越性精神话语的理性一元主导论的限制。当"日常生活美学"的阐释指向直指具体丰富同时也更加复杂的人的日常生活现实时，它其实也就获得了在更大范围的现实领域重新定义自身的基本前提：用杜威的话说，就是"恢复审美经验与生活的正常过程间的连续性"，"回到对普通或平常的东西的经验，发现这些经验中所拥有的审美性质"。②

"恢复"或者"回到"，应该说，这就已经很好地提醒了我们，美学话语社会化的当代前景将首先来自一种自觉态度、一种有意识的理论努力，即对于那种阻断"审美经验与生活的正常过程间的连续性"、遮蔽我们"对普通或平常的东西的经验"

① 鲍姆嘉藤：《美学》，简明、王旭晓译，文化艺术出版社，1987，第16～17页。
② 杜威：《艺术即经验》，高建平译，商务印书馆，2005，第9页。

的美学知识话语进行必要的反省。同时，它也提示了一种可能的结果，即美学反身进入人的日常生活，重新建立起与人的日常生活正当性的内在关系，通过重新肯定感性的日常生活的美学意义而恢复美学的社会功能。因此，从超越性的精神目标向回归性的生活感受的转换，既是"日常生活美学"实现自身话语社会化的理论方式，也是美学话语社会化的有效过程。20 世纪 90 年代以来持续展开的"当代审美文化研究"，便是这一转换的具体事例。在这一重要转换中，美学成为日常生活"感性陈述"的日益普遍化和具体化一个不可或缺的动力，也迅速强化了美学的现实文化批评功能。这种现实文化批评功能的张扬，体现了美学阐释指向的改变，也实现了美学话语社会化效力的现实提升。在超越以"审美研究"为中心的知识建构的同时，它直接改变了美学的存在形态，即美学在更加宽泛的层面上直接以人的日常生活为对象，在日常生活的意义阐释中进一步实现美学问题由抽象领域向具体领域的转移，为更加有效地确立美学与人的日常生活的关系提供了新的方向——在肯定的意义上阐释我们生活的美学价值。

第三，美学话语社会化体现了一种对人的日常生活的实际介入，也在理论功能上具体体现了人的日常生活对美学的现实要求。因而，对于"日常生活美学"而言，美学不仅是理论的，也是批评的——"日常生活美学"并没有绝对否定知识话语的存在，而只是在人的日常生活层面对其理论效力进行了必要的限定，更加突出了日常生活感性的阐释价值；美学不仅是精神设计性的，也是对大众生活的描述——"日常生活美学"的出现，为美学提供了从理论上理性规划人的生存意义之外的又一种方式，亦即通过人的生活并且在人的生活现实中，美学重新构造生活的现实意义。

（原载《文艺争鸣》2010 年第 3 期）

视像与快感

——我们时代日常生活的美学现实

一

康德曾言："豪华是在公共活动中显示鉴赏力的社会享受的过度（因之这种过度是违背社会福利的）。但这种过度如果缺乏鉴赏力，那就是公然纵情享乐……豪华是为了理想的鉴赏而修饰（例如在舞会上和剧院里），纵情享乐则为了口味的感官而极力营造过剩和多样性（为了肉体的感官，例如上流社会的一场宴席）。"① 显然，作为一个 19 世纪的哲学家，康德所反对的，是一种与物质欲望的实际满足表象相联系的非审美（反审美）活动——感官享乐之于人的心灵能力、物质丰裕之于人的精神目标的"过度"（奢华、挥霍，追求流光溢彩的生活外表，或是以审美/艺术的名义实现对生活的占有能力）。在他那里，审美仅仅与人的心灵存在、超越性的精神努力相联系，而与单纯感官性质的世俗享乐生活无涉。

如果说，这是一种关于美/审美的理性主义美学的标准陈述，那么，在今天的日常生活中，康德所反对的，却恰恰在以一种压倒性优势瓦解着康德所主张的："过度"享受的生活正在不断软化着理性主义者曾经坚强的思想神经，"为了口味的感官而极力营造过剩和多样性"正在日益成为一种我们时代日常生活的美学现实。

这样一种美学现实，极为突出地表现在人们对于日常生活的视觉性表达和享乐满足上。就像"美丽"是写在妩媚细腻的女明星脸上的灿烂笑容，"诗意生活"是绿树

---

① 康德：《实用人类学》第 72 节，见《康德美学文集》，曹俊峰译，北京师范大学出版社，2003，第 213 页。

草地的"水岸名居"。今天,"审美生活"被斑斓的色彩、迷人的外观、炫目的光影装扮得分外撩人、精致煽情。美/审美的日常形象被极尽夸张地"视觉化"了,成为一种凌驾于人的心灵体验、精神努力之上的视觉性存在。这一由人的视觉表达与满足所构筑的日常生活的美学现实,一方面是对康德式理性主义美学的理想世界的一种现实颠覆,另一方面却又在营造着另一种更具官能诱惑力的实用的美学理想——对于日常生活的感官享乐追求的合法化。事实上,这是一种完全不同于"用心体会"之精神努力的"眼睛的美学",其价值立场已经从人的内在心灵方面转向了凸显日常生活表象意义的视觉效应方面,从超越物质的精神的美感转向了直接表征物质满足的享乐的快感。也正是在这里,康德美学的那种理性主义立场被彻底抛弃在精神荒芜的心灵田野上;康德所要求的那种绝对的精神超拔、心灵感动,已不再能够成为区别美/审美与人的世俗性日常生活的尺度。日常生活无须因为它的粗鄙肤浅、缺少深度而必须由美学来改造;相反,在今天,美学却是因为它在人的感性之维证明了日常生活的视觉性质及其享受可能性而变得魅力十足,以至于房产商们开始迫不及待地使用诸如"美墅馆""美学生活"之类来命名楼盘。很明显,这样的命名几乎最大限度地把当今人们对日常生活的物质享乐欲求与有限的审美想象力统一了起来。

人的日常生活把精神的美学改写成一种"眼睛的美学"。视觉感受的扩张不仅造就了人在今天的"审美/艺术"想象,同样也现实地抹平了日常生活与审美/艺术的精神价值沟壑。"日常生活审美化"非常具体地从一种理性主义的超凡脱俗的精神理想,蜕变为看得见、摸得着的快乐生活享受。

二

在这样一种极端视觉化了的美学现实中,与人在日常生活里的视觉满足和满足欲望直接相关的"视像"的生产与消费,便成为我们时代日常生活的美学核心。

作为日常生活审美化过程的具体结果和直接对象,视像的生产根本上源自我们时代对日常生活中的直接快感的高涨欲求和热情追逐——生产是作为消费的同一物而出现的。在洋溢着感性解放的身体里,人对日常生活的欲望已自动脱离了精神的信仰维度,指向了对身体(包括眼睛对色彩、形体等)满足的关注和渴求。就像阅读摆脱了对文字的艰难理解而依赖于对插图的直观、日用商品的漂亮包装代替了人们对商品使用功能的关心，人在日常生活过程中的衣食住行等需要和满足逃避了理性能力的压力，转而服从于各种报纸、刊物、电视、互联网上的图像广告：在"看得见"的活动中，对象之于人的日常生活的意义被转换成一种视像，直观地放大在人的视觉感受面前；衣食住行等的需要和满足已不仅仅局限于实际的消费活动，它们由于视像本身的精致性、可感性，而被审美化为日常生活的一种视觉性呈现。

这样，视像的存在，便在人的日常生活与美学的现实指向之间确立了一种新的基本关系模式，即：审美活动可以跨过高高的精神栅栏，"化"为日常生活层面的视觉形象；精神内部的理想转移为视觉活动的外部现实，心灵沉醉的美感转移为身体快意的享受。

显然，在这样的关系模式中，人在日常生活里对各种视像的现实消费，便主要是由视像本身的外观及其视觉效应来决定的。一方面，视像本身可以不承载人对日常生活的具体功能性要求，却必定要直观地传达人对日常生活的享乐趣味。事实上，在当今人的日常生活活动中，对象的功能性质已不再是首要的和主要的，而那些甚至是游离于具体功能之外的对象的视觉满足效果，则上升为人对日常生活意义的把握。可以说，视像的非功能性或超功能性，正是视像的存在特征，也是各种视像得以"审美化"人的日常生活的基本根据。另一方面，摆脱了日常生活的功能性目的，视像的全部意义指向便落在了人对外观的视觉感受方面。由此，视像的美学价值直接依赖于某种形式存在的视觉魅力。对于日常生活中的人来说，这种视觉魅力所传达的，主要又是一种基于消费活动和消费能力之上的感性满足的快乐，即通过"看"和"看"的充分延展来获得身体的充分享受。在这个意义上，我们也就不难解释，为什么图像广告总是比文字广告更具有感官的煽动力，而活灵活现的电视广告则又远远超出了平面的报刊广告对人的眼睛的抓获效应。

这种对于视像的消费特点，同时也决定了视像生产在当今日常生活中的性质，即：第一，视像的生产首先不是为了充分体现"物"的日常功能，而是刻意突出了人在日常生活里对"物"的自由的消费和消费能力。视像存在不能没有一个基本的物质对象，比如花园豪宅、"成功人士"，比如化妆品、艳丽明星，比如私家汽车、漂亮女人……但对于视像的生产来说，这种"物"的存在实际上却并不借助于其功能价值的唯一性，而是更为直接地依赖于"物"的可视性，以及由"物"的可视性所带来、所意味的人的生活享乐满足——从某种程度上看，这也正是对视像意义的生产，它是视像生产的根本。在这里，由视像生产所导致的，其实是一种日常生活的功能需要与形式感受之间的分离。

第二，视像的生产方式集中于对外观形式的视觉性美化、修饰，它体现了人在日常生活中的审美趣味"物化"可能性。作为我们时代日常生活审美化的直接结果和对象，视像以及视像的生产特别强调了对于视觉可感的形式特征的极端关注；美化、修饰甚至凌驾于直接功能价值之上的那种外观包装，诸如情人节出售的心形巧克力和充满"爱意"的鲜艳包装盒，其视觉上的"爱情效应"已经转移或者说淹没了巧克力本身的存在：人们消费的已不再是巧克力本身，而是巧克力的视觉形式及其感受满足。这样，在根本上，由视像生产方式所体现的，便是在日常生活之"物"的形式外观上所"物（质）化"了的人的特定审美趣味。换句话说，在今天这个时候，随着视像生产的日益发达，日常生活里人的各种审美趣味日益失去它原来的精神想象性质，而"无可争辩"地落实在各式各样的实体形式之上。视像生产方式因此充分体现了当代审美趣味的指向性转换。

第三，视像的生产高度激化了对当代技术的利用，同时也进一步凸显出技术力量在人的日常生活审美化方面的巨大作用。在我们时代，人在日常生活过程中的视觉感受范围、程度、效果等，已经不仅仅取决于人的眼睛本身的自然能力，而是越来越受到一定技术力量的控制——看什么、不看什么或怎么看，是由所"看"对象的技术构成因素来决定的。因此，对于视像的生产来说，它在多大程度上、多大范围内实现自己的实际效果，往往也直接同其对技术的有效利用联系在一起。如果说，视像的生产是一种高度技术化了的当代生活工业成品的生产，那么，很明显，由于当代技术本身所具有的精确复制、批量生产能力，视像的生产便具有了无限的可复制性，而人在日常生活中对各种视像的消费也因此是无限量的，并且不再是"独一无二的"。如果说，视像的生产强化了当代技术对人的日常生活的介入，那么，通过视像的生产，当代技术前所未有地在人的日常审美领域获得了自己的美学话语权。

第四，大众传播媒介充当了视像生产的主力。一方面，视像生产本身就是当代大众传播媒介的存在方式；另一方面，虽然各种大众传播媒介生产视像的能力各有不同，但它们几无例外地都把日常生活的视觉转换作为自己的目标，从而为视像生产的迅速扩张提供了可能。这一点最明显不过地表现在电视台对观众收视率的迫切追求、杂志封面对图片设计的精雕细琢、大小报纸越来越多的彩色插页上。

三

视像的消费与生产开启了人的快感高潮。

视像的消费与生产，根本上是同我们时代人在日常生活中的直接享乐动机相联系的。实际上，对于今天的人来说，视像的存在最为具体地带来了人在日常生活中的感官享受，这种享受本身就是一种直接的身体快感。这里，视像与快感之间形成了一致性的关系，并确立起一种新的美学原则：视像的消费与生产在使精神的美学平面化的同时，也肯定了一种新的美学话语，即非超越的、消费性的日常生活活动的美学合法性。

这里有一个例子。在上海、北京、广州这样的大城市，今天几乎都有一个以"左岸"命名的公共场所："左岸"酒吧、"左岸"咖啡馆、"左岸工社"写字楼……"左岸，在许多人的心目中，是一个永远的情结。相对于右岸正在演示的浮华与喧嚣，在左岸却更能安静从容地进行艺术般的生活。"这段写在广州著名"白领社区"丽江花园售楼书扉页上的话，活脱脱地把一个眼睛看得见的"左岸"摆在了我们面前。当年飘荡在巴黎塞纳河左岸的咖啡味道，如今被视觉化为一个"富有人文气息"的日常生活"品味"与"格调"的时髦视像；许多年前曾经吸引毕加索、夏加尔、亨利·米勒、詹姆斯·乔伊斯寻找艺术梦想的巴黎左岸，今天不仅是流行的广告创意、时髦的商业标签，更是苦心寻找"高贵"与"优雅"生活方式的中国新生中产阶级用眼睛收获的一种自慰式快感。

其实，不仅是"左岸"，当 Town-house 用"有天有地、独门独院、带私家车库"的近郊别墅小楼来建造"美学人生"时，毫无疑问，它所提供的同样是一种看得见的、"审美的"日常生活，一种视像与身体快感的精致统一。

于是，我们发现，对于今天的日常生活来说，视像的消费与生产十足是享乐性质的。当然，在这里，享乐满足的快感并不具有精神内在的品格，它所呈现的也只是人在日常生活里最直接的欲望和动机，尽管这种欲望和动机已经由特定的视像"物化"为颇具浪漫诗意外壳的人生形象。事实上，在我们时代的日常生活里，视像以及视像的消费与生产所提供的快感，从根本上区别于经典美学对"美感"的"无功利性"要求。在这样的快感中，源自视觉感受的快感高潮以对人的身体的直接贴近，首先取消了

"不沾不滞"的静观审视的可能性。其次，这样的快感总是以实体形式存在着，即必须寄存在特定的日常生活视像之上，因而它又必定是直接的和形象的，或者说是实体性的——快乐的享受至少是一种视觉占有的满足；它既无须高度发达的心灵想象与精神期待，同时又通过大规模的技术优势而扩大了日常生活在视觉上的审美化前景。

特别是，这样的快感通常是具有征服性的，就如同美轮美奂、形象直观的视像本身对眼睛所具有的征服性一样。这种征服性，一方面是由于批量化的视像生产在日常生活领域里通常具有迅速扩张的巨大能量，随之而来的便是人的视觉感受以及身体的享乐满足无可逃避地陷入其中。快感的来临追随着视像生产的扩大，而人在日常生活中的各种活动及其满足感则追随了快感的踪迹。另一方面，由于视像本身的感性享乐诱惑，也由于视像所具有的那种"化世俗为非凡"的审美修饰性，人在日常生活中的视像消费开始由被迫走向上瘾——在"审美/诗意"生活享受的激励下，人们对视像的消费性沉迷变得越发大胆和强烈，越发受制于那种视像消费所带来的快感。在这方面，各种大型展会（如"北京国际汽车展""大连国际服装博览会"）、大都市的高档商场，可以成为很好的例子：在这些地方，商品（物）的日常生活功能已被淹没在大量视像（商品外观）的"审美性"中，"购物"的生活必要性则被视觉上的享受所取代；原本作为日常生活的实际消费活动其实已从整个过程中退出，而转向了眼睛的快乐、视觉的流畅，以及由此产生的日常生活的满足感。人们流连忘返于这样的场所，由于既不需要任何实际的理由，也无须任何实际的经济支出，因而可以"无目的"而"合"享乐目的。这，就是快感的征服性效应。

回到本文开头所引述的那段康德的话，我们可以发现，对于人的日常生活而言，视像与快感的一致性，充分表征了我们时代的感性特征。它不仅源自我们身体里的享乐天性，更大程度上，它已在今天这个时候推翻了康德这位 19 世纪美学家的信仰："过度"不仅不是反伦理的，而且成为一种新的日常生活的伦理、新的美学现实。如果我们同意美国传播学家约翰·费斯克所说的，"大众文化趋向于过度，它的笔触是宽广的，色彩是亮丽的"[1]，那么，它显然已经暗示了发生在日常生活审美化趋向与大众文化实践之间的某种关联。

（原载《文艺争鸣》2003 年第 6 期）

---

[1]　J. 费斯克：《理解大众文化》，王晓珏等译，中央编译出版社，2001，第 139 页。

为 "新的美学原则" 辩护

——答鲁枢元教授

一

毫无预料的，原本出自一种对当下文化现象考察和学术自省的关于 "日常生活审美化" 问题的讨论，却引来了文论界、美学界不少的议论乃至 "征讨"，一时间竟成为近一时期中国文论界和美学界最为热闹的话题。这其中，尤以鲁枢元教授的《评所谓 "新的美学原则" 的崛起》（载《文艺争鸣》2004 年第 3 期）一文，几乎逐段逐句地对我们发表在《文艺争鸣》2003 年第 6 期上的讨论文章进行了观点质疑，集中体现了批评的尖锐性、观点的系统性，同时也最具理论上误读、误解的典型性。

在这篇文章中，枢元教授把我们关于 "日常生活审美化" 问题的讨论，归结为 "审美日常生活化" 的理论倡导，且属于 "新的美学原则" 的范畴。在他看来，"'审美日常生活化' 的倡导者们尽量谨慎地回避直接谈论其学说的价值取向，但又明白无误地将 '审美的日常生活化' 看作一种随着时代的进步而进步的 '新的美学原则' 的崛起"，"'审美日常生活化' 论者撰文的目的，显然并不在于争取审美日常生活化的合理性，而是希望确立这种技术化的、功利化的、实用化、市场化的美学理论的绝对话语权力，并把它看作是 '全球化时代' 的到来对以往美学历史的终结，甚至是对以往的人文历史的终结"。

应该说，枢元教授相当敏锐地看到了问题的一个关键，即有关 "日常生活审美化" 现象的考察及其一系列相应理论问题的提出，实际上涉及了对以往美学传统、美学学说、美学立场和审美原则的重新认识，以及对于新的、当下时代的人类审美生活的美学阐释。究竟 "日常生活审美化" 现象的出现以及关于这一问题的理论探讨是否能够"终结""以往美学的历史"、"以往的人文历史",这一点当然还有待继续讨论。但是,对以往的美学理论,包括人类已有的审美历史、审美活动价值构造进行必要的思想反省、新的文化审视,显然又是毫无疑问的。在这一点上,枢元教授其实同我们并无根本分歧。因为如果不是这样,枢元教授也就没有必要专门写文章来反驳我们对"日常生活审美化"现象的讨论和观点,更没有必要在文章中刻意强调"新的审美原则关注的视域,几乎包容了当下时代生活的各个方面,然而却唯独遗漏了'生态',这不能不让人感到深深的遗憾"。为什么遗憾?遗憾什么?恐怕都与"何为新的美学原则""新的美学原则如何能在当下文化语境和价值立场上重新审视人类现实生存活动"这样的问题相关联。正因此,可以认为,在既往的美学传统、美学学说、美学立场和原则,以及人类审美活动价值需要重新加以认识这个问题层面上,枢元教授其实内里是肯定了讨论"日常生活审美化"问题的必要性及其意义的——尽管他在文章里只是将此非常原则化地表述为"在当下的中国学术界,展开关于'审美日常生活化'的讨论,应当是很有意义的"。

如此说来,枢元教授与我们的分歧,只是在于如何理解"日常生活审美化",以及在这一问题上我们究竟应该持守什么样的基本理论立场。

二

这里,我想就两个方面与枢元教授商榷。

一是何谓"日常生活审美化"?

在枢元教授的文章中,有一个最基本的同时也是被他本人首先误读了的概念:日常生活审美化。由于这个概念直接就是枢元教授对我们进行理论质疑的由头,也是他表达自身思想立场的着力点,因此有必要作一些澄清。

在枢元教授看来,"'日常生活审美化'论者"的一个共同特点,就是将"日常生活审美化"与"审美的日常生活化"完全等同了起来。而在他本人看来,"日常生活审美化"与"审美的日常生活化"在审美指向、价值取向上"是迥然不同的。甚至,就像'物的人化'与'人的物化'一样,几乎是南辕北辙的"。为了说明这一点,他很形象地拿"炸油条"作为例子,以为"如果一位炸油条的小贩有那么一刻全神贯注地炸他的油条,一心一意地和面、扯面,拨动着油条在滚烫的油锅里变形、变色，把一根根油条都炸得色、香、味俱全，让所有吃到他的油条的人都心满意足，甚至他自己也被自己的'作品'所感动，从内心深处产生一种不可遏止的愉悦，辛苦的劳作也就会变得轻松起来，平庸的生活也会变得美好起来。那么，在我看来这'炸油条'也已经进入了审美的境界，这就是'日常生活的审美化'"。反之，"一根普通的油条，如果我们运用艺术的手段进行一番策划、制作，将它精心包装起来——就像当前我们通常在商品市场上看到的那样：包上一只精致的纸盒，彩印上精美的图像"，"在设点兜售的时候，最好选用姿色姣美的年轻女性，同时播放中国民乐《丰收锣鼓》或贝多芬的《欢乐颂》作为背景音乐，那油条也许会吸引更多的视听，立马畅销起来。我认为，这才是'审美的日常生活化'"。

显然，在这里，枢元教授首先悄悄置换了"日常生活审美化"这一概念本身，把我们文章中所关注、探讨的当下文化语境中的"日常生活审美化"现象及其问题，换用"审美的日常生活化"这个概念来界定，然后又把这个已经被置换了的概念当作批评的对象，通过一种在逻辑上相当简单却又显得粗率的比较，指责我们把"日常生活审美化"完全等同于"审美的日常生活化"。这也正是我所说的最具理论上误读、误解之典型性的地方。事实上，一方面，枢元教授拿"炸油条"来例证的所谓"审美的日常生活化"，恰恰是我们提出并希望加以充分重视和深入探讨的当下文化语境中日益明确的"日常生活审美化"现象。至于他所举出的"日常生活的审美化"，则正是我们所讨论的"日常生活审美化"这一当下现象的反面，或者说是另外一种"日常生活审美化"——一种直接产生于既往美学价值体系的经典性话语，因而在根本上也是一种非常标准的理想主义的美学陈述（关于这一陈述，我们从任何一本标准的美学教科书中都可以找到，比如"生活的艺术化""艺术生活"等）。依照这一美学立场，也唯有那种直接源自人类物质性生产过程的活动，才有可能绽放出"美的花朵"，成为审美的所在，人也只有在这样的生产性实践中才能进入"审美的境界"。至于我们所提到的那样一种与当下文化现实、当代文化价值变异状况直接关联的"日常生活审美化"现象，在这一标准陈述中其实是没有位置的，是被排斥、被反对的。从这一点上讲，枢元教授的立场丝丝扣扣地应合了我们曾经非常熟悉的"生产劳动观"的美学。而如果是这样的话，枢元教授便不应该再把"日常生活审美化"视为"仍然属于审美活动的实用化、市场化问题"，而应该彻底否定其"审美的"可能性，更不应该认为"审美的生活化、文学的大众化、艺术的商业化、文化的产业化都具有它的合理、合法性，需要有强有力的实业家去经营它，也需要有相应的理论家对它做出独自的解释与阐发"。

于是，我们便发现，在枢元教授那里，其实存在着一个自相背反的矛盾：一方面，他力图顽强地坚守一种彻底理性主义的美学理想，以一种经典而十分老到的陈述，将当代生活变迁、当下文化价值变异过程中出现的"日常生活审美化"现象归于"审美的日常生活化"；另一方面，在置换了"日常生活审美化"的概念内涵之后，他又不能不承认"日常生活审美化"在当下文化语境中的客观性，希望用"炸油条"的另一面，即审美与实用的关系中解释当下的"日常生活审美化"。由此，理论上的似是而非也就在所难免：在已经发生了巨大改变的现实文化语境里，用一种不变的理想原则、价值体系来生套新的现象、新的问题，总是显得勉强。更何况，我们所说的"日常生活审美化"，并非枢元教授所谓"审美的日常生活化"；他所讲的"日常生活的审美化"，也不是我们讨论的"日常生活审美化"。擦枪走火，其实源于对概念本身的理解与把握根本不同。而这种不同的产生，又与枢元教授在观念上无法接受"日常生活审美化"作为一种当下文化现象，产生了既往美学理想的危机和当代生活的审美价值指向的改变，是直接联系在一起的——只有像枢元教授那样把"日常生活审美化"归于理想主义的美学话语体系，才有可能在"审美的日常生活化"层面将问题的复杂性取消掉，把当下的"日常生活审美化"现象重新简化为"审美活动的实用化、市场化问题"。

三

二是如何充分正视"日常生活审美化"现象？

需要指出的是，枢元教授对我们所讨论的"日常生活审美化"现象的批评，即他在文章中所指称的，"'审美的日常生活化'，是技术对审美的操纵，功利对情欲的利用，是感官享乐对精神愉悦的替补"，其实还没有从根本上理解"日常生活审美化"何以成为当下现实的美学问题。这里，有两个问题需要弄清楚：其一，"日常生活审美化"是否仅仅归结为"技术对审美的操纵，功利对情欲的利用"，"感官享乐对精神愉悦的替补"？其二，"日常生活审美化"是否简单地属于"审美活动的实用化、市场化"？

就第一个问题而言，首先，毫无疑问，当代技术的发明和大规模运用，给当代人类审美带来了前所未有的改变。这也正如我在《视像与快感》一文中所指出的："视像的生产高度激化了对于当代技术的利用，同时也进一步凸显出技术力量在人的日常生活审美化方面的巨大作用。"对此，枢元教授也是认同的。他在引用了我文章里的一段话之后肯定道："这里的判断基本上合乎当前审美生活化的实际。"问题是，对于这样一种改变，对于技术在人类审美领域所拥有的实际话语权，枢元教授是持了一种全然反对态度的。这就与我们对问题的看法，也与当下文化现实有了很大的距离。他引用了包括海德格尔、莫兰、舍勒等在内的许多西方学者的话，来证明"这股强大的技术力量并不全是那么美妙、善意，甚至还带有某些负面的影响，甚至还携带着不同程度的促狭、阴邪和险恶"，"这种因科学技术进步引发的'审美日常生活化'，不但不是人类的进步，恰恰是人类价值的一次令人忧虑的颠覆"。其实，枢元教授所忧虑的，也是我们大家都已经认识到的那些"技术的两面性"。可是，难道因为技术带来"麻烦、伤害和灾难""某些负面的影响"，就注定了必须被否弃吗？难道当代人类审美与技术的具体结合便一定"不那么让人乐观"？

因噎废食，自然不是我们对待现实包括美学问题的态度，当然也不足以成为我们讨论"日常生活审美化"的理论根据。以技术力量的负面性来否定当下文化现实中审美存在的技术特性，否定当代技术发达对人类审美生活的现实制约性，由此反对"日常生活审美化"对既往价值的"颠覆"及其新建的价值构造意图，显然是软弱的。既然我们的生活已不再可能退返工业化之前的"前技术"时代，既然人的日常生活已离不开技术的利用，那么，对于技术力量的证明，包括对人类生活与技术关系的美学把握及价值确定，就是必然的，也是必要的。这样，所谓"价值的颠覆"便不是没有道理的。这个道理就在于：尽管技术力量及其运用有着种种非人性的"负面"，但它却是当代生活、文化的客观；技术存在、技术力量虽然"并不全是那么美妙、善意"的，但它却实实在在地改变了我们的生活，包括人的审美活动、审美立场和美学原则。对于人类以往的价值体系来说，在不可回返的文化进程中，勇敢地直面自身的崩毁，乃是人类价值重建的前提。当人类审美已开始一定地服从于技术的某些原则时，仅仅指责技术的"操纵"而不是建设性地思考技术的新的美学功能，仅仅"忧虑""价值的颠覆"而不能直面"价值的重建"及其需要，那不过是一种回避，其实无补于现实本身。

其次，技术力量、技术存在的作用，同时也带来了人在日常生活中功利追逐的迅速扩展。它的确造成了感官享乐对精神活动空间的大面积挤压，使得人类审美原有的那种精神满足、心灵滋养功能受到巨大威胁。特别是，随着市场和商业活动的日益扩张，人的日常生活满足日渐进入某种程度的消费逻辑链条。在这种情况下，曾经单纯以人的精神感受为旨归的审美活动，在当下文化现实和人的日常生活层面，便不能不把消费性的感性满足纳入自身范围。这是当下文化的基本现实，也是当代人类审美的一个显著表现。对于这一点，枢元教授和我们都没有什么分歧。

分歧在于，怎么看待和理解这一现实。依照枢元教授的立场，他当然是不属于这样的现实的。而在我们看来，只要理解了下面两个问题，我们便不应怀疑人的现实的感性活动、感性利益及其满足在美学上的权利。

第一，感性存在本来就是人类审美的基本前提，人的感性实现是美学的基本出发点。人的存在包括感性和理性两个方面。人的完整实现，同样是在感性和理性两个方面的充分展开。美学的对象，首先就是人类感性和感性活动。这也正是当年鲍姆嘉滕用"Aesthetics"来命名美学（感性学）的主要原因。而美学之一步一步滑入"理性"的轨道，一方面是出自人们对感性固有的警惕，以为"鄙俗的"感性无力为人的生命拯救、生存完满提供充足的理由，另一方面则源于人们对感性权利的控制要求，希望通过理性权力的实现来驾驭感性的发展空间。正因此，在强大的理性主义的美学理想体系中，人的感性、感性利益及其实现，总是受制于理性权力本身；"美"总是在一种与人的感性利益无关的过程中，屈服于"真""善"的利益。美学本身的这种变异，在一个相当长时间里并不为人们的理性认识所警觉。相反，人们似乎已经习惯了在一种制度化的理性体系内部来解决美学本身所必然关注的感性问题——作为感性学的美学又回到了理性的掌控之中，仅仅成为一种知识之学、认识之学，而人的感性利益及其实现仍然是一个问题。其实，美学之为美学，恰恰在于它把感性问题放在自身范围之中，突出了人在感性存在和感性满足方面的基本"人权"，而不是重新捡拾理性的规则。对当代"日常生活审美化"现象及其问题的理解，同样也应该从这样一种美学本来的出发点去进行。

特别是，当代思想的一个突出特点，是反对并且打破"二元论"的思维旧习。体现在美学问题上，就是反对把人类审美中的感性与理性截然对立，以为感性权利的张扬必然以牺牲人的理性精神为结果，而理性的存在和发展则必定要求人的感性利益无限退位。这就如同人们在遭受到技术威胁的同时，依旧在继续享受技术力量造就的巨大生活满足一样，人在感性与理性两方面的存在与权利，其实并不以相互间的牺牲为必然。单单看到感性存在、感性满足的片面性和不完善，企图以理性权力的不断发达来填充人的感性生命空间，实际上仍是一种绝对对立化的理论思维，仍然没有脱开"二元论"的思维窠臼。以这样的思维来面对当下现实问题、"日常生活审美化"现象，其理论上的"老毛病"也就毕露无遗了。

第二，由于当代生活本身不断扩大的消费性质，当代人类审美活动，包括日常生活的审美追求，在不断提升人的感性利益与满足过程中，进一步张扬了人的日常生存的感性权利。在这个不争的事实面前，人们的态度有两种：一是由于担心感性的扩张带来理性权力制度的削弱，因而强调理性制度的不断强化，并借此强力攻击"市场的阴谋"，以为"人的需要，尤其是人的物质性的需要，其实是有一定的限度的，或者说应当有一定限度的。人的精神需要，并不总是以消耗大量的物质资源为代价的。在现代社会中，花样翻新、层出不穷的商品似乎在不断地满足着大众日益增长的需求；其实，只要看一看每天电视上汹涌而来、气吞山河的广告，就不难感觉到：那看似永无止境的'大众的需求'恰恰是市场的需要，日益增长的欲望多半是产业制造出来的"，"大众实际上完全是由广告、商品、市场控制的，是由广告商、传媒人、经纪人、管理者、投资人控制的。如若进一步追索，在这一切的后面，则是一套精心算计、精确运转、久经考验、百试不爽的资本的经营体系、金融的运作法则、货币的实用数学"。在这里，枢元教授只是指出了问题的一面，而问题的另一面，即人的欲望除了由"产业制造出来"、大众的需求除了是"市场的需要"以外，当代人本身的感性权利则被彻底忽视了。由此，在上述态度之外的另一种态度的可能性，也就同样被枢元教授所无视：正视当代文化本身的存在事实，在警惕来自市场、资本、文化工业等的控制和操纵的同时，同样警惕理性权力对人的感性生存的窒息，关注人的感性生存权利及其价值实现，理解人的感性欲望的伦理正当性，看到人的感性生存的实现之于日常生活审美发展的促进。一味指责"市场""资本""文化工业"当然容易，但这并无济于现实。反对单纯的感性享乐、欲望追逐是应当的，但它不应成为维护和强化理性单一强权的借口，更不应成为反对人的正当感性利益、现实生活快乐的理由。其实，问题的另一面恰恰是："市场"也好，"消费"也罢，其之所以能满足人的感性欲望，之所以能够成为"日常生活审美化"的构成，真正的力量还是来自人自身内在的需要、生活的正当享受权利。

在反对"日常生活审美化"的一部分学者那里，通常还表达了这样一个逻辑，即："日常生活审美化"只是一部分人的"审美化"和满足需要，广大中国民众还生活在"小康"之外，还不能或没有享受到这样的生活。其如枢元教授所质疑的："究竟是一部分人的需要，还是大众的需要？"言下之意，"日常生活审美化"十足具有一种反伦理、非理性的罪感。这是一个相当轻率的"阶级的"逻辑。一方面，"一部分人的需要"并不一定是"大众需要"的对立面，"大众需要"也不见得就必然否定了"一部分人的需要"。这就像"一部分人先富起来"并没有扼杀"大部分人都富起来"的追求，更不是对"大部分人都想富起来"的否定。"日常生活审美化"尽管还限于一种都市现象、部分人的生活事实，但它却是正在发展中的现实，同时也是世俗大众的生活梦想。没有享受到"日常生活审美化"不等于不想享受"日常生活审美化"，这里面并不存在那种决然对立的"阶级性"。至于"'购买'已经不是出于实际的需要，'购买'的固有意义已经不复存在，'购买'行为本身已经成为一种快感"，更谈不上是一种罪恶。实际上，如果仅仅出于"实际的需要"，审美就不可能发生。人类审美本身就是一种超出了"实际的需要"的快乐追求。因此，当代社会生活中，超出"实际的需要"的"购买"行为本身成为审美的快乐孳生地，也不是"非法的"——这不是一个伦理事实，而构成为一种审美的事实。这也就是我在《视像与快感》一文里所指出的："原本作为日常生活的实际消费活动其实已从整个过程中退出，而转向了眼睛的快乐、视觉的流畅，以及由此产生的日常生活的满足感。人们流连忘返于这样的场所，由于既不需要任何实际的理由，也无须任何实际的经济支出，因而可以'无目的'而'合'享乐目的。"甚至，在满足感性利益、实现感性追求的生存权利方面，建立在当下文化实践基础上的感性与消费的互动关系（日常生活审美的消费性实现），还带来了一种新的可能，即"'过度'不仅不是反伦理的，而且成为一种新的日常生活的伦理、新的美学现实"。

进一步来讲，"实际的需要"如果不是仅仅限定于单纯的物质实践，而能够考虑到人的感性生存权利以及这种权利的"实际的需要"的话，那么，"日常生活审美化"之于人的欲望满足的前景，就不是悲观的。只是许多人常常陷入"理性至上"的观念，不愿同时顾及人类感性利益的满足、快乐欲望的实现同样也是一种"实际的需要"，更不愿承认在这样的"实际的需要"领域表达人类审美满足的具体可能性。

按照我们的看法，人的感性生存权利的实现，作为一个当代的美学问题，不能不以抵御过往的制度化理性权力为前提。理性不是一件坏东西，但霸权式的理性却一定不是一件好东西。感性利益不是人类生存的唯一目标，绝对理性主义的精神理想也同样不是衡量一切、评判一切、控制一切的准的。探讨"日常生活审美化"，目的是提请关注当代生活的感性现实，而不是为了拒绝理性、拒绝理性的合理性。借用枢元教授的话说，就是在张扬"日常生活审美化"的同时，也并不"放弃精神的守望"。但这一"精神的守望"不应成为人在感性发展道路上的屏障。而在"超越的"精神努力之外，感性生存的人同样不拒绝非超越性的现实生活。享乐的生活尽管不是人的全面健全的生存，但全面的、健全的人类生存却不能没有现世的生活快乐作为基础。

看来，问题依然在于：对于日常生活的感性的审美快乐，究竟是以感性和理性截然对立的方式去把握，还是在承认人的感性享乐合法性基础上加以审视？仅仅把"日常生活审美化"理解为"仍然属于审美活动的实用化、市场化问题"，显然并不能真正有效地解决理性如何能够在"审美化"的日常生活中继续有效行使制度化权力的问题，也不能从根本上解释感性的快乐享受为何得以在当下成为人的日常生活目标。

面对"日常生活审美化"现象及其问题，美学需要的是能够解释问题的现实的立场和态度，而不是某种理想主义的精神自慰。否则，"一个审美化了的生态乌托邦"，在强大的现实面前，也只能是"一个多么脆弱与渺茫的梦幻"！

以上所述，是我对枢元教授批评的简单回答，以此向枢元教授请教。

（原载《文艺争鸣》2004 年第 5 期）

美学的改变

——从"感性"问题变异看文化研究对中国美学的意义

对于当代中国美学来说，过去三十年里有两方面大的倾向值得我们认真对待：一是 20 世纪 80 年代以"审美研究"为中心的各种理论建构；二是崛起于 20 世纪 90 年代、借力"文化研究"而获得迅速展开的审美文化批评。在这两方面倾向中，其实都存在一个"如何确立感性自身意义"的问题。在前者，"感性"问题主要被置于审美认识系统中来把握，即如何和怎样在同人的认识理性的关系方面，发现感性活动在审美中的具体存在，进而选择和确定其在美学上的结构性位置。在这个意义上，"感性"问题对于当时的中国美学来说还是一个认识论话题，80 年代中国美学也因此基本属于哲学内部的认识研究范式，包括当时非常流行的各种审美心理研究、审美教育研究等，大体都没有脱离审美认识系统框架。在各式各样强调"审美研究"的美学理论中，"感性"的存在价值具体体现在它与人的认识理性的对应关系上；"感性"的完整性和丰富性，不能离开理性在审美认识系统中的确定性和规范性。就此来看，整个 20 世纪 80 年代，中国美学以追求建构"完备"的体系化理论为目标，正适应了这种需要——它既合理地强化了美学作为哲学认识论的学理身份，又弥补了过度张扬人的认识理性的美学理论之结构性缺失，向当时的中国美学和美学研究提供了一种新的建构前景，实现了"拨乱反正"时期中国美学对人的审美权利的期待。

然而，进入 20 世纪 90 年代，对于借助"文化研究"而展开的审美文化批评活动来说，"感性"问题却超越了一般认识论层面："感性"在这里并非一种结构性存在，也不是同认识理性处于直接对应关系中的存在；它被归于人的当下生活语境，是人在现实中的生活情感与生活动机、生活利益与生活满足的自主呈现，同时也是人的直接生活行动本身。在这个层面上，"感性"体现了与整个认识系统的关系疏远化、与人的认识理性的关系间接化，既不再具体受制于认识理性的制度性要求，也不仅仅囿于其自身作为认识本体在审美认识系统中的既有位置，而是以一种自然存在的方式作用并显现为人的直接现实生活形态。因此，对于在文化研究系统中展开自身的审美文化批评活动来说，"感性"问题的存在论特性才是根本——尽管它的认识论性质依然不可忽视，但问题的核心已经发生转移，不再是一般意义上如何确立感性在哲学认识论系统中的结构性身份，而是如何在感性的现实呈现中确立"感性意义"的独立形象。

这样，我们发现，在审美文化批评中，"感性"问题其实具备了两方面看似对立实际在共同文化语境中相互关联的特性。首先，在当下生活实际中，"感性"并不构成认识系统的存在本体，而是作为当下存在现象直接呈现着，所以，在审美文化批评层面，"感性"问题同作为认识系统主导因素的认识理性之间并不发生直接对应关系，具有相对于认识理性的间接性——从这个意义上说，以人的认识理性的规定性来责备当下现实中人的各种感性满足和利益实现要求的非正当性，不免有些文不对题。在人的当下生活层面，感性的生活情感与意志、生活利益与满足在形式上是自足的，在内在性方面则是自然合法的。由此，在审美文化批评活动中，"感性"问题根本上体现了一种由感性与理性关系的间接性所造就的非对抗性质。感性存在的自足性并没有直接破坏理性在认识关系上的绝对性，而理性在认识系统中的权力同样也不可能自动生成为当下生活的必然性干预力量。

其次，在审美文化批评范围内，"感性"问题体现了相对于人的当下生活的直接性。"感性"问题生成于当下生活过程，在很大程度上就是人的当下生活本身，当下生活活动的存在形象通过"感性"方式获得具体呈现。就像手机的使用功能离不开手机的品牌形象价值及其不断翻新的外部造型，人的各种当下生活动机、利益也同样呈现于生活本身的实现形态之上；当下生活的存在意义，决定于它所能获得的感性呈现方式、所能实现的感性呈现结果。这样，在人的当下生活动机、利益与其满足实现之间，便基本上不存在认识上的中介环节，可以直接通过生活的感性存在形象得到有意识的确认。显然，这种相对于人的当下生活的直接性特性，一方面具体表达了当下生活本身巨大的感性实践功能，另一方面则生动再现了当下生活与"感性"问题的同质化过程，从而也决定了审美文化批评活动必须超脱一般认识论，放弃对认识理性的固有信仰与理论执着，从当下生活实践本身出发去阐释生活的感性功能，介入人的当下生活之中体会生活满足的实践形象。

从上述方面来看"文化研究对中国美学的意义"，可以认为，人的当下生活与

"感性"问题的同质化过程,实际上已经最大程度地"直观化"了人的感性实践要求和利益满足,因而对于当代中国美学来说,20世纪90年代以后文化研究理论、方法的大面积引入和利用,其最大和最现实的意义,莫过于推动并引导美学在学理层面实现自身重大改变,即:通过审美文化批评活动的确立和展开,一方面,美学把关注点从作为认识本体的"感性"意义方面,迅速而现实地转向作为当下生活存在的呈现方式与呈现结果的"感性"实践,在理论建构的指向性上突破了以往一以贯之的哲学维度,为进入21世纪中国美学在"泛美学"(而非"反美学")领域争取到新的理论生成空间。近年中美学界关于"日常生活审美化""生活美学""生态美学"等的讨论,其间所折射出来的对美学认识论话题的反拨,无疑就得益于这种理论建构的指向性转换。在这里,我们有必要指出两点:第一,20世纪90年代以后中国美学在"泛美学"领域的理论扩张,主要体现在美学话语由学理深刻性逐渐向批评的敏锐性过渡,玄虚的思想开始被广泛的指涉代替,这就大大增强了审美文化批评介入现实文化的具体能力,提升了美学话语的现实效力;第二,"泛美学"的身份不仅带来了美学话语形态的重要改变,也直接改变了美学的对象形态。审美文化批评活动不再限于以人的理想精神、心灵境界作为讨论话题,而是通过批评活动的不断展开,力图在更加宽泛的层面上把人的当下生活的现实形式当作直接对象,从而实现美学问题由抽象领域向具体领域的转移。

而在另一方面,随着文化研究的持续深入和不断讨论,人的当下实际生活情感与意志、生活利益与满足,包括人作为感性存在本体的现实享乐权利和享乐机制,也越来越受到审美文化批评活动的高度关注。它既成为审美文化批评活动的现实立场,同时也体现了当下文化语境中美学对人的生活价值体系的重建意图。因为毫无疑问,在审美认识系统中,感性的存在价值一直是被美学怀疑和警惕的——感性存在不仅是审美认识系统的低级层次,而且是对人的纯洁的理性身份的一种极具杀伤力的威胁,所以在美学所设计的生活价值体系中,感性仅仅具有也只能具有认识系统的构造性价值,而从未获得过真正的自足性。人作为感性存在本体的现实身份同样也被美学所拒绝。而现在,当审美文化批评活动具体涉及人在当下语境中的生活现实,"感性意义"的形象价值则开始独立于审美认识系统,成为审美文化批评活动的直接对象。对于审美文化批评来说,需要面对的主要问题不是如何为人的当下生活建立一道对抗感性入侵的"防火墙",而是如何在当下生活感性的现实呈现中寻求意义的传达,在当下生活的感性丰富性中"合法化"人作为感性存在本体的现实身份。这样,人的生活价值体系的重建便成了美学无法逃脱的一项现实责任。这项责任显然无法在美学认识论体系中完成，它只能借助新的研究范式——文化研究的理论和方法加以应对。

归结起来，由于"感性"问题由理论向实践、认识系统向生活存在本体的现实转移，文化研究的引入与展开为中国美学带来了新的可能。20 世纪 90 年代以来审美文化批评活动的发生、发展，明显证明了这一可能性前景的鲜活力量。它既改变了中国美学的存在格局——以"审美研究"为中心的理论建构工作的式微，同时也为更加有效地建构美学与当下生活的关系提供了方向——在肯定的意义上完善生活的美学价值。

（原载《文艺争鸣》2008 年第 9 期）

"去"之三味：中国美学的
当代建构意识

　　美学界所有人都不会轻易忽视过去三十年中国美学发生的改变。那些改变的重要之处，也许并不在于它们向我们提供了某种崭新的理论体系和方法，也不在于中国美学借助三十年"改革开放"而在整个人文学科中变得如何重要。实际上，过去三十年中国美学所带来的最重要改变，是它第一次通过对整个社会文化和大众生活进程的深切体认，初步完成了有关"当代建构"的美学意识，形成了一种以"当代性"姿态挑战既有美学建构方式的开放性话语。

　　这里，所谓"当代建构"的美学意识的完成，主要体现为以下三点。第一，经历了以严整结构方式精心设计各类美学概念、理论和体系之后，最近三十年，我们越来越多看到的，是一种日益明显的"去体系化"的美学态度，以及在这一态度之下人们所从事的各种理论工作。可以认为，以体系化方式满足理论上的"完善性"冲动，属于从鲍姆嘉滕以来美学的普遍建构形态，它要求的是对那种从概念到理论再到理论间关系的清晰表达与逻辑呈现。就这种"体系化美学"建构方式本身而言，重要的不是美学对外部世界的陈述能力，而是美学在自身理论内部进行"自陈述"的必要性与圆满性。因此，通过理论建构所形成的，其实是一种美学话语的"自我权力"——这种权力的行使不需要"证实"，却追求"证明"，即通过理论的建构来实现理论的内部圆融，其如康德、黑格尔的美学。这一建构方式曾经被中国美学运用了几乎整整一个世纪，直到最近三十年里才逐渐式微，开始被"去体系化"的美学建构意识所代替。借着文化开放的机遇，中国美学学者在最近三十年里努力追随世界性学术潮流，把"去体系化"的建构意识发挥得淋漓尽致：一方面，人们开始不满足于美学仅仅沿袭"体系化"的旧路子，强烈的学术趋同性追求使人们学会了从后现代理论拿来各种"去"的立场，力图在美学建构的"去体系化"姿态中寻得与世界学术的一致性；另一方面，长期以来对"体系化"建构的力不从心以至心生倦怠，以及最近三十年里各种理论资源的迅速丰富，导致中国美学学者尝试避开艰苦而难见成效的"体系化"建构思路，把更多精力放在破除体系建构之后的"散点式"理论陈述工作之上，希望借此将美学的话语权力由"自我实现"转向更加明确的"社会/文化实现"方向，体现美学在当代中国语境中的新的生存。显然，以"去体系化"为目标，三十年来中国美学不断寻求的，正是一种由内向外、由自我陈述到社会/文化陈述的转向。这一转向的结果，就是我们现在已经能够看到的，"体系化"美学不断走向"去体系化"之后的"泛美学"——中国美学的当代建构越来越倾向于话语权力的社会化。

第二，与以上情势相联系，在美学建构意识层面上，中国美学"去本体化"的立场同样十分突出。这一点，集中体现在20世纪90年代以后，中国的美学学者几乎"集体性"地转向了由文化研究/批评主导的审美文化研究，并且这种转向态势迄今势头不减。如果说，追求美学的本体化建构曾是20世纪中国美学直至80年代后期始终顽强不屈的理论意志，它不仅引导中国美学学者在很长一段时期里孜孜寻求美学问题的终极解决，努力完成美学对人类生存和发展的最终承诺，而且这种本体化的美学建构意愿也直接制约了人们对美学和美学问题的基本认识。尽管历经数次"美学热"，中国美学仍未能在"本体化"追求中真正展现令人满意的理论前景，但人们又似乎在"本体化"建构之外无从发现中国美学的前途。直到20世纪90年代，中国文化情势的巨大变化，特别是以市民利益为核心要素的大众文化的迅速崛起，以及西方后现代文化思潮的大规模进入，才使得中国美学学者有机会置身于前所未有的理论重建语境，以前所未有的理论勇气打破预设的"本体化"美学建构立场，借助"美学话语转型"讨论而转向对文化问题的高度关注。在这里，有两个方面相当引人注目：其一，在理论诉求上，美学开始不再以寻求"终极解决之道"作为自身的现实目标，而突出强调了美学问题的现实文化依据以及美学对现实的回应能力。在自行解除了"终极思想者"身份定位之后，美学不断向着"现实问题的回应者"方面进行积极转化。这种身份定位急速转化的结果，就是近年间美学学者"学术话语权"的迅速扩大、美学问题针对性的日益明确——这一点，正同上面所说的"倾向于话语权力社会化"的美学当代建构倾向相一致。

其二，在理论话语层面，美学逐渐脱开"玄思"方式，不断寻求自身作为一种"批评话语"的可能性。早在20世纪初，以西方近代美学作为引进、学习对象的现代中国美学，曾经在理论建构上直接承续了依照逻辑思维规律展开的抽象话语方式；理论的严密性和系统性往往直接建立在高度的抽象性和概念性基础之上，而思想的深度性同样离不开逻辑推论的完整性和严谨性。在俯视现实（包括各种具体艺术活动和现象）的思想云端，美学始终标举着不涉功利的精神纯洁性旗帜。直到20世纪80年代，中国美学界仍然牢牢坚守着这一抽象思想的阵地。尽管美学的理论玄虚性也已经开始面临各种"应用美学"的挑战和切割，但依赖概念的抽象话语仍然占据主流——从80年代出版的上百种教材性质的"美学概论"那里，其实可以非常清楚地看到这一点。进入90年代，由于文化研究的兴起和推动，"玄思"的美学发生动摇。一方面，面对概念抽象和逻辑推论性质的思想"深度"遭遇到的各种质疑，人们由怀疑"深度"的可能性而怀疑纯粹抽象思想的美学建构前景，逐步转向放弃单一逻辑思维形式的精神考察活动。对各种艺术/审美现象的实际热情代替纯粹思想的方式，敏感而非推论的现象批评置换了抽象分析的权威地位。在这一过程中，美学作为批评活动的理论前景开始展现，"美学批评"塑造了美学新的理论形象。另一方面，作为"批评话语"的美学，更多地把视线投向以"形象"方式呈现的各种文化现象，而各种文化现象本身的易变性、多变性和杂多性，决定了纯粹思想的乏力和理论抽象的空泛。美学"批评"在面对批评的对象时，不能不放弃曾经的抽象思想原则，改以具体描述方式"细读"各种现象文本，进而为美学实现自身的文化批评权力确立基本前提。

其三，更为重要的是，对"审美本质论/绝对论"的质疑，成为美学反思自身建构局限的具体成果。这一点，在经历20世纪80年代"美学热"热情呼唤"审美回归"之后，显得尤为触目。事实上，80年代"美学热"的兴起，很大程度上是"审美本质论"的巨大胜利——以"审美论"反拨"政治论"，以审美绝对性抗拒政治意识形态一统地位，是改革开放之初中国文化"拨乱反正"、实现"正本清源"的重要举措，也是美学重建理论话语和学术本体的基本姿态，其核心在于张扬"审美"作为人类精神话语的主导权力，还原审美活动的纯洁性，捍卫人类审美的精神至上性。这一姿态体现了两方面坚定立场：一是肯定人类艺术/审美活动的超越性价值，二是肯定审美原则的精神普世性。在根本上，这两方面立场最终呈现的，其实是一种坚定的本质论立场。尤其当这种"审美本质论"美学主张彻底战胜了"政治挂帅"的美学理论之后，其本身便完成了向"绝对论"美学的理论转移——美学是一种审美的理论并且只能是关于审美的理论，除此之外，美学便不可能成为它本身。也因此，美学研究就是一种关于审美问题的讨论，美学理论就是一种有关审美问题的理论。显然，完成了这一转移的美学，已经把"审美本质论"改造成了一种"审美绝对论"，进而也拒绝了一切"非审美"或"反审美"因素进入美学视野的可能性。就此而言，90年代以后中国美学界发生的对"审美本质论"的质疑，显然是具有颠覆性的，因为它指向的恰恰就是"审美"的绝对性价值和仿佛无可动摇的地位。一方面，因为这种质疑，"审美"之外的种种"非审美"或"反审美"现象、因素开始被人们关注和讨论，"审美"之于美学的唯一性由此发生动摇。而动摇一旦发生，改变也就在所难免。更何况，90年代以后中国社会文化的巨大变化，也以鲜活的形象动摇着人们对"纯粹审美"的美好信仰。另一方面，对"审美本质论"的质疑，不仅拒绝信仰审美原则的精神普世性，同时也不可避免地带来对倡导精神纯洁性的美学权力的怀疑。从一定意义上说，90年代以后强调"审美本质"的美学建构的式微，正反映出一种特定美学权力的解体、精神绝对性的丧失。从中我们可以看出，90年代以后中国美学界向审美文化研究的转向，实际也就是一种重建理论信心、重建话语权力的努力，只不过这一努力的目标已不再是绝对化的审美价值话语，而是一种"审美相对主义"的理论趣味。可以说，"本质论"的美学时代已经过去。

第三，"去理性至上化"作为一种日益明确的理论倾向，近三十年中，尤其是进入21世纪，逐渐凸显为当代中国美学重要的建构意识。现代中国美学引入西方话语的一个主要形态，是它一直把理性与感性的关系处理为"内容与外观""精神与精神显现"的关系。在这一关系中，感性的不可或缺性源于理性的表达需要，而不是理性的实现需要，更不是感性自身的需要。感性的位置已如当初鲍姆嘉滕所规定的，是人的低级层次的满足需要、从属（理性）的需要。对人的感性来说，天然低微的出身只有借助天然高贵的理性，才可能被合法化并获得认可。在整个美学体系中，感性权利首先不是自主性的，而是赋予性的——依赖理性的赋予；感性的价值不是由其自身所决定，而是由人的理性活动所主导。很明显，建立在这种感性与理性关系上的美学，其强烈的认识论指向已经预设了感性与理性两者的主从性、层级性。长期以来，中国美学在自身现代建构路向上所追求的，就是这种认识论意义上的层级化理论架构。至上化的理性不仅规定了人们对待感性的价值态度，也确立了美学对待自身的立场——对一切感性话语始终保持一份警惕的态度，唯恐感性的不良企图玷污了理性的名声，危及人类精神的纯洁性。然而，这种对理性至上性的崇奉，在20世纪90年代以后遭遇了前所未见的动摇。中国社会文化本身的感性化取向，以及理性至上性话语在实际生活中的有限性，促使人们重新思考理性与感性的关系问题，并在其中引入对感性存在合法性的思考。人们一方面相信感性话语在认识论层面仍然是有限的和不完善的，因此必须加以限制；另一方面又开始承认，仅仅依靠理性的制度性权利也是有问题的，甚至可能产生更大的危害。因为对实际生活着的人来说，感性问题不仅是一个认识论问题，同时是一个生存论问题。尤其在美学范围内，人的感性权利之于人的生存活动，更多体现出生存论的特性。这种生存论意义上的感性和感性活动，与人的理性权利一样具有自主的价值，并且更加生动、更加具体直接。应该说，这种对感性权利的重新认识和肯定，在否定理性至上性的天然本质之际，其实已经把美学从认识论体系引向了生存论的维度。正因此，有关"身体"问题以及"日常生活审美化"等，才有可能被讨论并成为中国美学的热点话题。质言之，"去理性至上化"既是当代中国美学的一种建构意识，也是中国美学在当代文化语境中的一种建构策略和方式，它所指向的，不仅是具体的美学理论，而且是人和人的生活的价值体系。

历经三十年，中国美学在"去体系化""去本体化"和"去理性至上化"过程中，呈现了自身的"当代建构"意识。这一意识作为当代处境中的中国美学对自身历史的反思性批判，其中既包含了强烈的颠覆性，又体现了积极的建构意愿，因而也是一种具有重构性质的理论意识。当然，对我们来说，近三十年中国美学之"去"，并没有解决所有的问题，它迄今仍遗留了两方面需要我们深刻讨论的问题：其一，"当代建构意识"并不等于"当代建构"，那么，中国美学真正的"当代建构"应该是什么？第二，"去"的合法性既在于"去"的过程，更在于"去"的有效性，它意味着"去"本身仍然可能因其缺少充分理据而受到质疑，那么，"去体系化""去本体化"和"去理性至上化"又如何被证明是有效的？

应该说，这才是中国美学界现在真正面临的问题。

（原载《江苏社会科学》2008 年第 4 期）

陈述"感性"与美学话语社会化

1978 年，一个永远值得中国人记忆的年份——"解放思想""对外开放"从此成为历三十年而不衰的独特中国话语。对中国美学来说，情况同样如此："解放思想"让美学在 20 世纪中国的最后三十年间逐步走出"政治意识形态"一元化语境，将长期遭受"工具论""服从论"压抑的理论热情发挥得淋漓尽致，以至进入 21 世纪以后中国美学终于变得"杂语喧哗"；"对外开放"则迅速化解了中国美学数十年的思想促狭和学术窘迫，大胆标举和引进西方近现代乃至当代各种学术流派及其理论，使近三十年中国美学界几近成为西方思想的"集散地"，中国美学与世界性学术思潮的共趋性日益明显。

1978 年，同样是当代中国美学的一道分水岭。

就在分水岭的一边，20 世纪最后几年间，作为一个含义暧昧的概念，"感性"开始在中国美学界频繁现身，并渐趋风行于 21 世纪初的中国美学学术语境。如果我们把这一学术景观同此前中国美学奋力高擎"理性"旗帜、执着张扬理性精神本体的理论努力进行一番比较，便不能不承认它是一个带有"奇迹性"的学术转型。因为有一点很明显，以现代性建构为目标，20 世纪以来，中国美学已经习惯于将近代西方美学对人类精神的严格理性规范植入美学的价值归趋之中，以此作为中国美学走向"现代形态"的基本要求。在这样的规范性要求下，中国美学的现代进程总体上呈现了一种"理性至上"的逻辑———一切人类活动的美学价值最终都必须接受这一逻辑约制，审美文化的建设也最终将被"至上理性"所主导。事实上，在这样一个理性被绝对化和制度化的美学建构中，人的感性只能作为满足认识结构完整性的一个次要和低级的层次而存在。也因此，很多年以来，我们所看到的现代中国美学在理论上基本偏于认识论的意义，"美的意蕴"往往被"理性的价值"所遮蔽。正由于这样，当人的感性存在、感性利益、感性满足作为一套新的价值话语，在最近一些年里被中国美学学者运用于发现和讨论问题的时候，便不难想象其在理论上造成的冲击。对人之感性本体的价值发现和确认，无疑从一个超越认识论的层面动摇和弱化了理性的绝对权力，进而也带来了重新配置美学自身话语权力的新的前景。可以说，这也正是一段时期以来中国美学界在"日常生活审美化"等问题上发生严重争执的重要原因——当美学不再仅仅由至上的理性话语独霸，它同时也就已经挤压了原有理论的话语空间。

当然，从已经发生的情况来看，比较容易被人们忽视的是，感性话语对理性至上性权力的抗拒，其实早在 20 世纪 80 年代一部分学者热情倡导美学应用之风的时候，就已经得到一定程度的或不自觉的体现。因为所谓"美学的应用"或"应用美学"指向的，无非是被强调理性规范性权力的理论美学所遮蔽的人的生存实际——人在日常生活具体过程中以服饰、广告、家居等工艺形式获得彰显和满足的感性要求、感性利益、感性满足，在各种生活的直接审美形式中被明确加以理论肯定。只不过，那时的中国美学界还无法自觉也不敢大张旗鼓地把人和人的生活的个体感性权利问题摆上理论讨论的前沿。

20 世纪 90 年代以后中国社会和文化的变迁，在当代中国美学史上第一次营造出从理论上直面人的感性生存权利——感性动机与欲求、感性表达与满足、感性实现与享受——的必然性和可能性。整个社会和文化的消费性生产机制、体系及其对人的现实生存意识的改造，为美学在理论上完成自身改造设置了基本前提——尽管迄今为止这一"改造"也还只是刚刚开始。

大致说来，感性和感性问题进入美学理论语境，给最近中国美学带来的重大气象改变，集中体现在两个方面。

第一，陈述"感性"成为一种独立的美学话语，打破了长期以来感性仅仅作为美学的附属品或防范对象这样一种理论局面。如果说，在"理性至上"的美学那里，人的感性作为一个危险存在必须加以严厉限制的话，那么，在现实文化语境中，人们却不能不提出质疑："理性一定是天然友善和有益的？"如果说，在人的实际生存活动中，理性同样可能由于其过度的体制化而伤及生存的完整性利益，那么，在美学中，人的感性动机、感性利益、感性满足与享受就不能在理论上确立自己的独立价值吗？很显然，这两个问题至少在近些年中国美学中已经得到回答。其结果，就是有关"感性"的种种讨论作为一种独立话语，不断发出自己的声音，同时也实际地削弱了美学对理性权力的执着。

至于说作为独立话语的"感性"认识是一种"陈述"而非"判断",乃是基于以下两个方面。其一,人的实际生存活动的生产/消费一体性质,决定了美学有关人的现实感性生存方式的各种阐释在总体上呈现出"叙事"性质,而非寻求终极性的价值表达。在经典的美学理论体系中,感性话语之所以被坚决拒斥,不是因为其存在的非真实性,而根本上在于其存在真实性本身的现实诱惑具有非常明确的当下指向,足以遮蔽或挑逗人在当下生活中对终极未来的精神眺望。也因此,源于感性的存在真实性对美学设计出来的终极性价值的抵制,以人的身体感受作为表达方式的各种美学话语,便自然地"叙事化"了人的各种当下感觉性满足。这种"叙事化"的美学话语不再要求人的精神活动必须按照内在理性的规定走向纯粹、走向超越,而是尽可能还原人的生活的现实快乐,并在这种现实快乐中赋予人的生活直接享受的快乐意义。质言之,对生活价值的具体化、感受化,支持了当前美学中感性话语的独立地位。

其二,作为人的生活意义的具体表象,感性本身具有的反构造性质,使美学不断趋于事实描述而非深度的理性。如果说,作为人的认识能力的感性活动常常是动摇的、不确定的和表象的,那么,这种感性存在的现实形式在美学中便呈现出鲜明的表现性特征,它直接与人的身体感觉构造相对应并不断激化人的身体感受力的敏锐性,由此使所有需要借助人的智力因素的价值判断开始失去用武之地。而表现性特征所体现的人的感性利益的直接性、具体性和反应性,则进一步瓦解了人对意义构造的深度期待,消解了人在现实生活中对有效实现深刻性判断的信心。因此,对美学而言,取消了意义构造的艰苦努力,对现实生活的各种感性陈述也开始变得流畅而别致起来。

于是,我们可以发现,20世纪90年代以后,特别是近些年来,陈述"感性"的美学话语逐渐有了从未有过的现实魅力,不仅被潜在地利用为各种生活享乐品的广告形象,而且同样活跃地描述着人对日常生活的丰富经验。美学不再只是人的生活的精神符号、价值理性,而成为生活本身的经验形象、事实呈现。这一切,显然已不是执着理性的经典美学理论所能承受的。

第二,"感性"陈述进入美学语境,最大程度地实现了美学话语的社会化,从而也开始打破美学满足于作为超越性精神话语的自我理论限制。如果说,在超越性的意义指向上,美学的固有权力主要集中在对人类精神生活的价值引领和确定,那么,很显然,美学的权力行使始终没有真正有力地涉入人的实际生活领域,而美学自身也一直乐于维持这种对人的现实活动的"隔岸"洞察。对于人的实际生活,美学可能维持一份精神的想象，但无法提供充分的现实证明。这种美学话语的非社会化，长期以来是美学理论的价值限度所在。而由于"感性"陈述的实现，作为超越性精神话语的美学开始获得重要改变。一方面，它通过转换美学研究的视角，有力地转换了美学的理论维度。当美学不再仅仅固守人类精神的纯粹之境，而把理论视线转向具体丰富而复杂的人的现实生活，它其实也就突破了自身精神绝对性的限制，在更大范围、更加具体的人的现实生活中获得了重新设置理论指向的基本前提。可以认为，20 世纪90 年代以后，"当代审美文化研究"之成为中国美学界的重要话题，甚至在很大程度上成为中国美学建构自身当代理论系统的主要内容，就得益于这一视角转换的实现。而在这样一种重要转换过程中，"感性"陈述的日益普遍化和具体化，乃是一个不可或缺的动力。

另一方面，"感性"陈述的确立，也产生出美学新的理论前景，即美学话语的非社会化特性空间受到限制，而美学的文化批评功能则得到迅速强化。这一点，当然离不开当代西方文化研究的引入，但与此同时，它也是 20 世纪90 年代以后中国美学日益重视现实生活的感性价值的结果。就像我们很难想象 80 年代的中国美学可以放弃理性本体与精神价值信仰一样，90 年代以后的中国美学学术语境如果失去对"感性"陈述的关注，那么今天的中国美学肯定会是另外一番景象。事实上，在 90 年代以后的中国美学那里，文化批评功能的张扬和强化，不仅体现了美学关注的一种转移，也是美学权力的一种转移。正是这种转移，把中国美学理论建构活动引入了一个新的生成之地。

上述两个方面，归结到一起，其实就是对美学话语社会化的肯定。可以说，美学话语社会化既在理论上体现了美学对人的生活现实的直接介入，也在功能上实现了人的生活现实对美学的具体要求。美学因此可能不仅是理论的，而且是批评的——以审美文化建设为旨归的文化批评；不仅是设计性的，也是证明性的——肯定人在感性实现中所获得的自身满足及其价值；不仅是精神的，更是生活的——在人的生活中重新构造生活的意义。

（原载《社会科学辑刊》2008 年第 5 期）

当代审美文化研究与"美学定位"

在最近一些年的人文学术研究中，有一个现象值得我们注意，即学科话语转型——其目的直接是为了解决学科本身的重新"定位"——在许多学者那里成了一个热门话题。而人们通常又发现，那些期待"转型"的学科往往并没有因为这种"转型"的期待而产生真正实质性的改变。于是，今天这个时候，我们真的有必要认真清理一下当代中国人文学科发展的思路，回过头来看一看这种"转型"研究的基本规定。

在我看来，兴起并红火于20世纪90年代、在中国美学界引起极大反响的"当代审美文化研究"，就属于这种需要重新加以理性审视，同时也需要我们对之做出更为细致的理论建设工作的一个对象。因为很显然，这一研究活动的提出和展开本身，至少在其内在的学术期待方面，是瞄准了"美学话语的当代转型"这一20世纪90年代中国美学理论建构目标的。这一点，不仅体现在它的提出过程上——从一开始，当代审美文化研究就同人们对"当代中国美学建构"的学术思考过程联系在一起。可以说，正是由20世纪80年代后期、90年代初中国美学界对"美学学科定位"的讨论，带出了有关"美学的当代话语体系"问题，而后一个问题则似乎理所当然地把"美学转型"前景交给了那种试图舍弃或改变美学的传统（经典）形式的话语努力。由此，在事实上，当代审美文化研究的提出本身，就意味着一种为美学做新的"定位"的理论方式。

与此同时，我们还必须看到，当代审美文化研究在起步之初，就已经十分鲜明地表达了自己的基本追求，即为当代中国美学寻找一条可行的并且也是"合法的"发展路向，以此在传统（经典）美学话语"失效"或"合法性丧失"的"理论现实"中，重新确立中国美学理论话语的有效性。显然，这种学术意图在本质上便带有了某种理论攻击性，它在一种自行设定的前提下，对原有的美学体系和规则进行了直截了当的批评，而这种批评过程的主要策略就是把美学同直接生活现实放在一块，将美学学科"定位"问题悄悄转换为理论的功能问题及其直接境遇。也因此，虽然当代审美文化研究本身并没有脱离"美学定位"这一原属于本体论范畴的话题，但我们在它的具体展开过程上，却又很少看到以严格逻辑形式表现出来的本体探讨形式。也许，这正是"当代审美文化研究"能够在 20 世纪 90 年代中国美学界产生如此巨大理论诱惑力的原因之所在。

在经历了五六年时间之后，再来考察一番已有的当代审美文化研究活动以及其间出现的各种争论和思想成果，我们不难发现，对于直接从事这一研究活动的学者（包括笔者本人在内）而言，一则，"当代审美文化"主要是被当作"当代大众文化"或"当代文化的审美化"来理解的。也就是说，在理论上，"当代审美文化"被看作为一个现实而又充分展开的、明确而又具有生活特性的存在现象；它所反映的，不是那种简单的"文化的审美方面"，也不是经典范畴中更为纯粹的"艺术文化"形式，而是范围广大，甚至概括了当代生活基本过程的总体现象，是一个体现了强烈现实倾向的文化存在。对此，我们从现有关于当代审美文化研究的著述中可以清楚地看出。它表明，至少，在已有的"当代审美文化研究"层面上，学者们关心的，并不是作为美学学科之逻辑存在的价值本体系统，而是体现美学研究之现实合法性的理论领域。这样，在对象的设定上，当代审美文化研究就已经不可能认真地去回答"什么是美学"这类涉及学科属性的问题了。

再则，由上一点，也决定了当代审美文化研究本身必然回避对本体问题作一种纯学术理性的阐述和细化，而采用了一种类似于文化批评的路数，将许多过去根本不可能进入美学视野的社会文化现象及日常生活价值准则，一并纳入了自己的考察、分析范围，力图以一种更为彻底的方式来置换美学既有的纯学术讨论特性，将美学活动扩大到整个文化领域和大众生活过程之中。因为毫无疑问的是，既然"当代审美文化"本身属于一种具体的现象集合体，那么，用纯逻辑的形式来做思辨的探究，便总是会显得离题太远、太绕，难以看出理论的直接针对性和有用性。相反，以思想的宏大性涵盖具体生活本身，以批评的尖锐性直面生动直观的事件及其发生与发展，这对于当代审美文化研究活动来说，乃是它的基本存在方式。

这样，我们不妨认为，在当代审美文化研究中，"美学"最终不过是一面锦绣的旗帜，它的存在意义在于能够为从事当代审美文化研究的人提供一条方便的道路，至于人们以什么样的形式去走路，却已经不是"美学"所能管辖的了。

正是在这样的意义上，我个人以为，尽管"当代审美文化研究"的发生，直接联系着以"美学学科定位"为目标的那一"美学话语转型"努力，然而，实际上，当代审美文化研究的展开及其具体表现，却又无疑在另一个层面上做着另外的一件工作。换句话说，进入20世纪90年代以后，当代审美文化研究的出现不仅没有减少"美学学科定位"问题的难度，甚而也没有改变这一问题的存在维度。当代审美文化研究只是从一个可能的方面，在一种非常现实、非常具体的理论活动中，形成并确立了一种有益于美学的学科发展、有助于将美学问题同直观现实更加紧密地联结起来的理论立场和态度——提出并在这样的立场、态度上前行，恰恰是当代审美文化研究在20世纪90年代勃兴的基本条件，也是它不可否认的存在价值。为此，有学者将当代审美文化研究视为"美学的第三个层面"，是有道理的。其实，无论就当代审美文化研究的具体过程来说，还是拿它所意欲讨论的具体问题来看，我们都不能不承认，在学科建设内部，当代审美文化研究所产生的，主要是那种以批评为特性的理论力量；它对于美学的最直接意义，就在于从功能形态方面表达了美学与现实生活、现实文化的关系。如果说，这样一种关系在传统（经典）的美学学科体系中还不十分具体、不十分明确且不具有直接操作性的话，那么，当代审美文化研究的提出与展开，则将这种关系直接转化为与现实实践相对应的价值系统，同时还在这个系统里注入了更具意识形态性的东西——几无例外的是，与文化实践及其存在的意识形态性质相一致，在当代审美文化研究中，批评过程的意识形态意图始终是一个不可忽视的基本因素，而这也正是我们指证"当代审美文化研究主要是确立了一种立场和态度"的原因之一。与之相比，"美学的学科定位"问题则因其本体论上的抽象性而逃离了意识形态的是非矛盾。

把"当代审美文化研究"当作"美学学科定位"问题来对待，应该说是一种难得的理论热情，但也许又是一种理论误会——就问题的根本来说，当代审美文化研究其实是不可能承担这样的任务的。所以，对于我们来说，重要的不是执着于从"学科建构"的意义上来理解当代审美文化研究，而是应该卸下那份沉重的学术包袱，直接肯定它所带来的那样一种直面现实、关怀现实、介入现实以求得美学的更大价值实现的立场和态度，从而使美学真正获得新的生存能力和前景。也许，只有在这样的基础上，我们才有可能真正面对"美学学科定位"或"美学话语转型"的问题，并产生真正有效的思想。

今天，"美学学科定位"仍然是一个尚在持续中的问题。它的解决，有赖于我们的思辨理性和纯粹逻辑能力。而"当代审美文化研究"则是我们在"美学"旗帜下可能走下去的又一条新路。问题的关键是："当代审美文化研究"与"美学学科定位"不应混淆为同一个问题。

（原载《文艺研究》1999 年第 4 期，发表时题为

《当代审美文化研究的学科定位》）

审美文化批评与美学话语转型

我在发表于《文艺研究》今年第1期的一篇文章中提出了这样一个看法："当代审美文化问题与我们现实生存活动相联系的性质，决定了它必然超出单纯审美经验范围而直接关涉当代文化的全部现实。以一种文化批评/建设意识来审慎把握其中的问题，这是一种较之美学研究本身更具有价值特性的理论活动。"

一

这一看法的出发点中，包含有两个方面的考虑：

第一，经典形式的美学话语着重于从美（审美）的本体性质方面来逻辑地诠释人的生命精神现象，探讨人的生命价值实现的永恒理想。作为一种本体论研究方式，它已经持续了数千年，并且至今仍不失其内在的理论魅力。然而，这并不意味着对本体问题的探讨就是美学唯一有效的话语。事实上，在当代文化的现实环境中，美学研究如果仅仅守持这样一种本体论的探寻方式，以为在理想的高度就能合法地驾驭人的生命精神的现实进程，那么，面对当代人生命精神中具体、复杂的状况，这样的美学便未免显得故步自封了。从根本意义上说，在当代文化的特殊环境中，当代美学研究只有超越经典形式的美学话语，在巡视、切近当代文化现实的过程中，才有可能产生出自身新的理论对象、理论规范。

第二，当代美学话语的转型，绝非单纯是理论系统内部的问题，而是与当代人的现实文化处境密切相关的。这就表明，对当代美学话语转型问题的理解，应当同我们对现时代文化环境的省察联系在一起。也因此，对于我们来说，能否从经典美学话语形式走向高度理性和自觉的文化批评/建设立场，就成为我们能否真正有力地把握当代美学话语转型的关键，也是我们能否有效超越经典形式的美学话语的根本。

二

从这一理解出发，在我看来，当代美学的话语转型在根本上所指向的，应是一种具有建设性的审美文化批评。换言之，在当代人类文化实践的生成与发展中，美学和美学研究的基本前途，在于使自身成为一种直接关涉当代人生命精神及其价值实现的文化批评活动。

这里，需要说明的问题有三：其一是这种审美文化批评的核心是什么？其二是美学如何能在自身话语转型过程中成为一种审美文化批评活动？其三是当代审美文化批评的策略是什么？由于篇幅所限，这里仅作一点概略的解释。

依我之见，所谓审美文化批评的核心，是与人作为自由生命主体的现实文化境遇密切相关的。实际上，真正深刻的美学观念从来就是一套建立在特定人文关怀基础上的价值体系；无论其能否真正成为特定时代的精神坐标、人文导向，归根结底，美学的深厚文化底蕴就在于它所崇尚的特定价值理想、生命意识及其践行方式。以此而论，寻求、发现并设计人的生命精神的理想之境，满足人在自身价值实现过程中的自由发展需要和利益，应该是美学的终极本质。这种终极本质不仅贯彻于经典形式的美学话语中，也应该是审美文化批评的旨归。问题在于，较之经典形式的美学话语，审美文化批评在自身话语的现实原则和操作方面，更加强调从实际生成着的文化环境中来关注人的生命精神的现实存在——在当代人生命精神的感性和理性的两极来把握人的生命活动。因此，在当代美学话语的转型中，审美文化批评凸显了其对当代文化现实的有效性和合法性。

可以认为，当代文化的多元嬗变，使得人的生命精神及其价值实现，在感性和理性方面产生了许多实际的困惑与问题，而人的现实的文化境遇与人类长远的文化利益、当代人生命精神的现实践行方式与人类永恒的价值追求总是息息相关的。所以，对于审美文化批评来说，其核心工作就是将那种永恒的、终极关怀性质的美学价值体系，同那种当代人生命精神的现实文化境遇统一起来，即：审美文化批评的目的，在

于将那种并不直接呈现为某种文化现实的美学理想、并不立即反映为当代人生命精神
及其价值实现的美学形式，落实到当代文化的持续建构进程之中，重新形成一套有效
而合法的理论话语。正是在这个意义上，审美文化批评体现了它的独特性。第一，在
关注当代人生命精神及其价值实现的现实文化境遇之际，审美文化批评没有放弃对
人、人的生存活动以及人的价值追求的关怀，永恒的价值理想、长远的生命目的作为
一种内在信仰，始终引导着审美文化批评以更加切近的方式介入人的现实进程。由
此，在根本方向上，审美文化批评仍然指向某种美的理想价值规范、生命意识。第
二，美学和美学研究是以特定的人的生命精神现象——审美实践——为自身对象，而
人在现实文化环境中的审美实践又总是具体表现为有着一定文化意蕴的集体或个体的
审美情感、审美观念、审美判断力以及艺术活动等。因此，在当代美学话语转型过程
中，审美文化批评必定直接关涉当代人审美情感、审美观念、审美判断力、艺术活动
等在现实文化环境中的地位和性质，关涉当代人生命精神在具体审美实践中的价值实
现和实现形式。只不过由于审美文化批评的理论目标在于寻求和践行人这一自由生命
主体在现实文化环境中的自我自觉，因而，它一定程度地突破了经典美学话语形式的
局限，指向了更为广泛的文化层面。

就上述而论，在当代美学话语转型的意义上，审美文化批评的核心之处，便是作
为自由生命主体——人的生命精神及其价值实现在现实文化环境中所遭遇的各种问
题。对于这些问题的发现与阐释，也是美学和美学研究更加有效而合法地进入当代文
化建构的基础。

三

至于美学如何能够成为一种审美文化批评，这个问题既在一定程度上与上述问题
相联系，又更加突出了对审美文化批评的合法性的要求。就美学话语的转型来说，当
代美学和美学研究要实现自身对人的生命精神及其价值实现的终极关怀，除了始终守
持自己的人文理想并探入人的永恒的生命精神进程之中，还应当体现清醒的现实文化
意识，能够发现并解答人的实际生存困惑，以此在审美实践方面完善人的现实文化追
求。这就是说，当代美学话语的转型，最终必须实现美学和美学研究与当代人的文化
环境间的一致性，强化美学和美学研究对当代人生命精神现象的具体敏感力。以这一

点来考察审美文化批评在当代美学话语转型过程中的合法性，那么，就可以认为，美学在当代文化环境中之所以能够成为一种审美文化批评活动，一方面是依据了其内在的人文关怀理想——这种关怀在根本意义上总是指向人的生命精神的完善而理想的价值实现过程；另一方面，它又必定与当代人的文化建构理性有关——在这里，有必要进一步提出的是，尽管在经典的美学话语形式中，人、人的生命精神问题总是非常明确地得到考虑，无论是柏拉图从"理念"的完美性中演绎出来的"美理念"的进化图式，还是康德所提出的不涉及实用功利、道德目的的"审美判断力"概念，抑或马克思有关"人的本质力量对象化"这一实践本体论的美学理想，它们都相当理性地构造了一种从本体论或认识论上说明人的生命精神及其价值实现的话语形式。然而，正是这种试图从本体论或认识论方面展开的美学话语，由于它没有能够具体突出并确切显示人的生命精神及其价值实现在现实文化环境中的位置，因而在面对当代文化环境时往往显得虚弱无力，一定地丧失了其可能具有的话语权力。这不能不说是一种理论上的遗憾。而我们所指称的审美文化批评，其全部理论话语都将生成于当代文化的现实之境，并且强调了同当代文化环境中人的生命精神的直接联系。因此，审美文化批评的理论话语权，无疑是具有现实规范力的。在这样的审美文化批判中，理论上的终极关怀本质作为一种有效的价值体系，既可能有力地介入当代文化的现实进程，同时也不失其对当代文化环境中人的生命精神的价值判断。

特别是，在人的生命精神及其价值实现面临前所未有的重负、不断遭到拆解的当代文化环境中，从当代美学话语转型方面来把握审美文化批评的合法性，将有益于我们更加全面、实际地考察人的具体生存境遇。毫无疑问，在当代文化的具体环境中，随着"文化作为一种工业产品"日益成为一种现实，随着技术话语对人文价值领域的不断侵入，人的生命精神及其价值实现不断在原有规范基础上受到挑战。文化活动的消费性趋向、生命精神的平庸化、大众文化意识深度的消解，这些都已经成为当代文化建构中一个又一个现实的问题。它们反映到当代人的审美实践中，带来了诸如艺术"制作"或"复制"的可能性、主流意识形态的瓦解与艺术的多元分化趋向、展示性/表演性取代艺术活动的深度历史价值等一系列问题。这些问题的出现，揭示出当代人的生命精神及其价值实现所遭遇的各种困惑，实际正是一系列文化嬗变在人的价值追求领域中的表现，它不仅没有否定，相反更加需要那种与现实文化进程相适应的价值理性来引导人的生命精神的现实实践，以便建构起有效的文化发展机制。而审美文化批评的合法性，正在于它可以提供这样的价值理性。即以当代艺术活动中的

"技术本体化"现象而言，由于技术力量的实际运作，经典意义上的艺术"创造"概念受到空前的拆解，经典形式的"艺术活动"失去了其在技术语境中的延伸能力，产生出自身的"合法性危机"。面对这样的艺术景观，如何从"重写艺术概念"方面来理解"技术本体化"之于艺术本身的效度和话语权问题，就已经超出了经典美学话语的权威形式，只能通过审美文化批评的现实机制来加以审视和判断，进而从经典美学话语与当代艺术活动的裂隙间找到一种立足于现实文化环境的把握，并产生对那些围绕在艺术活动周围的、广泛的当代审美文化现象的深刻理解。

总之，美学如何能够成为一种审美文化批评或审美文化批评的合法性问题，关键在于美学和美学研究必须从自身话语转型中确立起一种与当代文化环境相适应的话语权力，在人的生命精神及其价值实现的当代性进程中，有效地维护价值信仰的现实目标，为当代文化的合理建构带来真正希望。

有关审美文化批评的策略问题，则是一个极为复杂也相当微妙的问题。因为很明显，这个问题早已超出单纯人类审美经验的范围，直接关系到我们对当代文化现实的把握，关系到当代文化环境中人的具体生存境遇及其前途。从这一点来讲，审美文化批评的策略既是我们的一种特定文化立场，同时也应当成为一种可以践行的价值意识，一种可以引导出合理的文化建构活动的价值理想。它一方面不应是某种权宜之计，而必须具有对当代人类文化建构活动的坚定信念；另一方面则不是停留于对各种复杂混乱的文化现象的"客观"描述，而应当凸显一种深刻的洞察力量和揭示力量，能够透过无序的文化现象，理性地把握人的生命精神及其价值实现在当代的合法地位。

也许，从当代美学话语转型与当今中国文化现实的关系方面来考虑审美文化批评的策略，能使我们获得更为明确的认识。可以说，当今中国社会政治、经济、思想的急剧变革，使得"我们向何处去"这一价值论问题不仅指向了经济活动的层面，而且与"我们现在何处"的文化沉思相联系，成为当今中国文化建构的最现实问题。作为一种理性而审慎的把握方式，审美文化批评在理智地考察中国文化的当代性建构时，完全可能借助那种以审美/艺术表达方式交流着社会共同的文化/生存价值体验的文化对话过程，进入大众的普遍认知活动之中。由于人的审美实践的各种形式已经普遍地进入中国社会的现实生存活动领域，"以前不了解艺术的广大阶层的人物已经成为文化的'消费者'"（阿多诺语），大众在生存活动的各种审美形式中所感悟的，不仅是对对象感性存在的观照，更是对现实中国人的文化/生存价值的直接理解。因而，以审美方式而实现的大众文化对话过程，已经把中国人的自我文化理解的可能性大大加强了。即以当代中国的各种艺术活动而言，其对当代中国人的文化/生存现实的批判性审视，既依据了当代中国人对自身状态的思考以及对现实文化环境的感受，又常常作为当代中国人的文化/生存现实的直接喻示，象征了中国人在当今文化变革中的自我认识进程。这样，当代中国的各种艺术活动能够在充分多样地运用新的文化语语过程中，直接与社会大众在日常活动层面进行对话，进而在向中国人提供某种自觉审视现实文化环境和人的生命精神境遇的认识/理解模式上，产生别具一格的价值（如果我们认真审视一下"85 美术思潮"、"新生化"绘画运动、"第五代导演"艺术以及"先锋文化"、"新写实小说"等，我们是可以找到这方面的例证的）。因此，借助体现了大众文化对话过程的审美/艺术表达方式，审美文化批评可以在更大范围和更直接的程度上，反省当代人的文化/生存现实，推动人们对自身历史深刻性的理解以及对中国文化现实环境的把握，促进人们在主体理性的自由自觉中完成中国文化的当代性实践。

值得注意的是，审美文化批评策略所要求的那种深刻的洞察力量与揭示力量，在当代文化的现实环境中必然同某种意识形态话语有关——事实上，当代美学话语转型的文化动因，在一定意义上就来自当代文化的意识形态危机。由于当代文化急剧变革所造成的种种人的生命精神及其价值实现的失落，以往用以制约人的文化/生存活动和价值体验的那种意识形态中心话语权，正逐渐地却又必然地失去其文化辖制力，被逼入"解中心化"的尴尬境地。换句话说，主流意识形态话语权的日渐消解，一方面表征了当代文化建构过程之于旧文化形式的破坏性作用，另一方面也说明，以往种种主导大众文化/生存活动的中心价值目标，在今天的复杂文化环境中正遭遇无情抗拒。在此情形下，重建新的人文价值理想，在主流意识形态的中心话语权暂时"空白"之处重新聚合起新的生命精神的实践力量，便必然要求审美文化批评首先强化文化上的历史主义意识和现实主义功能，全面反省主流意识形态话语权的危机与失落状况，抵制文化进程中的价值虚无主义和消极意识，从而在提供当代人的价值理性与当代文化建构目标方面，成为开放的、综合的引导性力量。这也就意味着，在一定意义上，审美文化批评策略实际上首先强调了自身在当今意识形态氛围中的话语权问题。这种意识形态的话语权，无疑又同审美文化批评本身对当代文化多元环境的介入程度联系在一起，是审美文化批评对整个当代文化建构进程的干预性力量的实现。

（原载《求是学刊》1994 年第 5 期）

审美文化的当代性问题

20 世纪 90 年代以来，作为中国美学界的一个热门话题，围绕"审美文化"的一系列讨论引起了人们浓厚的兴趣。但与此同时，直到今天，正是由于在"审美文化"的理解上所存在的诸多分歧意见，使得有关审美文化的研究变得相当复杂化①——一方面，它在一定程度上带来了人们对审美文化研究课题本身的理论合法性的质疑和沉思，另一方面，由此也产生了某种理论建构上的困难。所以，近一两年来，不少学者试图对"审美文化"概念本身作出某种确定，以此为审美文化研究建立一种"科学性"的学术规范。在我看来，这种概念确定工作固然是必要的，但对于审美文化研究的理论建构来说，更重要的，恐怕还是确定"确定概念"的理论前提，即明确审美文化研究本身的当代理论性质，这样，我们才能从特定理论立场出发，进行有效的学术工作。

一

尽管"审美文化"并非是最近才出现的概念，不过，就其现实的理论特性而言，它却不能不主要是一种当代性的和描述性的话语形式。也就是说，作为概念，"审美文化"的性质不仅超越了它的"命名史"，而且绝不限于一种纯粹抽象、孤立的经典理论范围；它同中国美学在当代文化背景下的自身理论话语转型联系在一起：正是在美学话语的当代转型意义上，"审美文化"概念才具体地体现了作为理论描述话语的

① 参见章建刚《何谓"审美文化"？》，《哲学研究》1996 年第 12 期。

当代性特征。

首先，20世纪90年代以来，中国社会跳跃式地进入一个空前复杂地交织了多种文化因素的状态：前工业时代、工业时代及后工业时代的许多文化特性，在一种缺少相互间内在联系的过程中，奇特地集合在中国社会的共时体系上；多元文化因素交错并置且彼此克制，令现实中国文化变得扑朔迷离，整个社会处处潜在着文化变异的巨大可能性。在此情况下，任何一种人文科学理论话语的确定，都面临着各种选择和认同上的困难：在一个不确定的、程序交迭和因素混乱的现实文化氛围里，存在着多种层面和性质的具体操作活动和现象积聚方式，其中任何一种文化因素、现象的运行和演衍，都为自己订立了特定而强烈的导向性和制约性，从而给中国社会和文化的归趋制造了种种不同的精神迫力。

尤其是，20世纪90年代以来，西方后工业社会的某些可描述的文化表象，也逐渐从敞开的国门缝隙里挤了进来，从而进一步加剧了中国文化进程的复杂性和不确定性。环视近几年里中国文艺创作的种种现象，就可以发现，在中国社会和文化的连续性变革中，"后现代"的某些价值倾向、精神要求，至少在大众接受最广泛、最频繁的影视、小说创作领域已经开始显山显水。然而，只要我们理智地考虑到20世纪80年代末以后中国文艺"后现代"因素的虚假性、混杂性、表面性——仅在小说方面，我们便从刘索拉的《你别无选择》中读解出了反抗权威的"后现代性"与执着自我的"现代性"之间的背反，从王朔的《顽主》看出了一连串肆无忌惮的调侃背后的浪漫主义理想的天真热情，从刘震云的《一地鸡毛》中发现了具体生活的琐细无奈与小人物对自身感情的痛苦回忆之间的相互冲撞——我们就能够知道，当今中国社会其实并没有向我们提供多少真切具体的"后现代性"。也因此，在现实中国，多元文化因素的并置，使得20世纪90年代以来的中国文化（包括文艺活动和大众日常生活）进程呈现出令人深感困惑的一面，任何单一的文化因素和文艺现象也往往丧失或根本不存在其典型性。这一切，庶几可以说明，当代中国社会正处在一个向现代化迈进的艰难进程之中，其文化模式和价值结构还有待形成现代品格或现代性。这正是当前人文科学活动必须正视的问题。

其次，相应于中国文化的现实氛围，任何一种试图获得自身确定表述和具体有效性的人文科学话语，都不能不从特定层面考虑现实文化要求及其可能性问题，在文化策略的设计上，表达对文化建构的深厚关怀与信念，特别是对中国文化现状及其未来建构的洞察与揭示。这就是说，包括美学在内的中国人文科学，所面临的仍然是如何捍卫中国文化现代化进程的合法性这一问题。正由于今天的中国社会还没有真正面临西方后工业时代一系列由政治、经济、管理以至科学所产生的深刻的"后现代"危机，而是面临了一系列由社会转型时代的政治、经济及意识形态发展变化在整个社会文化领域所引发的矛盾——其最深的、直接的根源，在于现实文化中主体力量的缺失，以及与此相关的社会文化分层运动（主流文化、知识分子文化和大众文化）的急剧扩张和复杂性。因此，重新高扬起现代文化的旗帜，建立一种普遍的、大众自觉的主体理性，并且在其中迅速培植起以现代性为核心的文化价值意识，推动中国文化在有序分层过程中坚定地走向自身的当代建构历程，正是当今中国人文科学活动（包括美学）向自身所提出的艰巨课题，也是包括美学在内的人文科学理论真正实现自身转型的可能性之所在。

以这种对当今中国文化现实的策略性把握为基础，结合我们对当代文艺进程、大众生活发展的审视，我认为，当代美学主要应该确立的，就是能够积极引导中国文化走向现代性建构的必要的文化批评能力，以及能够使主体理性成为大众自觉文化意识的美学态度。实现这一点，无疑要求美学通过自身理论话语的转型，找到一种与以往不同的、真正体现当代文化追求的新的理论精神：其核心就是积极开拓美学在文化批判/重建进程上，同大众日常生活及其现实利益充分"对话"的直接领域。换句话说，以文化批判和重建相统一的人文意识，来构造当代美学对现实生活的意义，乃是我们在今日文化景观中所寻求的理论前景。

二

具体来讲，在美学话语转型方面，大众对话的要求及其可能性，为生成当代形态的审美文化研究提供了现实前提；而当代社会中人的审美活动与现实生活的关系，则决定了审美文化研究在现实中，已经不可能仅仅存在于以往美学那种纯思辨的观念判断和单纯心理范围的审美经验分析，而必定直接关涉当代社会的全部文化现实，体现当代大众的具体生活意志。也就是说，以特定的文化批判/重建意识来审慎把握当代大众生活的价值方向、艺术活动的精神本质，乃至相关文化现象的生成演变，使得作为美学话语转型具体形式的审美文化研究，具有了比一般美学话语本身更广泛的现实魅力和活力。

在上述认识的出发点中，包含有两个方面的考虑：

第一，从柏拉图、亚里士多德，一直到康德、黑格尔，乃至马克思，一以贯之的经典的美学话语，基本上都着重从"美/审美"的本体论或认识论方面，逻辑地诠释人的生命精神现象，探讨人生价值的终极理想。"尽管美学的概念和理论具有多变性，然而，美学的历史却仍然表现出某些永恒的论题，亦即经久不衰的或反复出现多次的论题。"① 应该说，作为终极本质的探索方式，美学的这种经典话语形式持续了数千年，并且至今仍不失其特殊的理论风采。然而，这是否意味着，对本体问题的逻辑追问就是美学唯一有效的理论话语？甚至，在当代文化语境中，这种话语仍然能够以纯粹逻辑的形式进行自我确认的理论活动？在我看来，本体论或认识论的理论话语的必要性，并不等于它一定具有持续不变的现实有效性。事实上，在当代文化现实中，美学研究如果只是持守这样一种话语形式，以为在理想价值的"乌托邦"中就能够合法地驾驭当代人生命精神的现实展开，那么，面对当代大众日常生活中具体的要求，面对当代文化价值变异的复杂状况，就未免显得过于封闭而又自以为是了。从根本上说，在当代文化现实中，美学研究只有在不断巡视、切近当代文化现实和大众日常生活的过程中，才能真正发现自身新的理论对象、理论规范，并因此成为当代文化建构中的一种特定而有效的力量。

第二，当代美学话语转型，绝非只是既定理论系统内部的话语增生活动，也非单纯是一个对象的变换问题，而是与当代文化的现实境遇和当代人的生活活动密切相关。这就表明，对当代美学话语转型问题的理解，应当同我们对当代文化的认真省察联系在一起。对于我们来说，能否从经典美学话语自身圆满的逻辑形式，走向现实层面上高度负责和自觉的文化批判/重建立场，是我们能否真正把握当代美学话语转型的关键，也是当代形态的审美文化研究是否真的能够超越经典美学话语形式的根本。

从这样的理解出发，在我们所说的当代美学话语转型上，当代形态的审美文化研究所指向的，便理应是一种具有建设性功能的文化批评活动。也就是说，在当代文化

---

① 符·塔达基维奇：《西方美学概念史》，褚朔维译，学苑出版社，1990，第473页。

的生成与发展上，美学话语转型的基本前途，就在于使理论自身成为直接关涉当代人生活、当代文化价值变异的批评性存在。

三

就美学话语转型的现实意图来看，美学研究要实现自身对人的生活实践及其价值存在方式的具体关怀，除了持守必要的人文理想并探入人的生命精神发展进程之中，还应当充分体现清醒的现实意识，能够发现并解答人的实际生存困惑，以此在审美实践（包括人的日常生活和艺术活动）方面完善人的现实文化追求。这就是说，美学话语的转型，最终必须实现美学研究与当代文化环境间的一致性，强化自身对当代文化现象的具体敏感力和阐释力。以这一点来考察当代形态的审美文化研究的合法性，可以认为，作为一种建设性的审美文化批评活动，它一方面依据了自身内在的人文关怀立场——这种关怀在根本意义上总是指向人的生命精神的完善化过程；另一方面，它又必定与当代文化建构要求相联系——在这里，有必要进一步指出的是，尽管在经典的美学话语形式中，人以及人的生命精神的终极问题总是非常明确地得到了必要的考虑，无论是柏拉图从"理念"的完美性中演绎而来的"美理念"的进化图式，还是康德所提出的不涉及实用功利、目的的"判断力"概念，抑或马克思有关"人的本质力量对象化"这一实践本体论的美学命题，它们都相当理想化地构造了一种从本体论或认识论上说明人的生命精神及其价值实现的话语形式。然而，正如维特根斯坦所说的："形而上学的非理论性质本身不是一种缺陷；所有艺术都有这种非理论性质而并不因此就失去它们对于个人和对于社会生活的高度价值。危险是在于形而上学的欺惑人的性质，它给予知识以幻想而实际上并不给予任何知识。"① 正是这种试图从本体论或认识论方面展开的美学话语，由于其对美的本质的追求总是建立在"这是美的"一类判断的绝对性和反复性之上，而"美的"本身的脆弱、无力及其在当代生活中的可疑性。特别是，由于经典的美学话语几乎不可能具体突出并确切显示人的生命精神及其价值实现在当代生活中的现实性质，因此，一旦它们进入当代文化过程中，便往往显得虚弱无力，一定地丧失了其

---

① 维特根斯坦：《逻辑哲学论》，贺绍甲译，商务印书馆，1962，第20页。

可能具有的话语权力。这不能不说是一种理论上的遗憾。而我们所指称的当代形态的审美文化研究，其全部理论话语都直接生成于当代文化的现实之境，并且强调自身同当代大众具体生活活动的直接联系，所以，审美文化研究的批评话语无疑是具有现实力量的。在这样的审美文化批评中，理论上的具体关怀品格作为一种有效的价值维度，既可能有力地介入当代文化的现实进程，同时也不失其对当代文化景观中人的生活实践的价值判断。

尤其是，在人的生命精神面临前所未有的重负、价值实现的深度模式不断遭到拆解的当代文化现实中，从美学话语转型方面来把握当代形态的审美文化研究的合法性，将有益于我们更加全面而实际地考察人的具体生存境遇。毫无疑问，在当代文化的具体现实中，随着"文化作为一种工业产品"日益成为一种现实，随着商品观念大规模地主宰人的精神世界，随着技术话语对人文价值领域的不断侵入，人的生活活动及其价值存在方式不断在原有规范基础上遭遇巨大挑战。现实文化活动的消费性趋向、生命精神的平庸化、大众日常生活价值深度的消解，这些都已经成为当代文化（现实中国）所面临的一个又一个现实问题。而这些反映到审美文化领域，则产生了诸如艺术"制作"或"复制"的可能性、主流文化意识形态的瓦解与艺术的多元分化趋向、展示性/表演性取代艺术活动的深度历史意识等一系列具体现象。这些问题的出现，揭示了当代人生活活动及其价值存在方式所遭遇的各种困ân，实际正是一系列文化变异在人的精神/价值活动领域中的具体表现；它不仅没有否定，相反更加需要那种与现实文化进程相适应的批判理性来引导人的生命精神的现实实践，以便建立起有效的文化发展机制。而当代形态的审美文化研究正可以通过特定的审美文化批评方式，不断揭示这样的文化变异和价值重建的现实前提。即以当代艺术活动中的"技术本体化"现象而言，由于现代技术成果、手段和材料大量运用于艺术活动和艺术作品，技术力量的实际运作使得曾经在经典意义上为艺术提供了基本意义的"创造"概念遭到拆解，"艺术"的经典形式失去了在技术语境中的自足性和延伸能力，产生了自身的"合法性危机"[①]。面对这样的艺术景观，如何从"重写艺术概念"方面来阐释"技术本体化"之于当代艺术的效用，这样的问题就已经超出了经典美学话语的权威形式，而只能通过与现实文化直接关联的审美文化批评的现实机制来加以审视，进而从经典美学话语与当代艺术活动的裂隙间，找到一种立足于现实之上的批

---

① 参见拙著《扩张与危机——当代审美文化理论及其批评话题》第 5 章，中国社会科学出版社，1996。

评性把握，并为当代艺术的存在形态确立文化根据。

总之，当代形态的审美文化研究，确立了一种与当代文化现实相适应的新的话语形式；其直接的理论目标，则在于具体深入到人的生活活动及其价值存在方式的当代性结构之中，从而为当代文化的合理建构作出新的阐释。

四

从美学话语转型来理解当代形态的审美文化研究，为我们把握"审美文化"的当代性质提供了基本理论前提。在我看来，在概念上对"审美文化"作出具体确定，一是必须立足于当代形态的审美文化研究本身的学术理性，不仅考虑到概念确定的逻辑层面，更要注意到概念本身应当体现出审美文化研究的"批判/重建"指向；二是必须立足于当代社会的文化现实，切实反映当代文化进程上的价值变异，包括日常生活活动和艺术方式的新的特征。

由此出发，我认为，作为当代形态的审美文化研究的特定概念规定，"审美文化"的当代性质突出了以下几方面的特征。

第一，在当代形态的审美文化研究中，"审美文化"不是一种"类美"或"类艺术文化"的规定性；它也拒绝像经典美学话语那样，为人类生存领域的价值实践进行"感性"与"理性"的高低层次规定——当黑格尔把"美"规定为"理念的感性显现"，要求"感性的客观的因素在美里并不保留它的独立自在性，而是要把它的存在的直接性取消掉（或否定掉）"①，我们看到，他其实同鲍姆嘉滕一样，把"理性"存在当作了人类生存的最高和最后的价值归宿。而在"审美文化"里，"美"却不再是一种抽象理性的专有权力象征，也不再是具有终极本体属性的价值实现形式；"艺术"不再是"美/审美"的同义物或唯一通道，也不再是纯粹理性的显现与观照活动。由经典形式的美学话语所规定的感性向理性的投入、"直接性的取消"，在"审美文化"概念中失去了它那种由严密的思辨逻辑所限制的必然性，感性作为现实生活的表现性存在而向理性价值理想炫耀自身的力量。也因此，仅仅以"包含艺术在内的人的审美活动"来解释"审美文化"，除了具有某种指涉范围

---

① 黑格尔：《美学》第1卷，朱光潜译，商务印书馆，1979，第142～143页。

的意义以外，并没有能够全面地"确定""审美文化"本身，也不能真正显示"审美文化"概念的当代理论价值。实际上，"审美文化"概念的内在规定性，主要由当代形态的审美文化研究来确定；它是一种基于当代文化进程之上的特殊规定，而非指涉范围的规定。正是在这个意义上，我们说，在当代形态的审美文化研究中，"审美文化"概念超越了经典的"美"或"艺术"概念，呈现出某种"非美"或"非艺术"的特性。它较之经典美学话语的逻辑性规定形式，更加突出了对各种当代性现象的描述性把握——"审美文化"概念就此也绝不可能依从传统话语的先在性逻辑去加以确定。

第二，"审美文化"的当代性质，突出体现在它对大众生活活动的普遍的、日常的价值存在方式的强烈认同，即作为"审美文化"概念的一个基本内涵所反映出来的，是当代人生活实践与体验的直接性、具体性和形象性，是对大众生活的日常经验的价值描述。对于"审美文化"来说，其与当代社会文化环境中的大众利益和价值观念、大众日常趣味之间，有着不可分割的联系；它是当代大众日常生活活动在"审美化"方向上的自我规定的表现。正因此，在当代形态的审美文化研究中，"审美文化"又突出了自身与当代文化的商业性结构、当代传播制度的联系：就文化的商业性结构本质而言，其直接的价值维度建立在文化"生产/消费"一体化的活动之上；文化生产在现实层面上，直接构造并满足了大众在日常生活中消费、占有文化产品的欲望，而文化消费欲望的不断膨胀、文化消费活动的大规模实践，则进一步加剧了文化生产的直接消费本性。因而，对于当代社会的大众日常生活活动及其现实目标来讲，文化"生产/消费"的一体化不仅产生了人的具体价值理想的转向，而且同时完成了现实文化在商业性上的内在追求，完成了大众生活价值存在方式的改造。商业性的消费可能性，为当代大众日常生活确立了各种富有诱惑性的感性目标，从而使大众日常生活活动的自我规定日益具体地追逐消费满足的丰富性，在美轮美奂的经验形式上享受感性的快悦。而就当代传播制度来看，其所追求的形象化原则，正是当代文化活动本身具体而普遍的存在形式。正是由于当代大众传播活动总是积极地追求感性层面视觉、听觉的直观生动性，追求思想性活动向身体感受性活动的不断转换，追求信息传递的广泛化和生活化，所以，在当代传播制度中，各种观念、意志、欲望的表现与满足，无不体现出"以形象生产形象，以形象生产效应"的具体特性。"形象"成为当代传播制度的权力所在，"形象化"则是其权力实现的感性机制。而当代大众传播的广泛发展，大众传媒之无所不在，则使得大众日常生活活动总是不可避免地受制于传播制度的要求，"形象化原则"同样成为大众日常生活的经验方式和价值表现。就此而言，在当代形态的审美文化研究中，"审美文化"之于大众日常生活活动的普遍的、日常的价值存在方式的认同，在性质上，便同当代文化的商业性结构、当代传播制度有着内在的关联，成为当代文化特有的制度性表现。可以说，作为概念的"审美文化"，无法拒绝把包括艺术活动在内的当代文化活动的商业性及大众传播特征包容在自身之中。

第三，与上述特征相联系的是，在当代形态的审美文化研究中，"审美文化"具有强烈的"世俗性"意味。这也正是"审美文化"概念与纯粹观念形态的"美"概念、"艺术"概念存在巨大区别的方面之一。它表明，作为经典美学话语的概念形式，"美"或"艺术"属于纯精神的、原创性的价值范畴，它们强调了观念上的纯粹性、超然性和非功利性；其与现实的联系必须经过理性抽象的思辨中介，并且总是凌驾于日常生活形式之上，具有某种为现实进行价值引导和评判的意义。而在当代形态的审美文化研究中，"审美文化"概念所意味的，却是与现实人生处境、日常活动直接相关的具体的感性存在方式、观念和追求理想，即现实生活的"世俗性"形式和经验。一方面，在重视大众日常生活的意义生成方面，"审美文化"意味着感性生活价值的肯定和表现，强调从个人的普通生活活动中发现现实生命的存在意义，以及感受现实生活的主动性和积极性；它不是把现实生活的日常活动形式视为必须超越的"无价值存在"，而是充分肯定现实生活的具体功能，表现大众对日常生活的要求与满足，实现人在现实中的价值占有。另一方面，"审美文化"概念作为一种描述性话语，不仅放弃了理性抽象的纯逻辑过程，因而对现实生活有着直接性，而且，更重要的是，"审美文化"通过强调并肯定大众生活的感性经验事实，通过对现实本身的价值揭示，确立了"回到日常生活"的立场，把精神的活动从超凡世界拉回到一个平凡人生的实际经验之中，从而反映了生存方式的日常化、生活价值的平凡化、大众活动的现实化，强调了"世俗性"存在的普遍性和有效性，完成了对一种直接现实的价值把握。可以说，"审美文化"概念消解了"美""艺术"一类经典话语的神圣性，从现实文化的积极关注方面显现了世俗生活的人生意义。也因此，作为概念，"审美文化"不是抽象的，而是生活的、具体的。

第四，"审美文化"概念的当代性质，就在于它所强调的"批判/重建"及其与大众日常生活的积极"对话"，实际上针对了文化结构的价值一元性。强调异质多元，强调价值立场的"非意识形态化"和"非中心化"，成为大众日常生活活动的基本文化形式。由此，作为当代文化的特定实践形式，"审美文化"的生成与展开，在同一现实倾向相一致的过程中，以大众日常生活活动的"审美化"，描述了一元价值"神话"的结束和一种源于大众生活本身的价值多元性文化景观。关于这一点，我们从当代中国审美文化进程上可以看得很清楚：20世纪90年代以来，中国文化多元景观的形成及文化分层的现实，标志着一个多元文化时代的到来；我们不仅不复再现那种在结构上规整一律的社会文化趋势、意识形态的绝对"中心"话语，也不复再现那曾经汪洋恣肆的激进文化批判实践。于是，当代中国审美文化的多元分化、多元发展亦如文化的多元性一样，成了一种现实，一种唯一可以满足各层次文化利益和要求的直观现实。在这一时代，不仅必然出现艺术审美上的"雅""俗"分层，同时也必然造就整个社会审美文化实践全面质疑价值观念的一元性、拆解同一性的价值话语。正是由于对旧的"同一性"的拆解，使得曾经主宰人的历史/文化精神的一元性价值观念被"零碎化"，成为不可重合的价值碎片，而新文化、新艺术的价值建构，则有可能从大众日常生活的现实中重新获得希望。

五

综上所述，审美文化的当代性问题首先不是一个单纯的概念确定问题，而是如何理解审美文化研究的当代旨趣，并从中把握"审美文化"的概念特征。换句话说，"审美文化"概念并不具有逻辑上的先在性。这样，我们才能真正看到：

第一，在当代形态的审美文化研究中，"审美文化"概念总是积极保持了自身与当代社会的大众文化利益的直接联系，反映着大众日常生活活动及其价值存在方式的具体性。同时，在这种联系和反映中，"审美文化"又表达了对经典形式的美学话语的消解性，在一个新的文化维度上体现了当代文化的价值理想。

第二，"审美文化"概念从一个特定的价值层面，重新肯定了文化与大众的关系：大众不再被置于文化价值的传统体系之外，而是被理解为文化价值建构的主体；文化不再是控制大众欲望的各种理性模式，而直接就是大众日常生活的实践形式和价值描述过程。也因此，在"审美文化"中，作为价值主体而出现的，不再是某种抽象的、神话式的理想精神，而是活生生的、有欲望、有感觉、平凡而普通的大众，以及他们的活动。

第三，在实践层面上，"审美文化"的现实性功能，既表现为对大众日常生活活动及其价值存在方式的"审美化"，同时更具体地表现为对旧有文化制度体系的批判，以及对一个新的、大众的文化时代的建设性要求。它使得美学有可能通过自身理论话语的转型，从抽象的思辨走向具体的生活，从而积极地介入现实文化的丰富实践。

（原载《文艺研究》1998 年第 3 期）

批评的观念：当代审美文化理论的主导性意识

　　作为一项学科边界不确定（甚至取消了传统意义上的学科边界）的当代性的理论活动，当代审美文化理论要在人类生存活动和文化建构的现实景观中表明自身的合法性，首选的课题就是确立其与其他理论活动，特别是与经典美学所不同的主导性理论意识。因为毫无疑问，所谓"审美文化"，并非仅是一般意义上的个体经验的心灵/精神现象；它超出经典美学"审美的"判断的抽象范围，进入并展开在普遍的人类历史/文化进程之中，成为"审美的文化活动"或曰"文化中的审美实践"。而"当代审美文化"则更为具体、现实地表征了"当代性现象"中的历史/文化"隐喻"，表征了当代人在特定文化活动层面的生存现实。在这个意义上，当代审美文化理论便突破了我们一般经验中的学科边界，突破了已有的来自经验判断的美学规范，使得我们迄今未能够为其制定出一份明确的"学科说明书"。

　　然而，"边界的突破"或"边界的消失"，也许正将一种当代性理论建构的特殊可能性推进到我们的研究兴趣之中，它使当代审美文化理论有可能在我们已有的美学学科边界之外，独特地建构起自身特殊的范畴、原则和方法。

　　在我看来，作为当代性的理论活动，当代审美文化理论的全部特殊性，总是与其主导性理论意识相联系的。换句话说，当代审美文化理论之"突破边界"或"取消边界"，实际上改换了一般经典意义上的美学对问题的把握方式，提出了对理论建构的一种新的意识要求。

　　在经典美学范围内，对象之为"审美的"判断对象，其前提是具有经验把握或"对象化"地经验的可能性；对象之为"美"或"不美"，也必定是经验的结果。倘若从这样一种"美学的"理论意识出发来理解当代审美文化理论，那么，它便似乎只是美学的扩张，其最终同社会学美学、心理学美学、技术美学等一样，不过是美学的分支而非突破经典美学边界的新型理论活动和理论建构。而事实上，以这种经典形态的美学理论意识来寻求当代审美文化理论的建构，将很难完满地回答这样几个问题：（1）当代审美文化理论的对象，究竟是那个一般经验意义上的个体感性及感性活动的审美形式，还是在更加广泛、普遍的领域中所进行的由个体指向群体并最终引导个体全部文化/历史活动的现实实践形式？（2）人"活着"，因而升华出审美的需要和审美的活动。但是，"活着"的人不仅要求获得个体感性的审美满足，而且更深刻地追求自身在整体文化建构过程中的理想性价值的实现。这样，在人的感性的审美需要、审美活动与人的全面实践形式之间，究竟是怎样的关系？这种关系的当代形态又是什么？（3）在"美"或"不美"的边界变得如此可疑和动摇的今天，经验的"审美"判断何以能够继续保持其在现实中的合法性？如果说，"审美"的诗意之境是人的安身立命、终极关怀，它又如何可能照临人的当下现实的文化建构？可以认为，这些问题需要有一种新的理论及其理论意识来加以把握。

于是，全部问题便又回到了这一点上：我们如何确定当代审美文化理论自身的主导性意识？在此，作为一种探讨性的尝试，我以为，我们可以从"批评的观念"上来把握这种主导性理论意识。当代审美文化理论的主导性意识，就归结为这样一种"批评的观念"。

理由有三：

第一，如前面所指出的，作为已经进入并展开在一个具体而普遍的人类历史/文化进程中的"当代性现象"，当代审美文化乃是"审美的文化活动"或"文化中的审美实践"。这就表明，任何一种当代审美文化现象，都已不再是纯粹经验的感性事实。它总是具体地生成于当代人以特定价值理性为根本的全部现实活动中，具体展现着人在文化层面上的生存利益和生存方式，展现着人对自身历史的当代性要求。也就是说，当代审美文化现象及其生成过程，从一开始就隐喻了当代人的历史/文化精神。因此，有关当代审美文化的考察和研究，在突破既定学科，包括美学的有限性的同时，必须能够积极地介入当代历史/文化的实践进程，介入当代人的现实生存领域，从而实现当代审美文化理论之于各种"当代性现象"的有效揭示。而"批评的观念"则恰好从理论意识层面上为当代审美文化理论提供了这种"介入"的可能性：由于"批评的观念"是一种consciousness，一种指向理论本身精神内核的主导性意识规范，它不同于一般描述性的评论（critique），而主要是一种针对"当代性现象"本身的建设性批评（constructive criticism）。因此，它一方面将一种解构特性直接带入了当代审美文化理论的具体批评过程，通过暴露现象间的复杂关系和现象本身的内在隐喻，使当代审美文化理论的"批评"成为有着特殊、鲜明的具体针对性的现实理性。另一方面，"批评的观念"之解构特性又不是一种单纯破坏性力量，而是凸显了一种对当代文化价值、当代历史精神的重建意识，即在解构中重建、在批评中建设。因而，"批评的观念"之为一种意识，总是这样或那样地表明了某种对当代历史/文化进程、当代人生存现实的基本态度，提示着某种完善性建设的方向，其基本的出发点总是离不开各种"当代性现象"存在。也因此，在"批评的观念"主导下，当代审美文化理论之于当代历史/文化实践、当代人生存现实的"介入"，本质上便具有为当代社会、当代人提供文化策略的意义。而这一点，正是"介入"的实质所在。于是，强调"批评的观念"，以"批评的观念"作为当代审美文化理论的主导性意识，其实也就是强调了当代审美文化理论之解构与重建相一致的内在建设本性，强调了当代审美文化研究从"当代性现象"本身出发的策略性和设计性。

第二，"批评的观念"之为当代审美文化理论的主导性意识，其客观性决定于当代历史/文化实践、当代人生存现实本身的"审美化"：技术的高度发达，大众传播的日益泛化，以及人与其自身自然本性的急剧分化，一方面不断加剧了人对现实生活之当下的、易逝的感性要求；另一方面则不断制造了人的文化连续性的中断和历史深度的瓦解，从而使当代历史/文化实践、当代人的生存现实日趋突出了感性的、消费的特征，形成为"审美化"的存在。换言之，感性力量的不断扩张和强化，既将当代历史/文化进程中的价值意识、理性和创造实践平面化了，同时也将人自身的生存现实平面化了；感性的弥漫制造了"审美化"本身内在的失落性危机。当代审美文化理论还要通过揭示这种"危机"而反拨"危机"本身。因此，在我们寻求当代审美文化理论的主导性意识的时候，不仅要考虑到它对理论范畴、概念的逻辑规定，更要考虑到这种主导性理论意识内在的现实客观性。"批评的观念"之能成为当代审美文化理论的主导性意识，就在于它从根本上把有关当代审美文化的考察、研究，引入了一个具体而现实的客观过程：它并不把当代历史/文化实践、当代人生存现实的"审美化"当作纯粹经验的"美学事件"，而是以一种文化批评理性来把握"审美化"背后的种种精神/价值危机，关注这种"审美化"如何可能产生出感性力量的极端扩张。这样，当代审美文化理论对"当代性现象"中的"危机"的揭示和反拨，就与特定的文化批评理性联系在一起，形成并产生了独具魅力的现实批评力量；当代审美文化理论不仅成了一种特殊的文化批评理论，而且具有了与其他理论活动，特别是经典美学所不同的意识形态作用。

第三，当代审美文化理论之解构与重建相一致的内在建设本性，隐匿着一定的意识形态立场。从某种意义上说，当代审美文化理论总是守持着"意识形态化"的特定理论企图。而"批评的观念"在为当代审美文化理论提供主导性意识这一方面，正满足了这种"意识形态化"的企图。当然，这里所谓"意识形态化"，实质是指当代审美文化理论解构与重建当代历史／文化进程、当代人生存现实的种种策略性设计。首先，"批评的观念"强化了当代审美文化理论的批评理性，其指向不是维护各种现实存在的利益，而是为了更加有效而合法地规范现实的未来前景，使现实存在满足合法性的要求。所以，"批评的观念"在主导性意识方面，有助于实现当代审美文化理论的"意识形态化"追求。其次，"批评的观念"既与一定的现实意识形态相联系，却又并不体现现实意识形态本身，也不与其发生直接、正面的对抗。在当代审美文化理论中，"批评的观念"主要通过规范解构与重建的方向而潜移默化地制造"批评性力量"的合法性，而不是以单纯破坏性的方式来冲撞现实意识形态的既定秩序。这样，当代审美文化理论的"意识形态化"，也就是实现其在解构与重建的策略方面的合法性：通过对各式"当代性现象"的"审美"表层的剥离，当代审美文化理论在自身的批评行程中，逐步消解了现实意识形态的一元性强制话语权，以对建设性策略的设计而完成自身的"意识形态化"——在"批评的观念"中实现对现实意识形态与审美文化现象间关系的解构与重建。

"天下同归而殊途，一致而百虑。"（《周易》）"途"即为路向，就是视角。当代审美文化理论就是一种路向，亦即一种对当代历史／文化进程、当代人生存现实的特定视角的选择。依此而言，"批评的观念"之为当代审美文化理论的主导性意识，实际上便是这种特定选择的内在原始规定。当代审美文化研究正是从这个内在原始规定中，延伸出有关"审美的文化活动"或"文化中的审美实践"的批评性考察活动。

（原载《上海社会科学院学术季刊》1994 年第 4 期）

当代中国审美文化的批判性

迄今为止，在当代中国审美文化的研究中，某种程度上的"精英"情结正自觉或不自觉地渗透在我们的有关考察进程中。必须承认，如今有关当代中国审美文化的种种"批判"，在反省或克服当代审美文化现状层面的种种流弊、重新厘定当代审美文化理论的价值立场等方面，是十分重要的。可是，问题在于，对当代中国审美文化的理论审查，不仅要体现出批判的理性，而且要注意到这种批判理性之于文化重建的同构性质，要能够从当代中国审美文化现象本身中找到"重建"的根据。

这样，以批判的理性来审视当代中国审美文化现象表层背后的"批判性"特征，以文化重建的态度来综合当代中国审美文化自身的"批判性"价值，对于我们来说，就显得很有意义。

在我看来，当代中国审美文化本身的"批判性"，在总体上，可以概括为四个方面。

一、对主流文化的批判。这是 20 世纪 80 年代末以后中国审美文化最为显著的内涵之一。主流文化在意识形态上的绝对话语权，根源于国家意识形态本身；"中心"的地位，决定了主流文化对其他文化话语的排斥性和压制性。因此，在主流文化与其他社会文化主体之间，总是潜在着紧张的张力关系。这种张力关系，在 20 世纪 80 年代的中国，是由知识分子文化对主流文化及其国家意识形态的激进批判来表现的。而到了 90 年代，则体现为以文化保守主义姿态与国家意识形态的权力话语之间的对峙。正是在这种对峙中，当代中国审美文化极度张扬了一种沉稳平静的批判性策略：其一为"调侃"，即嘲弄、拆解主流文化的中心话语权，通过艺术/文化上的话语颠覆，将中心价值结构中的政治、道德规约与理想尽情地"玩笑"一番，使主流文化彻底变为"皇帝的新衣"。"王朔们"的小说和影视剧，崔健的摇滚乐，以及刘震云、池莉等人的"新写实小说"等，无疑是这方面的典型。正因为作为价值"立法者"的国家意识形态的权力话语在小说、影视和歌声中被"一点正经没有"地嘲弄、拆解着，所以，主流文化的地位便也开始在无奈地崩毁，以致其主宰性的力量变得模糊而十分可疑。其二是"疏离"，即冷漠地、无动于衷地面对主流文化的一元性话语权力，在"悬搁"中，在对"崇高"话语的摈弃中，将国家意识形态的话语权逐出日常生活与艺术活动，以达到对主流文化的消极批判。港台歌曲的流行，"新民谣"的兴起，其中所诉说的也许正是这一层意义。《我的1997》《同桌的你》《流浪歌手的情人》以对个体生活现实的实话实说的姿态，伤感而毫无造作地唱着平常人的平常事；它们绝对的世俗，但又绝对的认真、绝对的真实。

二、对统一性的批判。它的实质，是以"零碎化"来拆解艺术与日常生活中的一元性价值观，从而瓦解人们对艺术/日常生活的"统一性"的习惯心理和盲目乐观精神。

毫无疑问，在经历了20世纪80年代末的文化裂变之后，特别是置身于90年代中国政治、经济结构大转换之中，当代中国人的心灵/精神发生了根本性的扭变。面对无法召回的激情，面对急剧分化中的文化现实，人们开始对那种以"统一性"为前提和核心的艺术/文化价值准则和追求，产生了深刻的怀疑。在这种情况下，当代中国审美文化之于"统一性"的批判，不仅是可能的，而且具有了某种精神上的合法性：第一，对"统一性"的批判，使当代中国审美文化体现了多元文化时代的积极内涵。20世纪90年代以来，中国文化多元景观的形成，标志着一个多元文化时代的到来。在这一时代，不仅必然出现艺术审美上的"雅""俗"分层，同时也必然造就整个社会审美文化的总体上的多元性；多元文化时代的审美文化实践，其内在的根本，就是全面质疑价值观念的一元性，拆解统一的价值话语。第二，对"统一性"的批判，使80年代末以后的中国审美文化为新的艺术/文化价值建构提供了可能。正是由于对旧的统一性的拆解，使得曾经主宰人的历史/文化精神的一元性价值观念被碎片化，成为不可重合的价值碎片。而新文化、新艺术的价值建构，则有可能从对"碎片"的重新拼合、组装中诞生。

三、对"精英"理想的批判。20世纪80年代中后期，以知识分子"精英意识"为核心的文化/政治激进主义，曾经以直接对抗的姿态冲杀在中国文化的旋流中。然而，时过境迁，进入20世纪90年代，在80年代末文化裂变中产生的无法缝合的裂隙中，绝对的"精英意识"和实践已难以再续。在艺术和生活中代之而起的新的审美文化景观，则是以文化保守主义的"后卫"姿态出现的大众理想和大众文化实践。换言之，随着文化景观的变异，当代中国审美文化正以对"精英"理想的批判而重新定位自身。文化保守主义的背后，是对大众文化利益和价值实践的回归、肯定。于是，《编辑部的故事》《渴望》《过把瘾》等影视剧，《一地鸡毛》《冷也好热也好活着就好》等小说的出现，无疑为当代中国审美文化书写了批判性的历程。究其根本，则在于对"精英"理想的批判，以"大众"淡化"精英"，以"市民意识"抹平"精英意识"。由此，在向文化保守主义的急剧后退中，我们可以看到：首先，当代中国审美文化之于"精英"理想的批判，显示了一种文化意义上的策略转换，当80年代末的文化冲突宣告了知识分子"精英"文化策略的失败之后，文化/政治激进主义的消退和保守主义精神的上升，在新的文化语境中，构成了对整个20世纪80年代中国文化的深刻反省以及对90年代中国文化建构的新要求；其次，对"精英"理想的批判，表面上看，是大众话语对知识分子的文化/政治批判话语的一次置换，而在更深一层上，则反映了20世纪90年代中国文化精神的变异，即由政治的实践/价值转向日常生活实践/价值。对"精英"理想的批判，成为当代中国审美文化在价值选择上向大众利益的一种贴近。

四、对经典的批判。这一点，可以视为当代中国审美文化在"娱乐性"层面进行无边扩张的根据和结果。一方面，"统一性"之被拆解，产生出艺术/文化价值多元化的可能性，由此，艺术"经典"或经典文化的地位受到了冷落和质疑。另一方面，"精英"理想的破灭和大众文化实践的崛起，为艺术和生活的感性发展提供了前提，并进一步造成娱乐性享受的多元化和平面化。卡拉OK、家庭激光视盘、通俗读物、报纸"周末版"、休闲刊物……彻底取消了"经典"之于大众的精神权力，带来一个普遍的、享受性的"娱乐"景观。当然，这种表现在20世纪80年代以后中国审美文化中的"娱乐性"，最根本的还在于：第一，质疑艺术/文化的"历史性"。"历史性"曾经是我们引以为自豪的东西，是艺术/文化之所以为"经典"的最重要的价值根据。以"娱乐性"对抗"经典性"，则把作为价值判断的"历史性"根据当作了质疑对象，并进而取消判断。在当代中国审美文化中，"历史性"的动摇，既造成了"经典"的衰落，同时也再一次把艺术/文化的"当下性"价值提了出来，艺术/生活享受的"当下性"成为可能的和必要的结果。第二，宽容地对待感性文化的价值选择。这一点，可以被理解为当代中国审美文化以感性对抗理性、以日常体验对抗历史经验的一种方式。在理性，特别是激进的政治批判理性失去其有效的合法性之后，在历史经验大多成为对个体感性压抑的痛苦回忆之际，感性的高涨和日常体验的普遍性，在价值层面上助长了艺术/文化的感性选择。在审美文化实践普遍成为一种感性文化活动的过程中，理性逐渐失去其精神上的唯一性，人的普遍的感性动机和感性实践则开始为自己谋划前景。

总之，20 世纪 80 年代末以来，中国审美文化不仅有其颇可诘问的一面，同时，不可忽视的是，它的发生、发展，又有特定的现实语境，而当代中国审美文化的批判性，正是从这一特定语境中伸展开来的。可以看出，这种"批判性"，在内在的方面，几乎全部集中在艺术/文化的意识形态层面，即对历史、理性、价值活动和人的生存境遇等多方面进行质疑。它一方面反映出现实中国文化本身的深刻批判性，另一方面也体现了意识形态话语的某种微妙而深有意味的转换。

当然，当代中国审美文化的批判性，在意识形态层面上，主要展开的是一种价值消解或拆解的工作，它并没有能够真正生成一种具有建构性质和力量的艺术/文化话语。也因此，当代中国审美文化的批判性本身，同样是值得批判的。可以认为，对主流文化、统一性、精英理想、经典等的批判，造成了 20 世纪 80 年代末以后中国审美文化的独特景观。从这种景观中，我们完全可能获得重构中国审美文化乃至中国文化的材料。

（原载《天津社会科学》1995 年第 2 期）

当代审美文化理论中的
"现代性"话题

　　当代审美文化理论及其批评实践要坚守"现代性"的立场，在批判/重建过程中致力于当代中国文化的"现代性"建构。然而，"什么是现代性"及"现代性是否可能"的问题，却又是一个值得当代审美文化理论认真深思的话题。特别是，在一个"后现代"思潮迭起的多元复杂的文化时代，坚守"现代性"不仅要求有一份勇气，更需要在当代审美文化理论及其批评实践上廓清"现代性"的新的诠释前景。

一

　　"现代性"（modernity）的问题，从始至终都是与启蒙/理性/主体性等联系在一起的。可以这么说，所谓"现代性"的问题，其实正是启蒙/理性/主体性等所遭遇的自身意义与价值问题。而所有这些，至少在知识学层面上，是西方文化自启蒙时代以来便一直没有真正化解的：面对理性与感觉经验的对立，关于思维与存在如何同一或人类知识的来源及可靠性问题，一直困扰着人们对历史/文化过程及其价值判断的具体把握。当经验主义者们以经验归纳所建立的综合判断知识为"真知识"时，理性则以其抽象演绎的可能性对此提出质疑；而当理性主义把"真知识"当作按抽象思维原则所建立的分析的知识时，经验则以其具体的直观性不断否定了这种思维逻辑的客观性。只是到了康德那里，人类知识如何可能的问题终于演变为一场感觉经验和先天认识能力的综合运动：在认识活动中，人运用自己先天的认知能力去整理感觉经验，从而形成具有普遍有效性的科学知识，"一切现象，就其应当由对象给予我们而言，必须遵守一些把它们综合统一起来的先天规则，只有遵照这些规则，它们在经验直观中的关系才是可能的，也就是说，它们在经验中必须依靠统觉必然统一的那些条件，正如在单纯的直观中必须依靠空间和时间这两个形式条件一样；只有凭借这两项条件，一切知识才成为可能的"①。理性的地位最终被确定为替知识立法；理性与感性的关系在人类认识的可能性进程中就此被规定了。

这样，对于文化实践中的人类而言，人类知识及其实践能力的获得与进步，必定同人的主体理性能力相关，而主体理性在"现代性"的文化设计中，又被规定为"启蒙"的义务和责任。

必须承认，这是西方自近代以来启蒙思潮的文化主线，同时也是关于"现代性"话题的实质内容："现代性"的文化意图通过启蒙理性而实施着自己的价值要求，而"让理性当家是高度文明社会的一个典型特征"②。

那么，何谓"启蒙"？用康德在《答复这个问题："什么是启蒙运动?"》中的话来说，就是：

> 启蒙运动就是人类脱离自己所加之于自己的不成熟状态。不成熟状态就是不经别人的引导，就对运用自己的理智无能为力。当其原因不在于缺乏理智，而在于不经别人的引导就缺乏勇气与决心去加以运用时，那么这种不成熟状态就是自己所加之于自己的了。Sapere aude! 要有勇气运用你自己的理智！这就是启蒙运动的口号③。

显然，在这里，康德是把理性对理性自身（理智）的自觉自由，当作启蒙的中心本质；启蒙的前提就是人类先天存在的理性能力，而启蒙的过程则是理性被发掘及理性运用自身权力的活动。不仅人类知识——判断自然与社会的认识内容——必须依靠主体理性的自觉，而且人类一切实践性的历史/文化活动无不是运用主体理性的过程。于是，启蒙的主题，便成为理性重新确立自身的内在运动；启蒙产生了人类对理性权威的自觉认识和理性的权威实践。一切启蒙话语无非是理性话语。

由此，文化的"现代性"，也无非是一个由启蒙而导致的理性权威化运动；一切"现代性"的文化设计意图，亦即理性意图的自我展开。而且，归根结底，理性及理性

---

① 康德：《纯粹理性批判》A97–110，见《西方哲学原著选读》下卷，商务印书馆，1982，第298页。

② 克莱夫·贝尔：《文明》，张静清等译，商务印书馆，1990，第80页。

③ 康德：《历史理性批判文集》，何兆武译，商务印书馆，1990，第22页。

的可能性，由于总是与人的主体性的完成联系在一起，所以，启蒙—理性—主体性，就成为"现代性"的一条贯彻始终的文化纲领。"18 世纪为启蒙哲学家们所系统阐述过的现代性设计含有他们按内在的逻辑发展客观科学、普遍化道德与法律以及自律的艺术的努力。同时，这项设计亦有意将上述每一领域的认知潜力从其外在形式中释放出来。启蒙哲学家力图利用这种特殊化的文化积累来丰富日常生活——也就是说，来合理地组织安排日常的社会生活。"① 通过启蒙及启蒙自身，理性为"现代性"的文化设计安排了一种可能的社会秩序；以开发人的主体自觉理性能力为目的的启蒙话语，在"现代性"发展中充当着权威的身份。自此之后，在"现代性"的历程上，"各式各样的理性化早已存在于生活的各个部门和文化的各个领域了；要想从文化历史的观点来说明其差异的特征，就必须明了哪些部门被理性化了，以及是朝着哪个方向理性化的"②。

二

诚如丹尼尔·贝尔指出的：

> 西方意识里一直存在着理性与非理性、理智与意志、理智与本能间的冲突，这些都是人的驱动力。不论其具体特征是什么，理性判断一直被认为是思维的高级形式，而且这种理性至上的秩序统治了西方文化将近两千年。③

然而，以启蒙/理性为标志和内容的"现代性"文化设计，从一开始就暗含了一个很大的漏洞。这就是：理性权威的自我确立，并没有真正克服人类异化的疯狂过程——当人们打着"正义"和"信仰"的旗帜，进行着一场又一场以牺牲人的生命为残酷过程的"战争游戏"时，这难道能说是人的"成熟状态"？正是在人们指望用理性扫除粗鲁野蛮的狂热而保持一切事物的合理性之际，理性权威的"合法化"却出乎意料地导致人生产出来的物质财富开始反过来奴役人自身；知识成为一

---

① J. 哈贝马斯：《论现代性》，见王岳川、尚水编《后现代主义文化与美学》，北京大学出版社，1992，第 17 页。
② 马克斯·韦伯：《新教伦理与资本主义精神》，于晓、陈维纲译，三联书店，1987，第 15 页。
③ 丹尼尔·贝尔：《资本主义文化矛盾》，赵一凡等译，三联书店，1989，第 97 页。

种强制性的象征，而并没有像它希望的那样使人真正变成世界和自己的主人；理性承诺的"自由"不仅没有像它所承诺的那样真实地实现，反而却排斥了自由的本体。于是，现代以来，对理性的怀疑又始终是人们质疑"现代性"根据的一个基本出发点。"人们感到，启蒙主义作出的通过理性而创造人类走向自由的阶梯的理性承诺已经失效"，"理性注定了必须服从逻辑、服从共同的法则，这样才不失去工具性和明晰性、真实性。究极而言，理性并不对任何事情做判断，它也不能对任何幸福加以承诺，它与自由是格格不入的"①。这一批评也许过于严厉了，但它却也道出了几分实情。

于是，"现代性"及其文化设计遭遇了危机。从根本上讲，这一"危机"也就是理性的危机本身。而作为"现代性"旗帜的启蒙，则在理性话语的危机中暴露了自身的不足。这一"危机"日益表现了：理性话语无限的扩张运动，最终带来了理性权威力量的分裂性矛盾。这里，一方面，近代以来理性主义的绝对化，在人类近百年历史的灾难性面前产生了自身"合法性"的瓦解，"以前，现实与理性相对立并面对理想，这种情况是由想象的自主个人逐渐造成的：现实应按这种理想来塑造。今天，这样一些意识形态将被进步的思想所放弃和超越，这种情况因而不知不觉地促使把现实提高到理想状况的高度。因此，适应变成了一切可以想象的主观行为的标准。主观的、形式化的理性的胜利也是面对作为绝对、强大的主体的现实的胜利"。这种理性绝对性的主观化、形式化的后果，是"正义、平等、幸福、宽容，以及所有在前几个世纪就该是固有的成为理性所认可的概念，都已经失去其理性基础。虽然它们仍然是目的，但并没有得到认可的理性力量去评价它们，并把它们同客观现实联系起来"②。也因此，作为理性的自我自觉运动，"后来启蒙的目的都是使人们摆脱恐惧，成为主人。但是完全受到启蒙的世界却充满着巨大的不幸"③。

另一方面，也是更根本的方面，由启蒙所开启的主体理性，在陷入"人文理性"与"工具理性"的分裂与对立的同时，走向了对"工具理性"的全面投降，并使得近代以来关于"现代性"的启蒙话语的理性权威性异化为单纯的科技力量的片面胜利，并最终导致人的主体自主性的牺牲。对此，霍克海默和阿多尔诺在他们合著的《启蒙辩证法》一书中作了很敏锐的分析。在他们看来，启蒙精神在自身发展中分化

① 王岳川：《后现代主义文化研究》，北京大学出版社，1992，第151页。
② 霍克海默：《理性的黯然失色》，纽约，1974，第95~96、23页。
③ 霍克海默、阿多尔诺：《启蒙辩证法》，洪佩郁、蔺月峰译，重庆出版社，1990，第1页。

为"人文理性"和"工具理性"两类：前者以人类精神价值的创造和确立为目的，并力图改变人类被奴役的状态而进入理想之境；后者则使人陷入计算、规范并以度量厘定世界和驯服自然。在早期启蒙运动中，"人文理性"与"工具理性"是和谐统一的，表现为对自由、理性、平等和自然秩序的追求；但是，近代以来工业文明的高度发达却破坏了两者的和谐形式，导致了一种以科技为主导的"工具理性"的急剧扩张。这种"工具理性"绝对地压抑了"人文理性"，突出了标准化、工具化、操作化和整体化，以"精确性"为唯一标准垄断了社会生活和人的文化的各个方面，造成了冷冰冰的非人化的现实，"甚至当技术知识扩展了人的思想和活动的范围时，作为一个人的人的自主性，人的抵制日益发展的大规模支配的机构的能力，人的想象力，人的独立判断也显得缩小了。启蒙精神在技术工具方面的发展，伴随着一个失却人性的过程。""由于放弃了自主性，理性已经变成一种工具。"[①] 科技的巨大力量取代了启蒙话语的绝对真理之声，理性已堕落为人世间可检验的技术操作的文明规程，其存在仅仅是为了能够被操纵、加工和消耗。因此，在"现代性"的历程上，启蒙话语的理性法则使人脱离了蒙昧却又陷入了"工具理性"的制度化专制；启蒙话语成为一则理性的"神话"，科学却在"工具理性"的极度膨胀中为这一神话制造了新形式。所以，虽然启蒙话语的绝对性理性功能抬高了人统治自然的力量，但与此同时，也造成了人与自然、人与自身的异化，"人们以他们与行使权力的对象的异化，换来了自己权力的增大。启蒙精神与事物的关系，就像独裁者与人们的关系一样。独裁者只是在能操纵人们时才知道人们"[②]。最终，曾经以平等、自由、社会公正为开路大旗的理性启蒙，走向了自己的反面："工具理性"的统治权力及其无处不在的"话语暴政"，使人类以内在精神的沉沦去换取外在的物质丰厚，"理性本身，变成了包罗万象的经济结构的单纯的协助手段。理性成了用来制造一切其他工具的一般的工具，它为固定的目的服务，它像生产出对人毫无用处的产品的所有物质生产活动一样，厄运重重"[③]。理性基本上变异为"非理性"，而启蒙为"现代性"所进行的设计也遭到了毁灭性的拆解。

正是在"现代性"遭受危机的过程中，"后现代性"（postmodernity）及后现代文化（postmodern culture）思潮浮出海面，加速了启蒙/理性/主体性的消解。

---

① 霍克海默：《理性的黯然失色》，纽约，1974，第21、5～6页。
② 霍克海默、阿多尔诺：《启蒙辩证法》，洪佩郁、蔺月峰译，重庆出版社，1990，第7页。
③ 霍克海默、阿多尔诺：《启蒙辩证法》，洪佩郁、蔺月峰译，重庆出版社，1990，第26页。

问题是："现代性"在原有的启蒙话语形式上的种种"危机"，是否真的已经表明"现代性"的文化设计彻底过时或失效？在当代审美文化理论及其批评实践中，"现代性"理论前景又在哪里？

三

我们曾反复指出，当代审美文化理论及其批评实践，就是要在理论与实践相统一的层面重塑"现代性"的文化旗帜，追求当代历史/文化、当代人生存状况的批判/重建。这一设想在"现代性"遭遇危机的今天，是否只是再生了一种审美的"乌托邦"呢？看来，问题的症结还在于：对于"现代性"应该如何加以重新理解？

也许，哈贝马斯所强调的"现代性"是一项"尚未完成的计划"，"现代性"向未来敞开且远未终结，这一观点可以给我们很大的启发。在我看来，"现代性"及其在启蒙话语上所遭致的"危机"，根本上是一种"理性绝对性"的危机，而并不能反映人类理性本身的全面终结——理性的失效与理性主义的绝对权威意志的失败，这原本是两个不同的命题。事实上，"现代性"的文化设计在启蒙理性的自身范围内，其在具体实践中一再出现的偏差，主要表现为以下两点。第一，理性未能真正并始终按照科学、道德、艺术各自不同的范式去发展出自身的合理性。换句话说，对于"科学语言、道德理论、法理学以及艺术的生产与批评都依次被人们专门设立起来"这一文化"现代性"所应该遵循的自律规则，启蒙的理性并未予以坚定地守护，从而导致了理性作为世界主宰的绝对性权力话语的泛滥。而当我们的生活/世界、历史/文化越来越为科学主义的"工具理性"所控制时，"理性绝对性"的分裂便带来了传统启蒙话语的失效和"现代性"设计的困厄。第二，由于作为知识的唯一裁决者的理性无限制地扩张自己的边界，因而，当传统启蒙话语对生活幸福、公平、自由的许诺为现实生活/世界的残酷性和科技的暴政所摧毁之时，原来那种超验意义上的全知全能的理性（"上帝"）便彻底失落了；理性不再具有超越人类生活的唯一主宰的意义，不再可能成为绝对真理的唯一决定者，而其"可误性"和"不完全性"决定了启蒙的"神话"功能的丧失。必须承认，这正是"现代性"危机最致命的地方——当启蒙话语奉理性为唯一绝对的人类生活/世界、历史/文化主宰时，在"人文理性"与"工具理性"的灾难性分裂中，不可避免地会产生出理性权威化过程中人的主体性衰败和文化的变异，"它扩大了物质文化的范围，加速了获得生活必需品的过程，降低了安逸和豪华生活的代价，扩大了工业生产的领域——但在同时，它却又在维护着苦役和行使着破坏。个体由此付出的代价是，牺牲了他的时间、意识和愿望；而文明付出的代价则是，牺牲了它向大家许诺的自由、正义和和平"①。

于是，在我们的理解中，"现代性"在当代审美文化理论及其批评实践中的前景，便只能是以下两点。

第一，从人的日常生活的审美层面、艺术和艺术活动的文化可能性出发，当代审美文化理论在行使文化批评的过程中对"现代性"的理解，依然标志着启蒙的要求。然而，对于当代审美文化理论及其批评实践来讲，由艺术和艺术活动、人的日常生活的审美层面所践行的启蒙要求，是在当代文化的现实可能性中，尤其是在大众时代的具体语境中，不断把对当下历史/文化的批判性反思确立为"现代性"展开的内容。换句话说，"现代性"之于当代审美文化，主要是一种态度、一种特质，而不是一个理性的绝对性概念，也不是一种单纯的时间/空间范畴。

在当代审美文化理论及其批评实践中，启蒙之为"现代性"文化设计的展开，突出了"反叛传统的标准化机能"的功能：对于艺术而言，这种启蒙的过程是对现行秩序和被"合法化"的文化制度的批判性审查，以便由此向人们展示突破现实有限性的文化前瞻姿态；对于日常生活的审美实践而言，启蒙则要在批判中重新找回人的失落的自主性、人性的完整性，在反抗科技主导的"工具理性"的同时，恢复人的自主选择性及其实践，恢复理性生活与感性可能性之间的统一。所以，在当代审美文化理论层面，启蒙意味着一种批判性实践能力的增长，"文化批评"成为当代审美文化理论捍卫自身启蒙力量的主题形式。

第二，在当代审美文化理论及其批评实践中来理解"现代性"问题，不是把绝对理性奉为至上的权威和主宰，不是把启蒙当作现代神话来加以扶持。当代审美文化理论所确立的文化批评姿态，恰恰是要在反抗以往时代理性的唯一绝对性过程中，重建新型的理性与感性统一模式——在这一过程中，启蒙的任务是引领价值领域重新回到人文世界之中，使启蒙成为人文世界中的价值重建活动，而不是为人们制造新的精神霸权。这就意味着，在当代审美文化理论中，"现代性"的文化设计，一方面要对抗"理性绝对性"话语的粗暴强制及其异化，把理性从天上拉回到地上，重新赋予

---

① H. 马尔库塞:《爱欲与文明》，黄勇、薛民译，上海译文出版社，1987，第71页。

它人的主体特性；另一方面，"理性绝对性"的被剥夺，并不代表理性的无能，而只是表明在文化批评过程中，当代审美文化理论力图在人的日常生活的审美层面、艺术实践的当代形式中重新恢复理性的合理位置——理性在文化实践中并不具备任何先见之明和先天权力，它只是在人的批判能力的不断增长中，保持自身的有效性——促进其与当代人感性运动的平衡。也就是说，当代审美文化理论之于"现代性"的文化设计，是追求当代文化的重建过程——人与自身现实、现实与理智、理论能力与实践能力、理性规则与感性功能之间关系的重建。特别是，在当代中国文化现实中，面对人的主体性依旧是一个严重的现实价值问题这一境况，强调文化重建的具体针对性，确立人在日常生活、艺术和艺术活动中的主体自主性地位，乃是当代审美文化理论之于"现代性"的首要理解。当然，在这一过程中，必要的理性的增长与人的感性地位的肯定，需要有一种机制来加以制约。这个机制，在我看来，就是现实与理智、理性与感性、人与自身现实之间的交流/对话。而当代审美文化理论在批判/重建立场上来理解"现代性"的文化设计，便需要从当代人的日常生活的审美层面及艺术形式的广泛可能性中，再现这一交流/对话的具体过程。

总之，在当代审美文化理论及其批评实践中，"现代性"的展开依然是一个重要的问题，因而，启蒙依然是一个不断"敞开"的过程。只是在这一过程中，理性已不复具有其过去的那种绝对性和唯一性，而成为当代文化在"现代性"进程上交流/对话的一极。这里，我们有必要重新理解康德所说的"启蒙运动就是人类脱离自己所加之于自己的不成熟状态"这句话：当代审美文化理论及其批评实践的现实追求，至少是在现实文化活动的日常生活层面和艺术层面，以对"现代性"及其内部关系的新的确认方式，通过批判/重建的文化实践，来逐步实现人与人的文化的真实审美原则。

（原载《北京社会科学》1997 年第 2 期）

幸福与"幸福的感官化"

——当代审美文化理论视野中的幸福问题

把幸福和"幸福地享受生活"当作人类整体文化实践的理想，是人类理性为自己设定的价值课题：人类理性顽强坚守着幸福观念的超越性价值判断，这样或那样地提供了人对幸福和"幸福生活"的必要理解。这种对"幸福"的设定，一方面把超越性目标和某种理想观念内化为幸福本身以及"幸福地享受生活"的价值内容；另一方面，正因为幸福是一种理性要求并由理性完满性所决定，因而在理性引导下，人类的幸福理想及其价值规定便与美学任务联系到一起——幸福和"幸福地享受生活"包含"快适"、欢乐和官能的愉悦（尽管这种快感并非纯粹"美感"），它在同人类理性完满性的协调过程中为幸福观念制定了一个审美目的，最终使"幸福地享受生活"在理性规定中走向最高人性境界。"人借助美的相助，才能使自己置身于幸福之中。"① 这样，关于"幸福"的话题就绝不仅止于伦理学范围。在人类审美文化活动中，对幸福的理解往往决定了人的现实生存原则、生存实践的具体性，它通常可以表明人在自身行为方面对文化方向的把握和对文化价值的美学阐释。

一　关于幸福的观念

幸福及其可能性问题涉及：一是作为一种价值设定，幸福内含了人类理性的有效权力；二是在"幸福的可能性"上，理性话语遭受来自人类本能的、感性的生动挑战，"幸福"的价值判断无法回避"快乐"问题；三是在人类审美文化活动领域，

---

① H. 马尔库塞：《审美之维》，李小兵译，三联书店，1989，第 27 页。

"幸福地享受生活"再现了一种"自由的精神"。这里，我们主要从当代审美文化理论命题出发来判定上述方面同幸福及其可能性之间的诠释性关系。

（一）理性的有效权力

在传统哲学范围内，"幸福"作为一个问题的提出，同人对价值的理解和理解方式相关。而哲学的基本任务，就是理性地解释生活的意义和价值，确定现实世界、超验世界和内在意义世界之间的关系。这样，我们就不难发现，为什么人们一直试图从理性出发并由理性尺度来对幸福进行价值衡量。理性成了一把高高悬起在人类幸福之上的巨大尺子，而幸福的全部价值实现反过来则构成了理性权力的证明。于是，在幸福之上，便引出了人类理性的有效权力问题。

显然，这个问题存在两个方面：一方面，幸福必须由理性权力加以有效制约。换句话说，人类幸福与否的问题，将理性权力话语直接引入人类生活/世界的历史进程，从而再一次表达了人类理性之于价值规范的合法性。所谓"理性权力话语"同人的生存普遍性联系在一起，即："自由"与"理性"的有效统一以及人类潜能的实现，把人和人的生活从具体现实推向普遍性领域。在这个领域中，人的最高目标是达到真正幸福并"幸福地享受生活"。然而，人的生存普遍性与作为独立实体的个人生活之间并非天然和谐。事实上，由于"普遍性"与个人生活之间经常的冲突和矛盾，才造成幸福作为一种理想状态常常与现实实践的困窘联系起来。这样，作为人的生存普遍性之实现，幸福把自身价值前景交付给理性，人类对幸福的渴望成为某种理性话语的叙述形式。在肯定的意义上，理性话语之于人类幸福的有效权力同人的生存普遍性追求产生内在一致性，人类正是在这样的理性中一次次把幸福和"幸福地享受生活"当作自我生命的永恒"太阳"。而在否定的意义上，理性话语通过拒绝一切与普遍性生存原则相对立的因素，把人的超越性冲动转化为幸福生活的前景，使"一切喜悦和幸福都来自超越自然的能力，而且在这种超越中，对自然的支配服从于生存的自由和安定"①。

另一方面，关于幸福的一切理性话语又不能不考虑一个事实，即：人作为个体生存的本能要求和欲望，常常将幸福、"幸福地享受生活"与人的感性动机联系在一起，并由此限制理性话语的权力实践。迄今为止，人类在幸福问题上的很多困惑，无

---

① H. 马尔库塞：《单向度的人》，张峰译，重庆出版社，1988，第200页。

疑都来自这种感性的冲动性要求及其对理性话语权力的抵制——它构成了理性话语权力的"合法性危机"。这也就意味着，我们必须在这样两点上讨论：

第一，把人作为生存之物的本能因素、感性利益置于一种创造性文化实践过程加以理解，我们才可能坚守"幸福"的理性话语有效性。人的生存实践的本能动机、感性利益不是没有自身根据的；相反，在真正幸福中，感性的客观性、生存本能的具体性因其对于人类实际生活的效用，使人们不断产生出对"幸福地享受生活"的憧憬。只是这种生存本能、感性要求不应仅仅是某种继发性"满足"的获得，而必须成为文化价值的原创性动力，在其自身创造性展开中，通过人的全部潜能的实现而使"幸福"成为具体的实践过程，进而使幸福作为价值/理想"与我们的自我实现——既作为个体又作为类——密切相关"，使幸福的价值成为"每个人所特有的人格的一个组成部分，也是我们整个文化的一个组成部分"①。如此，人类理性话语之于幸福的有效权力，既在肯定幸福价值/理想的超越性方面完善了生存本能、感性动机的具体性质，同时也在确定人的生存本能、感性动机的客观具体性方面丰富了幸福价值/理想的创造性展开。

第二，在人类追求幸福的实践中，理性话语蕴含着个体主体性的自觉过程，它对人类幸福的本体规定并非是一成不变的定则。一方面，幸福虽是一种生存价值的普遍性状态，但却通过个体主体性的完整实现而实现；另一方面，在生存实践的具体过程中，个体主体性的完整性表达了人类理性和感性的共同权力，所以感性动机、生存本能非但不是幸福的"弃儿"，反而是人类幸福在历史中展开的根据之一。在这种情况下，理性话语权力必然是一种历史性活动。其重要特征之一，就是在幸福价值/理想的规定性中，人类理性话语必须顾及个体存在的具体性和客观性。于是，在幸福及"幸福地享受生活"中，理性话语只有在历史地包含人类生存本能和感性动机的前提下，才可能是真正有效的。这也就表明，理性并不是凌驾于人类幸福之上的"上帝之手"，只有完整的人的创造性文化活动才构成人类幸福的全部价值。

（二）主观体验的"快乐"与"幸福的虚假化"

既然人类理性话语之于幸福的有效权力不可避免地联系着人的生存本能、感性

---

① 菲力浦·劳顿、玛丽－路易斯·毕肖普：《生存的哲学》，胡建华等译，湖南人民出版社，1988，第127页。

动机，那么，在有关"幸福"的一系列价值判断中，就有可能为作为主观体验价值的"快乐"留有一席之地。然而，问题是：作为人的主观体验价值的"快乐"，只有当它成为一种与人类本质的全面丰富展开相表里的过程，才会体现幸福的价值/理想；否则，纯粹沉浸于感觉的主观性中的"快乐"满足，只能为一种"虚假的幸福"开辟幻觉道路并逐渐远离幸福的本体维度。

必须承认，放弃人的一切主观体验的幸福观念是令人可疑的。实际上，人们从未怀疑过，幸福和"幸福地享受生活"便意味着一种"快乐"的诞生，而这种"快乐"又总是这样或那样地同人的主观体验的愉快感受相联系。"无论由感官提供的乐趣或由感官和感情联合提供的乐趣以及由感官和思想联合提供的乐趣，其本身并非坏事。价值观念会告诉我们，就一般情况论，乐趣总是好的"①。在其中，人的主观体验并不一定同人类本质相矛盾。相反，如果这种主观体验真正内在于人的心灵生活，则它必定在某种程度上依赖于人的本质的丰富实现过程——人的创造性实践。正是在创造性实践中，人一方面发展并不断满足着人的本质要求，另一方面又不断产生并完善着人对自身本质实现的"快乐"体验。尽管这种体验过程带有强烈而鲜明的主观意图和利益，但它无疑又是激励人们连续不断地从事创造性实践的客观因素。在这样的创造性实践及其"快乐"体验中，人才渐渐把"自由"理想与"幸福地享受生活"联系起来，把人对幸福的理性要求同一种"自由"的前景相联系。由此，作为主观体验价值的"快乐"，在主观性中显出了客观性——幸福及"幸福地享受生活"与创造性实践中产生的"自由"相一致。也许，这种"快乐"的主观体验仍然产生于个体实践及其与群体生活的相互关系之中，但又有谁能否认，人类幸福的普遍性正是同这种作为主观体验价值的特殊"快乐"相始终、相伴随呢？倘若人的幸福憧憬没有这种"快乐"的主观体验及其过程来加以充实，人类关于幸福的一切理性话语又何以能够维护自身有效性呢？

如果问题仅仅是这样单纯的话，人类理性和感性的历史冲突就可能在幸福和"幸福地享受生活"中消弭了。而我们在实际生活过程中更多看到的，恐怕主要还是人类生存本能、感性动机对严肃理性权威的抗拒，即人们在现实生存实践中往往很难抵御个体层面的感性诱惑。由于感性动机的直接性、现实满足的外在迫切性较之幸福的理性更容易慰藉人的具体欲望，使得作为主观体验价值的"快乐"往往游离人的

① 克莱夫·贝尔：《文明》，张静清等译，商务印书馆，1990，第89页。

创造性价值立场，使幸福和"幸福地享受生活"演变为一场感觉游戏，进而导致"幸福的虚假化"——这一现象在当代生活中已经再明显不过了，并且在某种意义上甚至导致了幸福对幸福本身的背反。它揭示了这样一个事实：首先，人对于幸福及"幸福地享受生活"的主观感受性，在冷淡了幸福观念的创造性价值内涵的同时，绝对化为一种情绪性东西留存下来，而不再是建立在人类理性之上的创造性过程的表达；幻想的原则在其中代替了创造性的过程，感觉的具体性取代了理性的全面性要求。"幸福的主观感受只是一种有关情感的思想幻觉，而与真正的幸福则全然无关。"①"快乐"的主观体验由此丧失了创造性行动的能力，幸福和"幸福地享受生活"成了思想上的习惯——人们主要依据主观感受的满足程度来推断幸福与否，而不是依据一种创造性价值标准来衡量所获得的"快乐"。一切单纯感觉性质的"享乐主义"，都与这种"幸福的虚假化"相关。

其次，"幸福的虚假化"往往根源于同时也强化了人在感性层面对"物质自由"的冲动。现实中，人们常常更愿意把幸福和"幸福地享受生活"视为物质的自由生活占有过程，通过广泛占有物质资料来享受自由生活"快乐"。这里，作为文化创造性价值实现的幸福被简化为具体的物质生活条件，成为物质占有的可能性及其占有手段的官能享受的同义词；"幸福地享受生活"成了人在主观上对物质占有程度的自我夸耀（在《废都》里，我们听到了唐宛儿对庄之蝶夫人发出的羡慕之声，"哪里尝过给粗俗男人做妻子的苦处"；在《曼哈顿的中国女人》中，我们发现了周励对"幸福"的诠释，"创立了自己的公司，经营上千万美元的进出口贸易。我在曼哈顿中央公园边上有自己的寓所，并可以无忧无虑地去欧洲度假"）。在主观感受性占绝对支配地位的"快乐"中，幸福虽然还是一种"价值"，却已不再体现文化的创造性要求。而实际上，离开了人的创造性实践，离开了"解放的人类"——在理性和感性上都获得自身完满性并相辅相成——的全面价值实践，幸福及"幸福地享受生活"只能是存在于物质光影下的自由"影像"；在感性满足的欢悦之后，人们将重新陷入不幸的痛苦等待。这正是弗洛姆之所以区分"重占有的生存方式"和"重生存的生存方式"的原因。"在重占有的生存方式中，在我与我所拥有的东西之间没有活的关系。我所有的和我都变成了物，我之所以拥有这些东西，因为我有这种可能性将其据为己有。可是，反过来说关系也是这样，物也占有我，因为我的自我感觉和心理健康

---

① E. 弗洛姆：《为自己的人》，孙依依译，三联书店，1988，第171页。

状态取决于对物的占有，而且是尽可能多地占有。在这种生存方式中，主体与对象之间的关系不是一种活的、创造性的过程。"① 幸福在满足物质"自由"享受的主观"快乐"中，成了肆无忌惮的感性冲动的牺牲品；"幸福地享受生活"变为"望梅止渴"的片刻安慰性体验。

看来，我们还是必须相信：人"既然是人，只满足本能需要并不能使他完全快乐；这些满足甚至不足以使他健全"②。

（三）自由精神

人类对自身幸福的客观追求，决定了一切关于"幸福"的理性话语必须真正顾及感性价值的利益；人的生存本能、感性动机之于"快乐"的主观性体验，也只有作为一种创造（"生产性"）力量才可能真正进入人类"幸福地享受生活"的过程。因此，对于人来说，幸福作为一种文化价值/理想所产生的，是植根现实而又超越现实状况的人的心灵慰藉，是人的现世生活希望及其在未来之中展开的过程。在幸福与"幸福地享受生活"中，人的现实的不满足、不自由的消退与自由、满足的生存诱惑的增长，随着人对自身不断深入的认识而不断进行。在文化价值维度上，真正幸福总是意味着人的理性能力的深刻化和感性动机的升华，"幸福地享受生活"则意味着自由生活的可能性以及人对自由生活的内在喜悦。这种文化价值的理想性，即便不能在现实生活中得到完全认可，也必定以它的美学价值而产生出文化创造上的阐释力。

实际上，就人类的个体实践活动而言，文化创造的根本价值目标，是争取实现个体实践的特殊利益和人类历史/文化的普遍性之间的融洽和睦，以个体生存自由的广泛化来最终完成人类普遍的幸福追求。因此，对于个体实践来说，其理性原则和感性利益都应当服从于这一价值维度。

问题是，个体实践在现实中所遭遇的实际状况，表明"自由"作为一种内在于幸福的人性权利，总是受到各种外在客观性的抑制，因而"幸福地享受生活"必定会产生异化——异化为一种"非人格的自由状态"。在这种状态中，人的感性利益与理性原则的冲突，使得"幸福地享受生活"失去其真实性：或者成为理性的牺牲品，或者为感性利益的力量驱使。所以，人类文化实践一个非常严肃的价值任务，就是沟

---

① E. 弗洛姆：《占有还是生存》，关山译，三联书店，1989，第83页。
② E. 弗洛姆：《健全的社会》，孙恺详译，贵州人民出版社，1994，第20页。

通理性与感性的利益，使它们保持在一个各自适当的位置上。这也就是席勒所要求的："一方面使人的感受功能与世界有最多方面的接触，从而在情感方面使受动性得到充分发挥；另一方面使确定功能保持对感受能力的最大独立性，并在理性方面使能动性得到充分发展。只要这两种特性结合起来，人就会兼有最丰满的存在和最高度的独立与自由，他自己就不会失去世界，而是以其现象的全部无限性将世界纳入到自身之中，并使之服从于他的理性的统一体。"①

这个任务的实施和全面实现不能借助别的，而只有通过文化活动的审美创造性质才能完成，即只有通过审美文化的创造性建构才是可能的。人类审美文化作为一个动态的价值创造过程，是以"人的整个感受方式必须经过一次全面革命"为前提的，而"全面革命"的可能性又建立在物质和精神达到最高的成熟性之上——"需求的强制"被人"充实自己的强制"所取代，人的生存活动进入一个"自由运动本身同时是目的也是手段"的过程中。② 因此，在人类文化实践的审美方面，通过人的感受方式——与理性并非对立的创造性知觉行为——的"全面革命"，"利用各种手段使人恢复他的完整性"，"人就可以恢复自由"。这样，在审美文化所提供的价值体系中，"人恢复由本性即由自己本身所完成的东西——人所应有的存在自由"③，便有了真实可能性，而人的生存幸福则成为一种"从某种精神自由，即按照美的规律完成他的自然使命"④ 的状态。

显然，在人类文化活动的审美创造方面，幸福和"幸福地享受生活"最终凭着"自由精神"的召唤，对人产生意义：幸福之永恒的超越性、"幸福地享受生活"对于现世一切不幸的否定，决定了"自由"作为一种理想生存状态在现实的每一个环节上都是不完整的、片断的；而在文化的审美方面，日常生活和艺术活动的美学方式正在于尽可能唤起人的"自由"感受，使人以审美的方式来体验幸福。文化活动的审美创造性质以主体体验的形式，将幸福从而也将"自由"提升到主体精神层面，使幸福和"幸福地享受生活"以"自由精神"的魅力来召唤人心。

这种以"自由精神"来实现幸福的审美文化，在艺术活动层面得到最充分的展示。在现实生活中，幸福只能是一种价值理想化的渴望形式，而艺术活动的特性正在

---

① 席勒：《美育书简》，徐恒醇译，中国文联出版公司，1984，第80页。
② 席勒：《美育书简》，徐恒醇译，中国文联出版公司，1984，第139、141页。
③ 席勒：《美育书简》，徐恒醇译，中国文联出版公司，1984，第106页。
④ 席勒：《美育书简》，徐恒醇译，中国文联出版公司，1984，第110、119页。

于以艺术幻象的构造来表达人的渴望，以艺术的审美经验方式再现人的价值/理想。因而，对于现实中的人来说，艺术和艺术活动正是以作为幻象的艺术美的特性为基础，解决了幸福向现实层面的转化，体现了"自由"的精神追求。换句话说，以艺术活动为内容，人类文化的审美创造过程一方面以反抗现实的理想化形式表达人对于幸福的追求，另一方面又在审美的幻象中提供了人"幸福地享受生活"的前景，即对"自由精神"的认同与肯定。正是在艺术和艺术活动中，"自由"从现实存在的约束中摆脱出来：现实存在的严厉性失去了客观性，现实存在的必然性变得无足轻重，这个时候，人在艺术中便享有了"自由"。于是，"人借助美的相助，才使自己置身于幸福之中。但是，即使美，也只有在艺术的理想中才为善良的心灵所肯定。因为美包含着危及给定生存形式的充满危险的破坏力"①。

现在，我们可以得出结论：关于人类幸福和"幸福的可能性"的理性话语，其有效性必定涉及人的感性生命"快乐"；幸福与快乐具有某种直接的感性联系，而人类文化的审美创造则在幻象形式中再现了幸福与人的自由。

二　"欢乐的感官"：幸福生活的当代倾向

人类历史/文化进程走入当代时空序列，康德所强调的那种"只有人不顾到享受而行动着，在完全的自由里不管大自然会消极地给予他什么，这才赋予他作为一个人格的生存的存在以一绝对的价值"②的幸福观念，仿佛一夜间破碎了。现实的艰难与痛苦，使人在一种文化片断上把生存实践的现实价值转向了物质财富的诱惑方向，以牺牲普遍性的方式取得了对个人利益的当下占有。

人类关于幸福的理性话语变得孤立无助。原本包含在幸福理性中的人的生存本能、感性动机的迅速膨胀，终使幸福的理性话语淹没在一片感官的欢歌笑语之中。"幸福地享受生活"及其与"快乐"的内在联系的创造性基础，被直截了当的感官"快乐"的消费性满足所消解。幸福成为对人的"现在"生活的感性承诺：在当下意义上，幸福和"幸福地享受生活"欢天喜地地满足了"欢乐的感官"的消费需要。

---

① H. 马尔库塞：《审美之维》，李小兵译，三联书店，1989，第27页。
② 康德：《判断力批判》上卷，宗白华译，商务印书馆，1964，第45页。

于是，作为一种文化价值/理想，幸福失去了它的内在性。幸福的大面积"感官化"，使人们仿佛可以在不表达责任/义务的愉悦中嬉戏地生活。

（一）"物性"关系的影像效果

幸福的"感官化"，显然喻示了一种当代生活中的文化消解指向。它意味着：占有和享受/消费的"物性"关系决定了人在当代生活中的生存内容。

如果我们能够肯定，"生活必需品的占有和获得是一个自由的社会的前提，而不是它的内容"①，那么，当代生活在向人们展现感性诱惑方面，恰恰颠倒了这一前提——物质的占有被直接当作"幸福"的内容、"自由"生活本身。在这样的文化现实中，人们不是从生存本体上重视幸福，而是从生存的具体有限的现实利益来关心物质占有的可能性，并且通过享受/消费物质的过程乃至通过幻想性地享受/消费物质的可能性生活来慰藉"幸福"的欲望。幸福成为生活的具体手段，被用来标志人对物的占有程度及其享受/消费前景；"自由"成为当下生活在"物性"关系上的满足和欢娱。必须承认，在这种"物性"关系下，"幸福生活"在感官满足中成了人所获得的某种直观"形象"（"影像"），"自由"成为感性动机在文化层面上的自我认定。正是这种直观"形象"（"影像"）的现实发展——日益发达的现代技术和不断丰裕的物质积聚，使得幸福在理性日渐衰落的同时，日复一日地成为"欢乐的感官"的对象和享受/消费的满足。这样，"幸福""自由"等，不再依照它的本体规定来引领人的生存实践，而成为一种被纯粹感性享受/消费的东西；幸福的价值不仅不再由理性话语规定，相反，它服从并体现着经济学的原则。这就如同"休闲"是一种"自由"，但却是一种变异为物质大面积控制下的满足形式，当代生活及其价值构造之于幸福的要求，"就像把获取利润的机会和危险与开销放在一起去掂量一样。因此，这种幸福便轻而易举地被整合到这个社会的经济原则中"②。也因此，当下生活"幸福"成了一种感性"包装"，它掩饰了当代人在自身生存实践中无法克服的精神矛盾，却又同时赤裸裸地袒呈着感官的骄傲与激动。在感性要求大面积降临之际，人的当下"幸福生活""只剩下一个愿望，好好过日子"③。

占有和享受/消费的"物性"关系已然改变了当代人对幸福的理解和观念。幸福

---

① H. 马尔库塞：《审美之维》，李小兵译，三联书店，1989，第63页。
② H. 马尔库塞：《审美之维》，李小兵译，三联书店，1989，第42页。
③ 池莉：《烦恼人生·小传》，作家出版社，1989。

在当代文化活动的审美形式上满足了人的当下动机和欲望，甚至，人们在这种"自由"的"幸福生活"中已开始迫不及待地狂欢宴饮。但是，所有这一切，都无法从根本上改变"欢乐的感官"所面临的分裂性矛盾。这也就是马尔库塞所说的："一个人在'外在的商品'范围内是幸福的，而这个领域却并非个人可以自由把握的，相反，这个领域服从社会生活秩序的难以理解的偶然性。"① 质言之，"幸福的感官化"尽管通过占有和享受/消费的"物性"关系而具有了一种现实性，但由于这种"物性"关系在当代生活中并不具有真正创造性的基础，因而在物质对感官的满足中，占有和享受/消费物质的冲动就导致了人与全部创造性生活的分离；在"幸福的感官化"过程中，"欢乐的感官"稳定了当代人在当下生活中"幸福地享受生活"的主观性和特殊性，却无法真实地面对偶然性的命运摆布——人对物质财富的不断增长的占有欲望，本能地颠覆了现存的"幸福"，而丧失了创造性本体的"自由""幸福生活"，因其对人的感性抚慰的短暂性而将不断被新的主观性和特殊性所替换。

也许，"幸福的感官化"是当代文化的一个现实。至少，在当代文化的审美实践中，人的日常生活以及人的艺术行为都已经开始明显地再现并滋长着这种"幸福的感官化"过程。但是，大约也就在人们把"欢乐的感官"当作幸福本身来确定之时，"什么是幸福"的问题至少在美学上是令人费解的：当人们不得不以日益豪华的家居装修来刻写"幸福生活"的"诗篇"，不得不依靠"欢乐点歌台"或在 KTV 包厢中来表达自己对幸福的祝愿，"幸福"便成了生活现实的"外观"和"包装"，成了"T"型舞台上搔首弄姿的漂亮"模特儿"。此时此刻，"幸福的幻想变成诅咒，因为人自己没有找到解除恐惧的办法，他幻想着以增加满足来消除他的贪婪，并恢复内心的平衡。但是，贪婪是个无底洞，以满足来解除贪婪的想法，只是一种幻想"②。

（二）"时间性消逝"

幸福的"感官化"在引进占有和享受/消费的"物性"关系的同时，也使得"时间性消逝"成为当代生活"幸福"的世俗存在特征。这一点的实质就在于：原本在历史中展开并实现自身根据的幸福价值/理想，在"幸福的感官化"中失去了历史的记忆功能；人的历史/文化的时间性展开过程被压缩为感官功能的瞬间放纵和娱乐，

---

① H. 马尔库塞：《现代文明与人的困境》，李小兵等译，上海三联书店，1989，第317页。
② E. 弗洛姆：《为自己的人》，孙依依译，三联书店，1988，第173～174页。

人在其中占有/消费的"幸福""自由"成了极度平面化的装饰性活动。这里，问题的关键在于以下两点。

第一，"幸福的感官化"在失去其历史记忆的同时，也带来了人在整体文化实践包括审美文化活动中历史感的消解和当下利益的凸现。人作为生命体存在，包含了一个时间性的概念，因而人的文化实践及其审美形式也必定是一个"持续的事件之流"，它以价值表述方式再现了人与文化的历史本质。但是，现在，"欢乐的感官"关注的是当前即刻能够产生的满足，关注的是人的现有生活在当下行动中对"物"的占有，以便从中享受/消费人自身的当前利益。人们不再关心幸福的价值实现过程，即不再关心'幸福地享受生活"所内化的精神挣扎与超越具体生存的方面，而集中通过占有和享受/消费的物化过程来实现感性的全部动机。由此，在根本上，当代人生存活动的本质被抽空了，人的当下生活不仅不再体现创造性价值建构的过程，相反，它转而把物质现实当作绝对目标并从中获取生活的刺激——包括"美（艺术）/审美"的前提也同样被如此具体地规定为当下实现的可能性。文化活动的审美形式成了人为自己寻找到的感性娱乐的场所，"通过这种感受性和对对象（人和物）的公开放纵，感性可以成为幸福的一个源泉。因为在公开的放纵中，在完全的直接性中，个人的孤立感被克服了。对象是在没有通过社会生活过程对它们的基本调节的情况下，因而，在没有它们的不幸方面成为快乐的组成部分的情况下呈现在他面前的"①。这样，当代文化实践及其审美形式在无限扩张自身对于人的生活现实的感性表达功能之际，其实也表现了当代生活中的深度丧失、"审美"的单一感性维度。对此，长达一百多集、曾经在国内十多家中央和省级电视台播映的电视剧《我爱我家》《欢乐家庭》，以及近年来走红大陆的诸多"韩剧"（《看了又看》《我的野蛮女友》等）就提供了一些很好的例子：在一个人人普遍参与感官娱乐游戏的时代，这些本无多大深厚艺术价值也不具体体现任何真正道德力量和精神感召作用的电视剧，可以仅仅凭着情节的生动流畅及其视觉上的快意精致，以及对俗世人情不痛不痒的调侃，便可以赢得无数观众的欢心。毫无疑问，它们不仅在商业上是成功的，而且至少还向我们提供了一个经验——现实生活的严峻完全可能在一种感性平面上化为一股飘来飘去的轻烟。

于是，我们不能不承认，"幸福的感官化"正不断把人引离历史/文化的记忆活

---

① H. 马尔库塞：《现代文明与人的困境》，李小兵等译，上海三联书店，1989，第328页。

动。在大多数人那里，历史/文化记忆的消退总是伴随着对当下"物性"关系的直观而成为当代生活的一个特征。甚至，在文化价值领域里，敌视人的历史/文化记忆能力、傲慢地对待历史意识的当代要求，已经极端地成了包括艺术和大众日常生活在内的人的文化实践的具体"审美"形式。其结果，个体享受/消费的"快乐"在不断扩大到物质生活条件领域的时候，也同样把人的幸福带进了一个抽象的和无法展开的形式之中，"幸福的愉悦被压缩成一个瞬息即逝的时间片刻。而这个片刻本身，就孕育着幸福即将消逝的痛苦"①。

第二，由于"时间性消逝"，经由感性的引导，幸福及自由的存在本体在平面化之时，成为一连串以感性方式连缀起来的"娱乐形象"，而"欢乐的感官"正在此中滋生出来。

如果说，这种"娱乐形象"正是当代文化的"审美"形象的话，那么，一方面，它表现了"形式"对于"内容"的征服，人们在其中不是体验着对象的内在意义，而是更加强调了"娱乐"满足的感性直观性。就像电视图像的引导作用是使人们习惯于一个直观的视觉世界，人们在当代生活世界里已经习惯于、稳定于从"形象"（"影像"）上进行占有和享受/消费。在这种情况下，作为文化活动的审美层面，当代艺术活动也必然表现出这种"娱乐形象"的直接效应。这一点，也正如雅斯贝尔斯在分析电影的处境时所指出的："电影所表现的世界同样是不可见的……我们所看到的只是表面的东西，它们并不能对详细的研究提供帮助。我们在银幕上看到的是刺激，甚至是颇令人激动、以致我们难以忘怀的刺激。"②

另一方面，作为感性的"娱乐形象"，幸福及自由对人类来说只具有当下"现有的意义"。客观世界中工业文明的发展，使人的生存实践变为一种只有极端的变异和强烈的感性才能充分回应的模样，以至于人们在自己的意识深处深深地印刻了这样的信念，即只有现实的才是合理的。而"现实的"恰恰是由现存工业文明制度所提供的"商品"（物）以及占有、享受/消费"商品"（物）的欲望、动机。于是，人们便心甘情愿地滑入这种"现实"之中，并把"幸福的可能性"归为这样的"现实"。"人们把别人提供的一切都无批判地当作真理，并且试图依照它而行动。他使谬见充斥于他的生活方式之中，使之成为自己的'信仰'、救主和向导。"③ 这样的"现实"

---

① 马尔库塞：《审美之维》，李小兵译，三联书店，1989，第 30 页。
② 雅斯贝尔斯：《存在与超越》，余灵灵等译，上海三联书店，1988，第 192 页。
③ 保罗·库尔兹：《保卫世俗人道主义》，余灵灵等译，东方出版社，1996，第 217 页。

当然有其"审美"的形式化可能性，至少，它将通过物质占有和享受/消费的丰富感觉形象来安慰当代人强烈而躁动的感性利益。这就像早些年人们在《海马歌舞厅》中发现生活的"快乐"可以是极度奢侈的金钱消费，最近又从《白领公寓》里看到"幸福"生活"原来"是一幢小洋楼、一部小汽车。然而，"现有的意义"之不可靠和它必须通过"影像"方式才能得到满足，这一点又足以令人对这种感性的"娱乐形象"犹豫不决。最终，当代人在自身文化的审美层面不过是陷入了一个永无逃脱之地的"欢乐大转盘"，悠悠忽忽地"欢乐今宵"。

或许，我们应该不断重复席勒的那句名言："通过自由去给予自由，这就是审美王国的基本法律。"① 当代文化及其审美实践的基本问题，就是如何利用各种手段来恢复人的完整性，以使人恢复真正的自由，在"诗意地栖居"中回归幸福的真实本体。

---

① 席勒：《美育书简》，徐恒醇译，中国文联出版公司，1984，第 145 页。

"审美化文化"：经济社会的人文建构

21 世纪已经到来。

21 世纪是一个全球普遍经济化的时代。对于这一点，已经不会有多少人再去怀疑或心存不满——我们现在其实就已经处在了一个经济社会的自行有序的发展进程之上，这个进程所展露的具体态势，就是以一种不可遏止的力量把我们直接引入新世纪的黎明；我们不仅已经亲身体会到这一力量的巨大强制性，我们也已经从这个经济社会最初的强势表现中产生了前所未有的物质成就感和精神自信力，并且期待着它能够给我们带来更为持久的收获。

当然，全球普遍经济化时代的最明显特征，不仅在于它有着直接的经济学意义，即它形成了一种物质高速增长的普遍效应，在社会物质形态的积聚与丰富方面提供了全球一致的发展趋势，为社会进步确立了广阔的经济前景。更为重要的是，经济化时代在强调自身物质层面的具体利益特性的同时，同样也产生了对于一种适应经济社会价值情势的文化体系的建构要求，亦即在社会的经济实践过程中成功地造就出一种新的人文态度、人文意志和人文实践。它表明，面对新的世纪及其时代特征，文化的建构必须能够提供一种有效的价值立场，从而为人类在新的世纪带来新的生活可能性。

因此，在我们探索、设计新世纪的文化建构策略时，在我们寄希望于新世纪的人文前景的过程中，我们首先应该对这种新文化的基本立足点、新人文的内在实践特性，有一种适合于经济化时代要求、满足人类在经济社会中普遍利益的总体把握和理解，在此基础上形成我们对新文化的基本认识。

在我看来，对于"审美化文化"的建构，正是我们在思考 21 世纪人类生存与发展问题的时候，所寻求确立的一种全新的文化意识或曰文化理念。

这种"审美化文化"的核心，是在强调人类生存实践、生存需要的普遍性之历史前提下，在公正地对待经济社会的基本价值观念与人的日常生活的直接动机之基础上，充分张扬"爱、和平与美"的人类精神追求及其价值表现的平凡性与常态性，亦即在人的日常生活的形象之维上，克服那种形式化的美学意识形态，恢复人的具体生活的直观性及其感性魅力。

这里，有两个问题需要说明。首先是"审美化文化"建构与"形式化美学意识形态"之间的关系问题。我们所谓"形式化的美学意识形态"，是指那种建立在文化一元性之上，以精神的抽象性、理性的至上性和审美的主观超越性为旨归的古典形态的人文/美学体系及其价值标准。在这样一种人文/美学体系、价值标准中，人的生存现实的基本前提及其合理性，无一例外地都被制度化为理性权力的自律活动和结果；文化"正当性"的实现，在彻底拒绝了人的直接欲望的可能性、日常动机的必要性之基础上，仅仅是作为一种先在理性的规范展开与功能而存在并获得自己的合法化。尽管"形式化的美学意识形态"也赞美，有时甚至是高度诗意地想象了"人"的本体生存的理想之境，就像在柏拉图、奥古斯丁、培根、斯宾诺莎、康德、谢林、黑格尔等人，或中国的儒、道、释哲学那里，"人道"始终是一个令人倾心神往而又要求进行不懈的真理性探求的话题。不过，有一点可以肯定，那就是：在古典世界观或价值体系范围里，"人""人道"从来都不是一个具有其自身自然合法性的对象。换句话说，对于精神抽象性的偏好，对于理性至上性的执着，以及对于感性有限性和缺陷性的理性防范和伦理超度，始终构成为古典体系中"人"与自己的文化的最基本的美学关系。也因此，在古典形态的文化建构、价值确立中，其美学形式只能是不断寻求一种哪怕在最直观的层面上同样对于理性至上性的有效叙事方法。如同我们在古典艺术体系中所看到的，感性的审美欢悦总是被牢牢掌握在理性强大而沉着的制约力之中，"不逾矩"既是艺术行为之于这种文化价值理性的最明确的表征状态，同时也是艺术体系本身作为一种美学意识形态的合法化功能的实现。如果说，在这样的美学意识形态中仍然存在着对日常过程中人情世故的表现；如果说，在这样一种以理节情、以理辖情的文化制度中仍然保留了对"人道"的追寻，那么，这种"表现"、这种"追寻"，首先突出了"人"对"理"的服从与信仰，突出着理性的无上威严及其冷峻庄重的审美效应。由是，在形式化的美学意识形态中，我们所看到的，便是一种排拒日常生活的生动性和世俗利益的具体性，直接连接着意志力的强化、伦理精神的无尽修炼与崇尚自我牺牲的"神圣"意识。

正因此，在古典的人文/美学体系里，其最常见也是最基本的价值话语，就是"和谐"与"崇高"的理想性话语："和谐"强调着"理"节制"情"或"情"融于"理"的合法化实践；"崇高"则表达了个别性对群体性、个体对社会的自我主动牺牲的必要承诺与内心景仰。

一句话，作为古典人文/美学体系的精神守护制度，"形式化的美学意识形态"实际上已经把所有一切感性的存在过程、人的世俗目的性与需求，统统逐出了理性的唯一合法的权力形态之外。一切超常规的、超个体的、超现实的东西，在理性的胜利欢呼声中被指定为一种精神的存在方式而获得了"人性价值"的褒奖。反过来，人的一切常态的、具体的、生动的东西则成了"无意义"的证明，并且被归入"美/审美"的对立面而遭到遗弃。

我们所提倡的"审美化文化"建构，恰恰是要对抗这样一种作为古典人文/美学体系之精神制度的"形式化美学意识形态"。事实上，在我们把"充分张扬'爱、和平与美'的人类精神追求及其价值表现的平凡性与常态性""恢复人的具体生活活动的感性直观魅力"理解为"审美化文化"的建构核心的时候，我们所力图表达的，首先就是一种极具现实意识形态力量的文化"反抗"——反抗理性以"历史"的线性形式对整个人类生活实践的引诱，反抗理性将那种以个体自我牺牲所换来的"和谐"与"崇高"当作人在现实中不可拒绝的光荣加诸我们头上，反抗理性以制度化的强制话语把我们从享受生活的实际欢娱中拖开去。可以这样说，寻求"审美化文化"的建构，所要求的就是：第一，个体与社会能够回到同一个价值天平之上，人们可以毫无顾忌地环视、搜求自己最普通平常的利益与满足；人是作为一个具体的存在，而不是处处体现为"理性的公民"，不仅能够充分自觉到自身自然欲望的合法性，而且能够坦然面对社会的强制而勇敢地捍卫和实现自己的基本人性。第二，文化"审美化"的合理价值尺度，不是一种屈服于理性权力暴政的文化标准，而是能够重新直面人的普遍的日常生活过程及其基本欲望；能够重新在文化价值体系内部肯定人的世俗情感的合法身份，从而以一种新的美学方式恢复人类对"爱、和平和美"的感性体会，真正实现人与自身生活的直接同一。

这样，我们所意欲实现的新世纪中"审美化文化"之于"爱、和平与美"的体现，在根本上就是反对古典人文/美学体系，即反对"形式化美学意识形态"的一种新的人文/美学形式。这样一种新的人文/美学形式，不拒绝理性、社会或群体的客观性，但它不会因此降低甚至否定人的感性合法性以及与之相联的人的存在的全面性；

它并不拒绝人在精神理想层面上对无限展开的和谐世界、崇高理想的心灵期待，但它不会将之视作人的存在的唯一根据，并且同样不会因此而放弃人在现实世界里对自身世俗性权利的自爱与自尊、自信与自立。对于新文化的"审美化"建构来说，感性之维不是像它在古典体系中所呈现的那样是一个"被囚禁的无赖"形象；相反，"审美化文化"的建构目标，就是要恢复人与生活之感性关系的堂皇的叙事性魅力，使之成为人"活着"的现实根据。

还有一个问题要说明："审美化文化"的建构在充分正视人的具体感性存在过程中，如何能够保持"爱、和平与美"的人类精神追求及其价值表现的平凡性与常态性？也就是说，作为一种新的美学形态的实现，"审美化"的具体实践形式又是什么？因为有一点是没有疑问的，那就是"审美化文化"不能仅止于对古典人文/美学体系的反抗或批判，它应当同时是一种具有强有力的建设性功能的价值体现。"形式化美学意识形态"尽管有着种种片面性、反人性，但不可否认的是，它同样也有着特殊的建构功能，即它在长期的历史延演进程中，不断地从自身体系内部生成了一种对人、人的生活实践目标的直接规范力量，并且保持了这种规范力量的稳定性和制度化。对于"审美化文化"而言，我们要求的也是它能够为人的生活实践确立起具体明晰的规范性指向，以便文化的现实过程得以在这样的指向上形成持续的展开。

在我看来，在这一点上，我们必须充分借助一种现实的实践力量，这就是现代经济社会的大众世俗性价值体系。事实上，古典人文/美学体系之所以能够产生出以理性为制约的价值形态，"形式化的美学意识形态"之所以能够成为一种有效的文化规范，在很大程度上，就在于其直接依赖了某种"精英社会力量"的不懈努力——作为一种将社会文化权力高度政治化和集中化的实践，"精英社会力量"本身的存在合法性正是直接建立在理性话语的极端排他性基础之上的，因而它在自身实践中必定强调对整个社会和具体生活活动中普遍人性与世俗情感的有效控制，以便保证社会规范的制定过程始终掌握在"社会精英"的手中——尽管这最终也只不过是少数人的文化意志体现。那么，与古典人文/美学体系相对的"审美化文化"建构，同样应该为自己找到一种具体有效的现实实践力量。这里，我们必须指出，由于在很长的时间里，大众世俗性价值体系一直是被当作"真价值"的对立面、永恒精神/理性的超越对象而存在的，所以，我们把现代经济社会普遍的大众世俗性价值作为一种新的文化建构依据，首先就要破除世俗/超越、感性/理性、物质/精神的二元对立意识（一元文化形态的实质正在于通过强调这种二元对立性而将其中的一元加以绝对化），重新审视世俗存在的价值指向，尤其是将它放在现代经济社会生活的具体过程中来确定其文化合法性维度。这样，在"审美化文化"中，一方面，感性力量将第一次真正作为一种文化建构依据出现在人的实践过程之中；另一方面，对于大众世俗性价值体系的借助本身，同样也产生出一种非常具体的文化可能性，即人的日常生活的现实满足为有效实现"爱、和平与美"的常态性与平凡性带来了直接成果。人的文化在这样的过程中，才真正是属于全体人的、亲切可感的和直接享受的。

于是，"审美化文化"建构将成为我们生活的自觉，而不是不能触摸的无尽等待；文化的"审美化"才真正确认了人的存在的全面性，而不是将人仅仅当作一个"被投入"的对象而想方设法为之设立各种各样的文化命令，最终却又导致人与人的生活的严重分离。

当然，由于很久以来，感性与理性的对立、矛盾一直被人为地绝对化了；特别是，由于大众世俗性价值体系常常在反抗理性、反抗超越性的过程中存在一种将自身表象化的倾向，因而，"审美化文化"的建构，同样需要警惕成为另一种"形式化美学意识形态"的危险——感性力量扩张为社会文化实践中的绝对强制性制度，在拒绝理性之维的同时也把自己想象为一种无限的权力。在这方面，20 世纪 90 年代中国文化景观已经给我们提供了一种参照：当经济社会极度膨胀的物质欲望仅仅作为一种感性消费力量腾空出世，当经济社会的大众世俗性价值体系成为整个社会中唯一的存在，文化的"审美化"便变异为丧失人之生存本体根据的虚浮"影像"———一种纯粹满足了人的感官嗜好、只是讨巧地表现了人"活着"的方式而不体现"活着"的内在目的性的生活"包装"①。这种情况下，"审美化"过程便在实质上背离了它内在的人性全面的创造要求，"审美"呈现了它的直观物质形式却又再一次失去了对感性/理性、物质/精神、个体性/群体性之对立性的扬弃。质言之，倘若"审美化"仅仅成为一种感性形象而不是人的存在的文化证明活动（自我确认）的话，"审美化文化"建构就有可能重新落入制度化的强制性结构之中，在张扬人的感性合法性的同时却又导致了这种力量的本体基础的急剧的自行消解；人在获得了大规模的官能快乐

---

① 参见拙文《90 年代中国审美风尚变革》，载《新华文摘》1999 年第 2 期；《日常生活的审美化》，载《东方》1999 年第 2 期。

的同时，却又失去了文化再生的创造能力。对此，我们在提倡"审美化文化"建构时，应当有非常清醒的自觉。

新文化的建构当然是对古典人文/美学体系的置疑或更新，但却不应该沦落为以一种形式的极端对于另一种形式的极端的简单代换。"审美化文化"建构将带来人的全面发展的新的可能性，造就出经济社会中新的人文前景——它不但是对人类物质生产与满足活动的一种积极回应，更是对人的生存整体性的积极肯定。

我们期待着新文化的诞生。我们迎接着新世纪的文化黎明在东方升起。

（原载《粤海风》2001年第1期）

走过世纪：中国美学的过去与现在

——关于 20 世纪中国美学及当前研究问题的几点思考

20 世纪初，王国维、梁启超等人胸怀民智启蒙理想，脚踏中西文化，奋力开启了中国美学走向自身现代学术进程的大门。从那时以来，中国美学外取诸欧洲近代以来的各种思想学说，努力追踪着西方科学——无论以"西学"为体，还是拿"西学"为用，在 20 世纪中国美学的学术经验中，"西方"以及对西方理论的认识与运用，始终是现代中国美学家学问视野中的主要资源，成为中国美学研究走向现代理论建构过程中的重大知识背景。与此同时，百多年间，中国美学研究又近承本土汉民族文化的悠悠精神旨趣和传统思想材料，在追蹑圣哲先贤之思想余脉、学说内蕴的历程中，以理论的现代建构意向而明确标示着"美学中国"继往开来的信念。民族国家的振兴期待，社会文化的强力重建愿望，民众自觉意识的大声呼唤，大众生活自由幸福的现实设计……所有这一切，鲜明地渗融在 20 世纪中国美学形形色色、具体而微的学术努力之中，激励了几代中国美学家一往情深地周游于美学天空，力图借着美学的力量来理性地框画、引导中国文化和中国人新的生命改造与理想生活的希望。巨大的理论激情演绎出 20 世纪中国美学的现代思想蓝图，规划了一个又一个中国美学的现代阐释形式，甚而孜孜以求地构筑着"中国特色的美学体系"。

激情的美学追求，产生出激情洋溢的美学文字。从洋洋数十万言、上百万言的体系性著论，到精致如散文般的思想札记、慷慨激昂的学术评论；从移译古希腊至最近十数年间西方美学的名篇巨著，到归类爬梳、注解诠释汗牛充栋的中国古代典籍……20 世纪，"美学"在中国产生了无以计数的文献。学海滚滚，天演淘汰。尽管迄今仍留下许多经典传世，然而忘失于学术史记忆中的又岂在少数？

学术发展的知识性价值衡量法则，无情地揭示出：20 世纪中国美学的辉煌，在一百年的激情燃烧中照呈着理论的巨大企图，也显明了思想的内在困顿。"美学在中国"因此成了一个有着充分反省意义的学术史话题。

走过世纪。今天，站在新世纪的起点上，中国美学又将何往？

—

简略描述一番 20 世纪中国美学的"百年风情"，可以看到：

1. "睁开眼睛看世界"的学术胸怀与"拿来主义"的理论态度

这是 20 世纪中国美学践行自身"门户开放"策略的基本学术路线，也是中国美学现代理论建构思维的基点。

应该说，早从王国维开始，拿西方美学理论，尤其是近代以来德国古典美学的观念、方法等作为诠释中国美学和艺术的现成材料，乃至于借助西方近代美学理论和概念、方法来重建中国美学的现代理论大厦，就已经成为 20 世纪中国美学家的一种基本的"现代"学术姿态。王国维的《红楼梦评论》是这方面的开山之作。在王氏那里，叔本华的悲剧美学观成了他用以解读"红楼世界"中悲剧的审美发生与纠葛的直接依据。[①] 朱光潜的《诗论》则在中国艺术最典型的写作形态——诗歌方面，得心应手地发挥着近代西方心理主义美学的精辟方法。[②] 直至最近的二十多年里，许许多多关于中国艺术、中国文学，甚至中国古典美学思想的解析、圆说，都可以看到这样或那样庞大的"西学"身影。不妨这样说，20 世纪中国美学的基本态势，就是拿西方美学的具体理论、学术方法来表达中国美学家的阐释意愿和理论立场。于是，当这种态势发展到极致，我们也就可以相信，在学术建构意义上，西方美学不仅成了 20 世纪中国美学的理论奠基石，而且在很大程度上就是 20 世纪中国美学的"砌墙砖"。

---

① 正像聂振斌指出的，"从《红楼梦评论》的具体内容，明显地看出王国维是按照叔本华的悲剧理论进行具体演绎和发挥的"，他"最早用西方的悲剧观念进行文学批评，第一次揭示了《红楼梦》的悲剧美学价值"（《王国维美学思想述评》，辽宁大学出版社，1986，第 122 页）。刘梦溪也说，《红楼梦评论》"是中国学者第一次用西方的哲学和美学思想，来解释中国古典小说的尝试"，王国维"是用叔本华的思想来解释《红楼梦》的"（《王国维、陈寅恪与中国现代学术》，载《文艺研究》2002 年第 3 期）。

② 在《诗论》中，朱光潜直接用了立普斯的"移情说"和谷鲁斯的"内摹仿"理论等西方近代心理学说，来说明诗的起源、诗的境界（情趣与意象）、中国诗歌中的节奏等问题，显露了一种美学上的"心理—生理"分析倾向。至于其《文艺心理学》《谈美》等中的心理主义美学痕迹，则更为明显。（参见《朱光潜美学文集》第 1、2 卷，上海文艺出版社，1982）

认真分析这种美学基本态势的形成与行进过程，我们将不难发现，它一方面是同 20 世纪中国美学家急欲追求实现美学的现代理论建构形态联系在一起的。① 如果说，古典形态的中国美学主要体现为一种在发散性思维引领之下的"诗化"理论，其最典型的呈现方式是以智慧性的、禅悟般的话语来传达非逻辑、非概念思维所能澄明的审美奥妙；那么，这种建筑在古代中国学术特性之上的美学，在整个现代中国学术的理性选择与重建中，便显现了一定的模糊性与不确定性，而这正恰恰同趋近于近代西方学术制度的 20 世纪中国美学重建理想是相冲突的。因此，借助"西学"成果以改造中国美学门庭、实现美学存在形态的现代转换，就成为某种顺应现代学术追求的必然过程和结果。换句话说，在 20 世纪中国美学的现代建构思路中，"西方"首先是作为一种体现了一定先在必然性的理论话语形态而出现在中国美学家视野之中的，而随着美学研究在中国的逐渐推进，这种以话语必然性而出现的形态，最终又逐步扩大为整个中国美学百年建构中的自觉。另一方面，这种基本态势的形成与发展，也是整个 20 世纪中国文化现代性实践的特殊理论表现形式。因为很显然，当文化的现代性思考和追求直接以西方理性文明为楷模的时候，作为文化理想之精神先锋的学术活动，必定首先从社会意识形态层面突出肯定"西方"的价值以及它的学理呈现方式。② 把美学的学术眼光投向西方的天空，不仅仅是出于理论本身的目的，同时也再现了中国文化在 20 世纪进程中的实践态度和价值准则。

2. 植根于美学演进中的"审美本质主义"特征

作为一种坚定的学理精神，一种实质上的文化理想，这种理论上的"审美本质主义"特征既规范了 20 世纪中国美学的理论建构，同时也强化着最近一百多年来中国美学家的学术/人生抱负，成为美学衡量自身也评判生活的最基本尺度。

尽管有学者指出，在 20 世纪中国美学发展中，始终存在着功利主义与超功利主

---

① 傅斯年曾指出："中国学术，以学为单位者至少，以人为单位者转多，前者谓之科学，后者谓之家学。家学者，所以学人，非所以学学也。历来号称学派者，无虑数百，其名其实，皆以人为基本，绝少以学科之别而分宗派者。纵有以学科不同而立宗派，犹是以人为本，以学隶之，未尝以学为本，以人隶之。"（转引自刘梦溪《中国现代学术要略》，载《新华文摘》1997 年第 3 期）

② 在这一点上，美学与整个 20 世纪中国学术姿态的一致性，恰如梁启超所言："盖大地今日只有两文明：一泰西文明，欧美是也；二泰东文明，中华是也。二十世纪，则两文明结婚之时代也。吾欲我同胞张灯置酒，迓轮俟门，三揖三让，以行亲迎之大典。彼西方美人，必能为我家育宁馨儿以亢我宗也。"（梁启超：《论中国学术思想变迁之大势》，上海古籍出版社，2001，第 8 页）

义的冲突和矛盾,① 即中国美学的现代建构追求不断激化了审美态度、审美理想层面的理论分化。但是,我们再深入一些来看,事实上,这种美学上的"功利"与"超功利"的分化之所以没有集结成大规模的理论对抗,相反却出现了两种美学观在百多年里长期并驾齐驱、共同作为 20 世纪中国美学基本理论发展路线的局面,其内在原因就在于:从最基本的文化立足点来说,无论持守激进人生改造意志的美学理想,还是保持了相对静观内省立场的各种美学主张,它们实质上都是以"审美"为人生理想的生命活动,以"审美/艺术的自由自觉"为生命意识的最高境界,以"审美化"为社会、文化建设的最后归宿。这就是说,在 20 世纪中国美学发展进程上,功利主义与超功利主义的冲突以及它们的并行推进,并不表明它们之间一定存在着绝对相互克制的本体敌对,而只是体现为它们彼此间在如何践行"审美"改造行为、表达"审美"意志等认识性指向方面存在某种分歧或不同。可以说,在 20 世纪中国美学家那里,"美/艺术"始终是最为高尚纯洁的对象,"美的社会""美的人生"总是呈现着无上的价值前景,因而以"审美"作为现实人生的批判尺度和理想人生的实践标准,便是中国美学家在理论上倡行、行动中追慕的价值要义。如果说,美学上的功利主义观念是把"美/艺术"具体落实在了人生行动的"崇高"性实践之中,那么,超功利主义美学观则突出强调了"美/艺术"的社会和谐功能、人生体验的自由本质。这样,不管 20 世纪的中国美学呈现了怎样的理论分化,实际上,在各种美学主张的内部,"审美"一直就是一面不倒的理想大旗。

另外,正是由于上面所说的情况,作为 20 世纪中国美学的内在精神体现,"审美本质主义"在理论上也获得了自己独特的形象。要言之,在 20 世纪中国美学内部,这种"审美本质主义"的理论实质在于:第一,通过对美学认识论问题的"本体化"置换,全面突出了审美/艺术的人生认识功能,强调全部人生、社会问题的解决必须置于这种审美/艺术功能的展开之上;第二,围绕社会、人生的"审美化"改造前景,把对于审美/艺术本质的理解定位在人性自由解放、人格美化提升之上,突出了美学的人文考察特性;第三,从理性的绝对性上规定了生活与审美/艺术的直接关联,并进一步推及生活本质的展开维度,确定生命活动的价值合理性;第四,以

---

① 聂振斌的《回望百年:20 世纪的中国美学》认为:"20 世纪中国美学的发展是以超功利主义美学与功利主义美学为基本矛盾的","功利主义美学和超功利主义美学之间对立互补的矛盾关系是普遍存在的",是"20 世纪中国美学发展的内在动力"。〔见《中国美学年鉴(2001)》,河南人民出版社,2003,第 16、18 页〕

"美"的纯粹性和唯一性来规范艺术存在的本体特性，以审美价值的绝对性来确认艺术活动的合法功能，把美学对于艺术问题的哲学把握紧紧系于"美"的先在基础上，进而，美学之于艺术价值的阐释又直接回到了"美是什么"问题的形而上辩护。

从学术演进的具体过程来看，我们也可以发现，在一定意义上，发生在 20 世纪 80 年代的"美学热"以及由此带来的诸般美学学科"泛化"现象，也同样证明了这种"审美本质主义"的巨大影响及其必然发展。因为有一点很明显，当人们把"美/艺术"作为一种生命价值本体进行确认，或者说，当"美"成了一种不证自明的先在价值，美学也就成了可以包容一切、判断一切、确定一切且无往不胜的理论。因此，纯粹美学最后变得很不纯粹也就是可以理解的了——至少，从本质主义立场出发，人生的一切、生活的所有领域又为何不能够成为"美学"的领地呢？同样，任何一种对美学"泛化"的批评，其实也都不过是依照了"审美本质主义"的精神意图而对"美"的一种维护罢了，其归结点仍然是为了保持美学的规约作用。

3. 20 世纪中国美学理论转换具有某种理论自身难以逃脱的意识形态强制性，它特定地反照了 20 世纪中国学术的命运

在 20 世纪中国美学历史中，马克思主义的意识形态功能要远远大于它在理论上对于中国美学的启发作用，而中国美学的现代理论建构追求恰恰是同各式各样的"马克思主义美学体系"建构努力联系在一起的。

最迟从 20 世纪 30 年代开始，马克思主义的文艺主张就被一定规模地引进中国（在此之前，一些马克思主义的宣传中也已经可以陆续见到其文艺观念的某些踪影）。而 1949 年以后，马克思主义更是在美学研究中形成了一家独尊的地位，建构"马克思主义美学体系"几乎成了所有中国美学家的学术口号；诸如《手稿》、恩格斯致哈格奈斯的信（关于典型）等文献，则成了人们据以思辨美学的"马克思主义"性质的基本素材。不过，就美学的学术史审辨而言，在 20 世纪中国美学发展中，"马克思主义"之所以能够成为一个非常重要的话题，其实首先还不在于"马克思主义美学"能否有效确立或者是否真正体现了理论本身的自明性要求（就像许多人所争执的：马克思主义创始人有没有自己的美学理论？），而是在于：马克思主义首先不是作为一种学理对象，而是作为一种意识形态的制度性压力出现并发生作用的。一方面，马克思主义文艺学说之为现代中国美学家所了解和接受，既服从于社会革命的具体实践，又是学习列宁主义的"苏俄式马克思主义理论"的"二手"结果。① 它表明，马克思主义在现代中国美学的理论转换过程上，具体产生于特定的意识形态颠覆实践的企图。所以，在实践上，"马克思主义美学"在 20 世纪中国主要体现了其"理论武器"的作用；而在理论上，它又直接依从于苏俄革命对马克思主义的注解方式，进而养成了整整一个时代中国美学研究对"苏俄式马克思主义"的绝对信仰。② 在这其中，马克思主义的理论变异显然是一个不可避免的存在，这种变异事实上又直接影响了马克思主义在中国的美学建构前景。另一方面，当马克思主义作为一种意识形态制度在中国取得了绝对性胜利之后，美学和美学研究之服膺"马克思主义"则更是超出了纯粹学术的范围，直接同中国社会的意识形态权力活动过程联系在一起，成为一种意识形态的制度性要求。正因此，1949 年以后，在中国美学界出现各式各样的"马克思主义美学"也就不足为怪了——对于马克思主义的意识形态信仰已经

---

① 一方面，早在 20 世纪 20 年代，中国学者有关马克思主义文艺理论与美学观念的译介，主要集中在那些总结和概括苏联文学创作的论著，如《新青年》继发表郑振铎翻译的高尔基《文学与现在的俄罗斯》之后，紧接着又在第 8 卷第 4、5 号上连续发表了震瀛的两篇评述苏联文学创作的文章《文艺和布尔什维克》和《苏维埃政府的保存艺术》。而王统照译有《新俄罗斯艺术之谈屑》（载《曙光》第 2 卷第 1 号，1920）、沈雁冰翻译了《俄国文学与革命》（载《文学周报》第 96 期，1923）、任国祯编译了《苏俄的文艺论战》（上海北新书局 1925 年版）。鲁迅、冯雪峰等人都在这方面做了大量译介工作。另一方面，在早期，中国学者对马克思主义文艺理论与美学观念的了解，主要是通过译介日、俄、法、德，尤其是俄国马克思主义者托洛斯基、波格丹诺夫、普列汉诺夫、高尔基、卢那察尔斯基、沃罗夫斯基、法捷耶夫等人的阐释性论著而获得的，如仲云翻译了托洛斯基的《论无产阶级的文化与艺术》（1926）、鲁迅节译有托洛斯基的《文学与革命》（1926）、卢那察尔斯基的《艺术论》（1930）和普列汉诺夫的《艺术论》（1930），杜衡翻译了波格丹诺夫的《无产阶级艺术的标准》（1928），冯雪峰译有卢那察尔斯基的《艺术之社会的基础》（1929）、普列汉诺夫的《艺术与社会生活》（1929）、法捷耶夫的《创作方法论》（1931）等。之后，列宁的文艺观被大量输入，其中一声、冯雪峰、博古分别于 1926 年、1930 年和 1942 年翻译了《党的组织与党的出版物》，萧三则在 1947 年编译了《列宁论文化与艺术》。最后才比较完整地引进马克思、恩格斯的文艺思想。然而，尽管冯雪峰在 1930 年就翻译了《〈政治经济学批判〉导言》有关艺术生产与物质生产发展不平衡理论和马克思关于出版自由等方面的论述，程始仁在 1930 年译出了《神圣家族》第五章，郭沫若在 1936 年重译了《神圣家族》第五章并首译其第八章，柳若水于 1935 年摘译了《1844 年经济学 – 哲学手稿》，荃麟 1937 年摘译了《德意志意识形态》第一卷，但当时的左翼作家、批评家们更重视的是马、恩直接评论作家作品的五封书信。（见钱竞《中国马克思主义美学思想的发展历程》，中央编译出版社，1999）

② 有材料显示，20 世纪上半叶，中国马克思主义文艺理论家们关注的，主要是列宁如何具体说明"怎样地建设革命文学"这个问题，所以他们译介的也主要是像《党的组织与党的出版物》等几篇与这一问题有关的列宁文章。虽然在二三十年代，列宁具体分析托尔斯泰现实主义创作及其与现代工人运动关系的数篇论文也有四五种中译文，而列宁论述辩证唯物主义和唯物主义反映论问题的论著，如《谈谈辩证法问题》《唯物主义和经验批判主义》《哲学笔记》等，以及列宁的《纪念赫尔岑》《车尔尼雪夫斯基是从哪一边批判康德主义的》和写给高尔基的一系列信函等论述具体作家作品的论著，则在整个 30 年代几乎未引起中国文艺家们的注意。（见朱辉军《西风东渐——马克思主义文艺理论在中国》，北京燕山出版社，1994）

从理论方面滑入对政治利益的追求、获取和巩固方面，"马克思主义"成了某种方便的话语而在美学研究中被无限制地复制。

在这方面，20世纪五六十年代的"美学大讨论"是一个很有典型意义的事件。所谓美学"四派"的产生及其热烈论争，让人很难看懂"马克思主义"究竟怎么才能"既是唯物的又是辨证的"。当所有各派学说都在那里相互指责、攻击对立面的"唯心主义本质"之际，真正马克思主义在美学研究中的尴尬便在于：马克思主义的哲学本体论问题被有意无意地转移为一种认识论的特性；大家所关心的其实已不是什么"马克思主义美学"的本体基础，而是"美"的认识活动的主体出发点；对"美是什么"的回答，在各种"中国特色的马克思主义美学"中已然变异为"人如何可能认识美"的问题。于是，我们便发现，在中国美学的现代性道路上，美学本体论的缺失，一定程度上正是同人们对待马克思主义的态度相关联的。甚至，我们还可以说，在接受、阐释以及确立美学的马克思主义建构方面，一种"学术实用主义"已经暴露无遗。

二

中国美学在现代理论建构道路上的种种困惑与艰难自不待言。而我们既然注定了还将继续在美学的思想空间里挣扎，那就不能不充分正视以下几个问题。

中国美学现代理论建构的真实意味是什么？回答这个问题，不仅涉及我们对20世纪中国美学历史再认识的条件和方式，而且直接联系着中国美学实现自身现代理论转换的可能性，因而也联系着21世纪中国美学学术价值增长特性的问题。

在不断扩大同西方学术思想的对话过程中，中国美学自身存在的合法性根据如何体现？这个问题的严重性，在于它直接关系到我们应该怎样去分析、清理20世纪中国美学的学术资源。同时，更重要的是，由于文化交流的普遍性、思想对话的广泛性在今天已经越来越明确，身处东方文化系统的中国美学现代建构过程已然面对着比过去更为复杂的思想语境，所以，对我们来说，只有不断通过对自身合法性的有效确认，才有可能真正产生出思想对话的有效性、学术建构的时代价值。反过来，思想对话的普遍性也只有同美学自身合法性的确认联系在一起，才能够产生出自己的真实效应。

如何把握传统承续过程中的现代转换矛盾？这种矛盾如何能够被美学理论本身合法地解决？对于今天的中国美学家来说，丰富的民族美学资源既是一种无法也不应该割舍的传统联系，同样也是美学在实现自身现代转换过程中的矛盾集中点。可以这么说，这一矛盾自 20 世纪中国美学发端以来就一直没有消失，并且在进入 21 世纪的时候越发变得沉重起来。中国美学要想赢得自己在新的百年里的生存合法性，那么，如何把握并合法地解决这个矛盾，便将是一种必须面对的理论挑战。

作为文化现代性建构的精神过程，中国美学的理论重建怎样体现自身的现实功能？这里的重点，一方面是美学理论重建与文化现代性的关系问题，另一方面则是美学理论建构与其现实实践指向、价值维度的关联问题。它们的难点则在于，美学研究如何才能保持自身现代建构追求与功能实现的具体过程的一致性。在这方面，20 世纪 90 年代兴起的当代审美文化研究，也许可以作为一个考察点。尤其是，在当代社会的人文价值观已经发生根本性改变、人的自我精神守护能力日益衰退的时候，这个问题又可以具体化为：美学应当怎样去面对经济社会中大众趣味的世俗性动机及其审美／艺术满足？

这里仅从美学的学术史研究方面出发，略谈一点看法。

第一，在 20 世纪的中国学术史上，美学领域的各种理论活动无疑是十分引人瞩目的。从 20 世纪三四十年代直到最近，除去学术普遍荒芜的"文革"时期以外，话题相对集中的美学讨论便发生过许多次（比如关于"美的本质和美的规律""美学方法论""美学的学科性质""中国美学的特征""实践美学和后实践美学"，以及关于"当代审美文化"等的讨论）。许多相当有成就的学者纷纷介入其中，形成了各自的看法或理论观点，甚而在讨论中构成了具有一定理论体系的美学学派（如"实践论""客观论""主观论""主客观统一论""审美关系论""生命美学论"等）。所有这一切，足以表明，美学在 20 世纪中国学术发展中有其自身特殊的意义和地位。那么，从学术建设的整体过程来看，20 世纪中国美学的这种学术"意义""地位"到底是什么？它们又以怎样的方式和形态具体体现在 20 世纪中国的美学理论中？或者说，美学为什么能在 20 世纪中国学术史上成为一门"显赫"的理论？很显然，对于这个问题，如果我们只是从美学自身的理论逻辑层面来演绎，是很难真正得出令人满意的深刻结论的。从一个具体方面来说，尽管 20 世纪中国美学在学术建设上的特殊"意义""地位"有着多方面的成因，也可以有不同层面的解释，但至少有一点是我们不能不考虑到的，即：在整个 20 世纪的学术道路上，中国的美学和美学研究始终就没有"纯粹"过。就像我们前面曾经指出的，20 世纪中国美学研究的关注方向、美学思想的生成与展开，总是同 20 世纪中国社会的文化转换进程、意识形态的变动保持着密切联系，呈现了其特有的思想风采：救亡图存的社会政治变革理想和文化价值实践，决定了 20 世纪初以来中国的新美学便总是试图把美学放在一个社会伦理实践的"进步"范畴之中，在对旧社会、旧理论的批判的否定方向上，借助"美"的纯洁崇高的人性价值规范的建构，标举社会进步的理想之途（如梁启超、蔡元培）；20 世纪四五十年代中国思想界在对待马克思主义、苏俄社会主义革命与资产阶级"自由"理想、资本主义民主政治模式等问题上的认识分歧和争执，既是中国美学界对反映论和价值论两种美学采取截然不同立场的具体意识形态背景，同时又对美学怎样才能反映时代精神、造就社会"新人"这一理论功能问题提出了不同的思想要求（如周扬、蔡仪和朱光潜）；而 20 世纪 50 年代的政治实践和社会主义思想改造运动，一方面为发端于"批判资产阶级美学"的理论讨论确立了基本的意识形态前提，另一方面则为以后中国的美学活动规定了"马克思主义"的话语形式，因而各种美学思想流派的形成及其理论分化过程便不能不内化了一定的意识形态运动要求和特点，进而也在美学学术进程上强化了各种现实利益的相互矛盾和制约性，突出了美学理论转换的现实动机；及至 20 世纪 80 年代，在"思想解放"这一社会运动和人性解放的文化呼吁面前，诸如"实践本体论"美学等理论体系则获得了自身不断深化的客观前提，围绕人性发展和文化建构的诸多话题，逐渐形成了中国美学在 20 世纪最后二十年里新的学术景观。依此而言，在整个 20 世纪的历史中，美学之所以能在中国人文学术领域占有显赫地位，同它在理论上始终保持着与现实思想文化运动的具体关系是密切相关的。所以，在学术史范围内把握 20 世纪中国美学的学术"意义""地位"，便应当同样深入到整个 20 世纪中国社会思想文化运动的内部之中："体现了什么"和"如何体现"的问题，具有超出一般美学逻辑之上的性质。

第二，对于美学理论发展过程与 20 世纪中国人文学术演进及其规律的历史关系而言，问题的核心在于从美学既有的历史形式中找到思想活动的深层关系结构及其理论发生机制，为从整体上揭示 20 世纪中国美学的学术价值构造提供具体而明晰的依据。因此，有必要注意：首先，从总体上看，20 世纪的中国人文学术发展体现了一种非常鲜明的、极具时代特征的文化建设理想和追求，即致力于通过学术方式践行全社会的思想启蒙任务，实现传统中国社会和文化的现代转换，为现代中国设计民族振兴、文化进步、生活幸福的理想模式。这是 20 世纪中国人文学术活动的一个不容忽视的特点。所以，包括美学在内，20 世纪中国人文学术发展的一致方向，便是将现实与理想、困厄与超越的矛盾及克服困难的强烈意愿，深深地融入各种理论努力之中，由此既影响了人文学术工作本身的存在形态，又制约了各种理论的具体表现形式。探讨 20 世纪中国美学，无疑应从这一方向上去求取有关历史客观性的具体把握，理解美学历史的精神脉动。

其次，从整个 20 世纪中国人文学术发展状况来看，美学在其中到底是一个怎样的存在？对于这个问题，我们主要不是去说明美学的学科特性，而是更深入地理解美学在 20 世纪中国人文学术领域可能存在的学术影响力，揭明美学进程对于建构 20 世纪中国学术文化的价值——这一点，较之讨论其他学科对美学活动的影响，常常是更容易被人们忽视的。当人们考虑诸如哲学、文学或艺术史等对美学理论话语的渗透形式时，往往很少去深思美学活动对其自身之外各种理论深化过程的意义——事实上，如果美学活动仅仅是其他学科学术话语的受益者，我们便很难设想 20 世纪中国美学还有什么自己的"学术史"可言。比如，当我们思考 80 年代的文学理论时，是不是经常能够从中寻觅到某种同美学的具体关联呢？又比如，"主体性"除了是一个哲学性的话题以外，它在 20 世纪 80 年代以后的中国文学理论话语中，是不是与"实践本体论"美学的固有旨趣有着更为直接而显著的联系？再比如，美学本身提出问题的过程及其讨论方式，对于建构 20 世纪中国学术话语产生了什么影响？是如何影响的？这些问题显然有赖于学术史研究从总体上予以回答。

与此相关，还有一个问题是：既然美学活动同整个 20 世纪中国学术发展相与共，那么，作为 20 世纪中国学术史上的重要事件——西方学说及其理论观念、方法等的引进——就不能不被纳入我们的视野。这里需要提出讨论的主要课题，不是 20 世纪中国美学"接纳"了西方美学，而是"如何接纳"西方美学的。也就是说，对于一个已经成为客观历史事件的对象，美学学术史研究所注重的，是它在产生和展开过程中所形成的某些共时性东西，以及这些共时性方面在历时性活动中的存在本质。对于中国美学的历史发展而言，西方美学理论、学说及方法等的引进与吸收，不仅有力地改变了 20 世纪中国美学的具体存在形态，而且在更深的层面上，它使得中国美学获得了从未有过的新的思想材料，确立了中国美学走向现代理论之路的思维构架。可以说，20 世纪中国美学的演进，很大程度上是一个不断向西方学习的过程——在具体形式上，它是一次又一次的引进与应用工作；在总的精神上，则反映了中国美学吸收与借重异邦学术规范的必然性。因此，面对这个 20 世纪中国美学历史中的重要问题，我们有必要从两个方面去深问：其一，接纳西方美学的中国学术语境（特别是中国美学的历史资源和时代境遇）有什么特别之处？这一点，关系到中国美学家具体理解、应用西方话语的可能性和差异性。其二，在 20 世纪中国学术语境中，西方美学从具体概念到基本方法出现了什么样的变异？变异过程的基本特征和规律是什么？变异之于中国美学学术积累的根本影响又是什么？实际上，作为一种外来的文化力量，无论古典、近代或现代的西方美学，它们之所以能在 20 世纪的中国出现并产生特定的学术影响，除了有其自身价值和理论必然性起作用以外，很大程度上又是以中国社会的文化现实来决定的。就像有 20 世纪 80 年代全社会高涨的人性呼吁，始有现代西方人本主义美学和心理学美学的大规模引入；西方话语在中国美学学术积累中的存在根据，正在于引入和保存其具体形式的中国学术语境本身的趋势和特点。正因此，在 20 世纪中国美学进程上，西方美学理论的每一特定变异总是呈现出某些特殊的"中国语境"的意义。把这个问题纳入美学学术史的研究范围，也就是力图从西方美学的变异景观中发现 20 世纪中国美学的自身精神取向、内化外来思想的学术依据及能力，由此把具体理论的演化同 20 世纪中国美学学术发展的真实性质联系起来，加以进一步的考察。

第三，讨论 20 世纪中国美学学术史问题，必定涉及如何重新认识和确定近代以来中国美学自身历史结构这一问题。对此，一方面，我们要以一种整体的文化考察立场来看待中国美学在 20 世纪的演进程序，既不是将之依照某个机械的"时间表"而肢解为近代、现代和当代等段落，使美学的历史完全成为一种时间的片段，或一个又一个片段的线性连缀（这曾经是我们许多研究者非常拿手的套路）；又非单纯理解为一套合乎逻辑体系要求的理论概念、命题的排列组合，从而令美学的历史变成诸多概念、命题的整理和堆砌。学术史研究所需要的，是能够从 20 世纪中国社会、思想文化运动的实际进程上，寻找美学历史的客观必然性的一面，发现美学活动的总体规律，以便美学的历史同时能够映照近世中国文化的精神变动，揭示出一个完整的、具有内在相关性的思想的历史存在形式（从这一点来讲，当前我们从事的美学研究本身以及我们对于 21 世纪中国美学研究课题的把握，显然也有必要放回到 20 世纪中国美学的整体学术运动中，才能显示出它在历史结构中的存在特性）。另一方面，应该看到，学术史探讨的重点，又在于把握美学理论演进中的主要历史结构规律、结构性质及结构的方式，因而，需要强调的是某种学术思想本身的结构连续性，而不是历史的时间构架——美学理论的逻辑完整性必须首先体现出思想的有机延续，以及延续过程的思想进化价值。更何况，对于 20 世纪的中国美学来说，历史过程的客观性虽然是既定的，但理论的具体结构活动又存在种种或然性。这样，在历史结构的客观性与或然性之间，便存在着某种需要我们去揭示的规律、性质和方式。这些对于那种纯粹以理论逻辑为目标的一般美学史叙述来说，当是无法全面了然的，而需要学术史研究来逐步予以澄清。

三

联系 20 世纪的中国美学状况来思考中国美学新的理论建构与深化前景，我以为，当前有两个理论问题需要我们认真对待。

1. 审美现代性问题

如上所述，自从 20 世纪初中国美学进入自身现代理论建构的起步期，"审美本质主义"这样一种坚定的学理精神、文化理想，便规范了 20 世纪中国美学的理论建构。而从某种意义上说，这种"审美本质主义"支配下的理论果实，便是"审美救世主义"的理想情怀主宰了 20 世纪中国美学的百年学术实践。这就是说，20 世纪的中国美学总是把自身对社会人生问题的认识当作一种具有充足理由律的生命本体论来对待，试图以此实现现实生活与人生经验的精神疗治，而 20 世纪的中国美学家们也往往乐于充当这样的"精神医生"。就像当初蔡元培希望能以"美育代宗教"一样，一百多年来，中国美学家常常把自己的理论思路最后定格在美/艺术教育的认识与实践方面，这其中便很能反映一种"救世"的审美/人生价值观。

这里，我们发现一个值得注意的现象：当理论内部的"救世情结"和学术追求上的"社会/人生改造冲动"从外部方面强烈制约了美学的内部建构努力，美学在 20 世纪的中国便呈现了一种特定的"社会学症候"——面对强大而急迫的外部社会压力，理论建构本身的内在逻辑反而失去了它的现实合法性；对于"审美""艺术"的强调，成为特定历史、社会的集体意志表现，而作为个体存在的"人"和作为个体自由意识的选择与行动，则因此消失在美学对于"社会"这一集体利益的原则性肯定之中。从这个意义上讲，实际上，20 世纪中国美学的现代理论建构从一开始就非常鲜明地指向了"社会本体"的确立方向，成为一种坚定地站在社会群体意志之上的美学追求，并把社会的改造、人群关系的改善以及人生幸福的不懈奋斗等社会性价值的满足当作美学唯一合法的现代性根据。

也正是在这里，我们同样看到了 20 世纪中国美学的一个最大缺失：在社会实践意志、集体理性的高度扩张过程中，美学一方面表达了社会现代性的外部实践需要，另一方面却忽视了审美现代性问题的内在理论建构意义。因为毫无疑问，对于 20 世纪中国社会来说，社会现代性实践所要求的，是群体的社会自觉、统一而不是个体的生命自立、自由，是社会的规范性而不是个体的选择性。因而，追求社会现代性之实践满足的美学所集中体现的，便只能是那种超个人的社会意志、超感性的集体理性实践。而与此不同的是，审美现代性的核心却在于寻找超越社会本体、集体理性的价值前景，寻求并确立人的个体存在、感性活动的本体地位。因此，20 世纪中国美学之现代建构所缺失的，根本上也就是对个体存在及其生命价值的理论关注。

鉴于这样一种历史的理论情状，中国美学倘若想在新的世纪里继续自己的现代理论建构追求，在我看来，就应当在注意自身历史特点的同时，清醒地看到社会现代性追求在美学目标体系上的局限性，避免在对"社会本体"的确认中淹没"个人本体"的存在意义。从健全美学的现代理论建构这一整体要求出发，当前的中国美学研究应在自身内部充分肯定审美现代性问题的理论重要性，重新认识超越一般社会规定性和集体意志之上的个体存在价值。换句话说，审美现代性问题之所以成为 21 世纪中国美学的重要探讨对象，既是一种学术史反省的结果，更应被理解为美学自身发展的内在逻辑。

围绕审美现代性问题，当前美学研究需要思考的主要有：

第一，审美现代性问题的症结及其理论展开结构。这一方面，我们主要应着眼于个体存在的本体确定性及其结构规定，并在这一结构规定上展开审美现代性问题的理论阐释。这里，我们首先将遇到的最大难题，就是如何从美学层面上理解个体、感性与社会、理性的现代冲突，如何把握"个人本体"与"社会本体"的理论关系。由于近一个世纪以来的中国美学始终把"社会"视为一个巨大现实而绝对化了，个体存在与社会利益之间的关系常常被设定为某种无法调和的存在，张扬个体及其感性满足被当作对社会改造实践、集体理性规范的"反动"而遭到绝对排斥。在这种情况下，强调以个体及其存在价值作为现代美学理论建构的思考中心，便需要对其中所涉及的诸多关系作新的理解与确认，才能使美学之于审美现代性问题的考辨真正获得自己的理论合法性。

第二，"个人本体"的美学内涵及其现代意义。必须指出，所谓"个人本体"应在一种价值概念范围里被理解，而不是一个具有明确的意识形态属性的社会学或伦理学概念；"个人"首先不是被视为理性的生存，而是一种基于个体心理活动之上的感性存在。这样，强调"个人本体"，意味着中国美学将在突破一般理性主义藩篱的前提下，更加充分地关心个人、个人生存目的以及个人的心理建设，而不是以社会利益消解人的需要、以集体意志消解个人想象、以理性消解感性。事实上，美学原本就是一种形成并确立在个人主体活动基础上的思想体系，离开对"个人本体"的确证，美学的实际思想前提也就被取消了。所以，强调"个人本体"，根本上是要重新确认美学作为一种人文思想体系的学科建构本位，让美学真正站在"人"的立场上。当然，对于我们来说，审美现代性问题的关键主要还在于怎样理解这种"个人本体"的现代内涵。在这一点上，需要解决的理论困难主要是：首先，在现代文化语境中，"个人本体"的现实规定是什么？这种现实规定又是如何在美学层面上具体体现出来的？其次，如果说，对于"个人本体"的确定，意味着对于个人的选择自由、行动自由、感受自由的肯定，那么，这种"自由"的价值目标较之历史的存在形态又有什么具体差异？换句话说，在体现和维护个人生存的基本目标上，"现代个人"的特殊性在什么地方？这样的特殊性在美学系统中将如何获得自己的合法性？最后，由现代社会本身的结构性转换所决定，传统美学对于统一、完整和完善的理性功能要求逐渐被充分感性的个人动机所消解，其影响到美学的现代建构，必然提出如何理解感性活动、感性需要的现代特性及其意义，以及在现代审美和艺术活动中如何有效把握感性与理性的矛盾关系等问题。对此，美学在自身的现代理论建构中必须予以深入探讨。

第三，审美现代性与社会现代性之间的现实关联。在当代社会现实中，现代性建构作为一个持续性过程，不仅关系着社会实践的历史及其文化现实，而且关系着人对于自身存在价值的自主表达意愿和自由表达过程，关系着个人在一定历史维度上对于自我生命形象的确认方式。所以，社会现代性的建构不仅涉及个人在历史中的存在和价值形式，同时也必然涉及审美、艺术活动对个人存在及其价值形式的形象实现问题。美学在探讨审美和艺术领域的本体确定过程时，理应对此作出有效的回答。这里应该注意的，一是社会现代性建构的理论与实践的具体性质，二是审美现代性追求在社会现代性建构中的位置，三是审美现代性追求的现实合法性维度。

第四，审美现代性研究与美学的民族性理论建构的关系。这个问题本来并不应该成为一个主要的讨论话题，只是由于历史原因，在过去的一个世纪里，各种中国美学的"民族性"努力总是相当自觉地把审美和艺术活动与社会进步、审美"人生"的实现与集体意志的完满统一、个人自由与社会解放的关系等，当作一种具有必然性的东西加以高度推崇，并且强调美学理论的"民族性"特征与中国社会固有的实践伦理、集体理性要求之间的一致性。这样，肯定个人及其存在价值、张扬个体自由的审美现代性追求，便不可避免地会同这种美学"民族性"建构思维发生一定的冲突。对于新世纪中国美学来说，能不能真正确立审美现代性研究的合法地位，能不能真正满足美学现代建构的逻辑要求，便需要在审美现代性研究与美学的民族性建构关系问题上进行一定的理论"反正"，厘清其中的关系层次，解除理论顾虑，同时真正从民族思想中发现、发掘和利用"个体本体"的理论资源——在这方面，中国思想系统中其实有许多值得今天重视的东西。

2. 本土学术资源与中国美学的现代建构

在 20 世纪的中国美学进程中，"西方"曾被理所当然地视为中国美学走向现代学科形态的主要依据，是现代中国美学在追求严格的科学逻辑、规范化的学理思考方式过程中实现自身结构性转换的最基本的学术资源。置身于这种西方话语的权威笼罩之下，中国美学在自身的现代理论建构过程中反而对那些以传统思想形式存在的本土学术资源缺少一种深刻发现、有效发掘和主动研究。除了像朱光潜的《诗论》、宗白华的《中国艺术意境之诞生》以及邓以蛰有关中国艺术的一些精妙论述等少数著论外，我们几乎很难再从中国美学的现代学科建构努力中找到有力地接续或有意识地利用本土美学传统的优秀成果。及至 20 世纪 80 年代以后，随着西方学术思想的大面积涌入，令人目不暇接的西方美学理论，特别是当代美学的各种新鲜成果，更使得中国美学研究大规模地进入了对西方学术体系的热烈追寻、移用过程，而较少清明自觉地考虑建构中国美学的现代学科理论体系与实现本土学术资源现代转换的关系问题。今天，不仅我们与西方的学术对话变得相当困难，同时也越来越深地陷入了西方话语的支配性体系之中；不仅中国美学的现代理论建构任务尚未完成，而且这一建构行程面对着支离破碎的西方后现代学术语境也益发显得无所适从、犹豫惘然。

在新的世纪，继续着自身现代建构努力的中国美学将如何通达理想的彼岸，从而在一个新的层面上勾画自己的学术宏图、确立自己的学术信心，便成了需要中国美学家们认真加以思考的问题。这其中，怎样认真面对绵长丰富、深厚博大的本土学术资源，如何积极主动而又充分地探讨并实现传统思想体系与美学的现代理论建构意图之间的有效对接，从而在本土学术资源的现代转换方面获得真正深刻的实绩，应该是当前中国美学研究的又一个重大课题。

当然，这个问题不仅要求我们有意识地、系统而集中地探讨传统中国美学思想的特色性成就，以便通过对本土传统的有效发掘而清晰地呈现中国美学的历史存在形态；在更大程度上，把这个课题当作新世纪中国美学继续进行自身现代学科建构的重点工作之一，意味着我们必须从中国美学的"现代建构"意图及其实际前景方面，重新真正理解传统美学思想的现代转换可能性，深刻发现本土学术资源的有效开发、利用之于中国美学学科发展的"现代性"价值——这一价值既必须体现为美学建构的原创性根据，以切实保证"资源利用"的学科合法性，同时也必须能够充分体现出"资源转换"的"现代性"前景，即能够在真正意义上成为中国美学实现自身现代学科建构策略的内在满足元素。

需要指出的是，一方面，这种对于本土学术资源的重视及其现代转换研究，并非出自某种狭隘的甚或"对抗性"的学术企图，不是要以"本土"来搁置、抗拒对外来理论及其学术方法的必要接纳与综合，也不是要把美学的"民族性"内涵加以夸大化、绝对化，而是力求使中国美学研究通过开发、利用和转换本土学术资源，能够真正找到对外进行平等有效的学术沟通的"对话性"根据。另一方面，实现本土学术资源的"现代性"价值，绝不是为了践行某种美学上的"资源保护策略"，也不是替固守美学的"民族本位主义"寻找堂皇的理由，而是意在通过清理、研究中国美学的思想历史，积极实现由传统向现代、资源向成果的形态转换，使中国美学在新世纪里的发展能够最充分地体现理论的现代形态与思想的历史体系之间的内在关联，进而形成真正"世界的"眼光和胸怀。

把对本土学术资源的有效清理及其现代转换的实现问题纳入当前中国美学研究的视野，要求我们能够真正沉潜下来，既从中国美学现代理论建构方向上深入考察"本土"的现代转换可能性及其机制，又从"本土"的现代转换中深入探索中国美学现代理论建构的具体前景。这其中，需要我们深思的问题主要有：

第一，如何在学术史层面上深刻把握中国美学资源的历史构成及其"本土"特征，进而确认这一本土学术资源的"现代性"精神潜质？这里包含了两个方面：一是对中国美学资源的历史构成的发现、"本土"特征的把握，要求我们在美学研究中始终保持一种"现实的历史态度"，即能够以中国美学的现代理论建构规定来理解"历史的现实合法性"，在美学的历史承续结构上发现本土学术资源的"现代前景"；

二是对本土学术资源的清理、研究，始终是同中国美学的现代理论建构目标联系在一起的，因而，如何从学术史层面上诞生出对中国美学本土资源的"现代性"价值的认识，必然成为一个理论关键。由于中国美学的新的发展并不在于简单接续或使用历史上已有的中国美学学说、范畴、概念或表述形式，而是要致力于将传统有机地连接到美学的现代体系之中，所以，在这方面需要深入探讨的，主要是"本土"与美学现代性的关系问题，亦即必须通过对中国美学本土学术资源的发掘，寻找到真正符合现代美学理论建构规定的内在精神本质。只有这样，对本土学术资源的利用才不至于沦为某种理论的赘物。

第二，如何从中国美学现代理论建构的目标上，找到有效实现本土学术资源现代转换的机制、学理方式，以及这种"转换"的结构特点？对于当前中国的美学研究来说，实现本土学术资源的现代转换，绝非一件轻易的事情，它的有效性不仅取决于我们对中国美学历史的发掘、清理程度，而且取决于我们对中国文化、中国学术的整体历史把握方式；不仅涉及我们对本土学术资源本身的认识深度和利用能力，同时也同我们在当代条件下对中国文化、中国学术以及中国美学发展的总体规律的认识联系在一起。因此，一方面，我们必须从理论上更为深入地探寻本土学术资源的现代开发、利用价值，以便为"转换"的实现奠定必要前提；另一方面，由于本土学术资源的"转换"既是一种理论上的自觉方式、自我肯定过程，同时也体现了中国美学在当代情势下的学科发展必然性，它在结构层面上往往具有多层性、多样性和多因素性，所以，我们有必要从学科建构的有效性要求出发来具体考察这一"转换"的机制、方式和结构特点，以便使本土学术资源的现代转换真正成为新世纪里中国美学发展的内在动力。

第三，如何把握中国美学的现代理论建构形态及其前景，并从中发现本土学术资源的转换价值？实现本土学术资源的现代转换，目的在于从历史与现实的内在关联方面完善中国美学的现代理论建构；"本土"的现代转换价值，也正积极地体现在这种内在关联之中。所以，对于中国美学现代理论建构而言，本土学术资源的存在意义并不表现在其历史存在形态本身，而在于它是否可能并且实际地带来了中国美学新的建构满足。而这一切，又都需要我们对中国美学现代理论建构本身的形态特点及其基本追求有一个相当清晰的把握。离开对中国美学现代理论建构目标的有效确认，"本土"的现代转换价值就不可能被真正发现，甚至，"转换"本身也将成为一种毫无目的的学术空话或理论装饰产品。

第四，如何把开发、利用本土学术资源与确立真正意义上的世界性学术对话机制内在地统一起来？当我们以一种非常认真的态度来探讨中国美学现代理论建构与本土学术资源的现代转换之间的关系时，我们的意图就是为了能够真正确立起一种中国美学的"世界性策略"，即实现中国美学在世界美学格局中的学术推进，摆脱长期以来的模仿与受制局面。因此，对于中国美学的现代理论建构来说，讨论本土学术资源的现代转换问题必须具备一种必要的全球性视野；不是闭门造车，而是眼光朝外，通过返身向内的资源开发、利用而走出西方话语的"单极世界"。正因此，当前，我们在强调美学研究的本土学术资源问题时，应当始终把实现美学的"世界性"和"对话性"放在一个恰当位置上。

（原载《东方丛刊》2003 年第 2 期）

美学：知识背景及其他

——对 20 世纪中国美学学术特性的一种思考

一

在 20 世纪中国美学学术发展过程中，有一个重要现象不能不引起我们的高度关注，这就是：从学术史层面来看，作为现代中国美学的自觉的理论先驱者，王国维、蔡元培、朱光潜等一批学者所开启的，乃是美学研究作为一种"纯理论"活动在 20 世纪中国学术语境中的特定路向与旨趣。而在这一特定路向上，20 世纪中国美学的发生、发展明显有着一种知识融合与变异冲突的内在迹象——王国维、蔡元培等人的最大学术功绩，就是能够在 20 世纪中国美学进程之初，便非常自觉地探索着一种将中国传统的人文理想情趣、思考对象与西方文化的知识性成果、思想形式进行相互协调的新的学术可能性。如果我们能够承认，这种存在于 20 世纪中国美学现代学术道路上的现象，事实上已经大大地改变了美学在中国固有文化体系中的原有形象，或者说，由于在美学研究的知识背景上所存在的融合与变异过程，导致中国美学在理论的现代建构方面的特定价值特性，那么，我们就必须看到，从知识背景的具体构成及其历史演变来考察 20 世纪中国美学的学术构造和知识增长规律，这正是我们现在从学术史方面对 20 世纪中国美学进行认真的价值反省的重要对象。

这里，我们应当首先明确一点，即：任何一种理论学科的学术史研究，所探讨的，正是特定学科知识在自身历史演变过程中的具体增长与变异，以及这一知识演变过程所呈现的学术价值构造和特性问题。由于具体理论的发生、发展总是存在一定规律性的历史过程，而知识层面的历史增长与变异则是其内在的支持，因而，探讨一种学科的历史演进，其知识背景所具有的问题必定会以一定方式凸显出来。

很显然，对 20 世纪中国美学进行学术史考察，其目的就是要从具体历史过程中发现美学在 20 世纪中国的知识性增长与变异特性。而一定时代美学思想的发生与发展，内在地包含了知识的演化、增值过程——它是一种具体的美学活动和理论之所以能够在一个历史体系中"如此"和"必定如此"的内在支持。这样，在探讨美学的历史架构时，其知识背景便显得十分重要——作为隐藏在理论或思想内部的制约机制，它充分规定了美学的学术形态及其价值呈现方式。在这个意义上，我们说，对 20 世纪中国美学的学术史探讨，若要彻底探究美学理论活动的历史存在及其可能性价值构造，无疑就需要将美学内部的知识增长与变异问题引入具体把握范围之中，以便我们对 20 世纪中国美学的价值性判断能够确立在一个有效的依据之上。

二

从总的方面来看，在整个 20 世纪中国美学的发生、发展中，存在着一种具有知识生成意义的"两脉整合"过程——其一是中国本土固有知识的传承系统，其二是西方近代科学知识（包括美学理论）的引进与认知系统；"整合"则是指中西方两种知识系统在 20 世纪中国文化语境中的融合性转换，以及它们彼此间的相互克服与交汇。毫无疑问，作为 20 世纪中国美学学术活动的知识性存在背景，这一过程的出现与演变，最值得我们关注的是：第一，中西方两种知识系统在整合过程中所必然出现的矛盾与冲突；第二，这一整合过程对 20 世纪中国美学学术价值构造所具有的影响；第三，这种影响的发生本身有着什么样的具体特性和意义，以及这种影响的存在为中国美学学术形态的确立提供了什么样的规范。

具体而言，作为 20 世纪中国美学学术发生、发展的知识性背景，"两脉整合"现象明显存在一个特定的文化前提——对于中西方美学的知识性传承和认同，与整个 20 世纪中国学术界对中国文化在世界范围内的现代化进程的要求和把握是联系在一起的。也就是说，对于不断试图走向现代理论建构形态的中国美学来说，无论是对中国美学既有思想体系的传承，还是具体认识和借用西方美学知识成果，这一切都直接维系在 20 世纪中国社会的具体文化实践及其价值意图之上，也直接联系了中国文化在自身现代转换过程中所遭遇的各种意识形态方面的表现因素。质言之，这种联系性的最主要表现，是对学术追求与文化建构理性之间关系的不同要求和理解——在 20 世纪中国社会的不同文化发展阶段，由于美学活动本身所处的具体文化语境的差异，以及作为人文知识分子的美学家们对中国文化的现代建构有着对立的或分歧性的要求，进而导致在美学理论思维、美学观念、美学方法等方面，也同样出现了某种源于传承过程或接受、认同方面的特定差异。这种差异的存在乃至它们之间的相互冲突，往往带来 20 世纪中国美学在自身现代建构过程中对知识背景原有情状的某种变异（这一点下面再加以讨论）。因此，一方面，我们说 20 世纪中国美学因其知识背景上的存在特性，它的学术转换过程明显具有一种深刻的意识形态特性；另一方面，也由于 20 世纪中国美学的学术追求本身具有鲜明的文化建构意识，它对于自身知识背景也就存在某种变异的内在动机和价值企图。所有这一切，当然都归因于美学活动与 20 世纪中国文化现代化进程关系的变动。

这里，我们从美学活动与 20 世纪中国文化进程的关系方面来概略分析。可以认为，进入 20 世纪以来，中国美学的知识背景发生过这样几个方面重大的性质及功能转换。

（一）对于 20 世纪中国美学来说，自从王国维、蔡元培、朱光潜、宗白华等不断将西方美学作为一种全新的知识成果引入到中国美学的现代建构过程之中，西方美学（尤其是以康德、黑格尔、叔本华为代表的德国美学理论及其学术形式）便一直是中国美学家用以审视审美活动、表达美学观念、构造思想体系、观察和批评现实生活，乃至重新理解传统中国美学思想的重要学术依据。如果说，这一依据在 20 世纪 30 年代中期以前主要还是作为一种具体知识形态而被中国美学家认可与应用的话，那么，在此之后，特别是经过了 50 年代的美学大讨论，情况则发生了微妙的变化。随着中国文化进程中特定意识形态因素的介入和持续强化，中国美学家对待西方美学的态度开始由原来那种知识性认同立场逐步转向以意识形态为判断准则的选择立场——包括对西方美学进程的反思和批评，对当代西方美学知识体系在中国文化语境中的价值前景、中国美学与西方美学的交流关系以及这种关系的具体文化性质、将西方美学从知识论方面转向方法论方面的可能性问题等，都强烈地体现出一种意识形态方面的意图。这样，我们就发现，作为一种特定的知识背景，西方美学对于 20 世纪中国美学来说，无疑有着两个方面的功能：其一是方法上的功能，20 世纪中国美学家们在从知识层面上接受、认同西方美学的同时，往往更关注这种知识体系本身对于研究美学问题的方法论意义，更乐意将其当作一种可以直接运用的美学方法来加以实施，以此达到引领中国美学走入现代学科形态的目的；其二是理论体系的改换功能，即 20 世纪中国美学在自己的百年进程中，直接拿西方美学的知识成果和知识积累形式作为具体的理论建构目标。因此，尽管我们在这一过程中能够看到其中非常明显的意识形态意图，但从根本上说，20 世纪中国美学的现代建构努力是直接维系在西方美学的知识形态之上的——对于中国美学家来说，美学的现代建构就是走向这种以近代德国美学为模范的理论体系，而传统中国美学的现代延续，同样也是联系在我们对西方美学的知识接受能力之上的。

（二）由于马克思主义的引进与接受，以及它在 20 世纪中国文化进程上所具有的意识形态的特殊性，使得马克思主义的哲学和美学观念主要不是以一种知识形态，而是作为一种以真理性话语形式来体现其社会实践意愿的理论认识系统，影响并规范着中国美学在这一百年里的学术建构活动及其方向。换句话说，马克思主义美学在 20 世纪中国文化语境中有其自身先在的确定性，而这种"确定性"的意识形态内涵则决定了中国美学家对待马克思主义美学与中国美学现代进程之间关系的普遍态度——虽然在如何理解马克思主义的哲学和美学精神、如何把握"现代形态的中国的马克思主义美学体系建构"等问题上总是充满了意识形态性质的分歧（例如 50 年代的美学大讨论以及此后持续展开的诸美学理论派别的论争），然而，至少在理论的形式存在方面，人们却又竭力标榜了一种坚定的"马克思主义"追求，从而也决定了马克思主义美学在非知识学意义上的话语权力和主流地位。当然，这里也同样存在着 20 世纪中国美学在自身现代理论建构过程中如何对待中国传统的问题——追求理论和观念的现代存在形态的中国美学，无论如何都无法回避把马克思主义真理性话语同中国传统理论的现代延续要求相结合的有效性（合法性）问题。于是，我们便看到：一方面，由于对马克思主义美学及其整个思想体系的理解和运用的方式、程度各不相同，尤其是对于中国的马克思主义美学体系建构的价值要求不一样，所以，马克思主义美学对于 20 世纪中国美学家的意味便有了不同的体现；另一方面，由于马克思主义美学在 20 世纪中国始终是同意识形态问题联系在一起的，因而，它的出现与发展必然造成整个百年里中国美学学术活动的复杂性——在这个意义上，马克思主义美学在 20 世纪中国的重要性就有了特殊的含义。对此我们必须有足够的认识。

（三）当代西方的科学主义美学思潮，特别是各种心理学美学成果和理论方法的引进，造就了 20 世纪 80 年代以后中国美学内部的科学主义取向。尽管我们可以说，中国美学原本也潜在了某种整体性的心理把握传统，而20世纪20年代以后中国美学家（以朱光潜等个别留洋学者为代表）也曾经将近代以后西方美学的心理流派介绍到中国，但是，也只有在20世纪80年代以后，随着整个中国学术界，特别是哲学界和文艺理论界对西方学术的大面积热情高涨，随着当代西方各种具有科学主义倾向的哲学、美学和文学理论思潮对中国学术界的大面积侵入，20世纪的中国美学家才第一次在较为确定的学术意义上认识到美学中科学主义（主要又是心理主义）的功能性魅力，进而产生出对美学进行科学建构的意愿和追求。就这一点来看，20世纪最后二十年里，因着知识背景上出现的这种新的特点，中国美学的现代理论建构努力发生了显著的方向性转移。科学主义的思想方法、理论等，以及西方心理学美学的一系列重大成就，不仅为中国美学家带来了许多全新的理论认识，并且通过对经典美学的思辨理论形态的抵制，而从特定知识层面为中国美学的现代建构活动提供了一种具有怀疑论特性的启示，即：我们曾经热切欲求的美学的体系性建构工作，在科学价值面前必须受到质疑。这既是中国美学为完成自身当代性价值构造所进行的工作，也是中国美学拓展自身学术空间的新的前提。可以认为，虽然在理论的健全性和操作过程的有效性方面还存在许多大的问题，甚至，在如何把握美学的科学价值准则方面也暴露了许多似是而非的矛盾与漏洞，然而，20世纪80年代以来，中国美学在追踪科学主义路向方面却有着一种越来越强烈的倾向——各种形式的心理学美学探索和泛化了的部门美学研究便十足地表现了这一点。这些都显然同20世纪80年代以来中国美学知识背景的改换相关联。

（四）对于20世纪中国美学而言，由于西方美学这一知识背景存在的强大压力，传统中国美学在现代学术语境中的重要性，已经浓缩为一种学术期待的可能性——它使我们不断产生出对"美学的中国化"的理论热情和信心，使我们能够有意识地以一种特有的文化延续立场和学理方式来对待美学的现代提问形式和解答途径。显然，在这里，最重要的还不是传统理论给予20世纪中国美学的现代建构以怎样一种思想资源，即我们在什么意义上来实现美学内部的文化传承，而在于它给20世纪中国美学注入了一份意味深长的希望。正是这份希望，支撑了现代中国美学家的理论信念，也使美学在20世纪中国赢得了必要的赞誉，产生出更多积极的冲动。尤其是，由于对传统进行阐释所必然伴随的多义性和歧义性，结果反倒使中国美学家有可能在提出"美学的中国化"建构问题之际，对西方美学已经形成的知识性成果作出某种变异尝试。所以，作为一种知识背景，传统美学其实是实现了它对于20世纪中国美学的三重功能：一是学术积累的功能；二是融合"西学"的功能；三是形态延伸的功能。应该说，传统美学的现代合法性也正体现在这里。

三

我曾经提出，从学术史层面看，"不同文化背景的学术话语之间的交流和冲突，是影响美学学术展开，从而不断深化或改变美学知识形式、知识方向甚至学科建构性质的重要条件之一，也是我们在寻求美学理论变异的深层思想动机、把握美学发展的内在理论机制时，所必须涉及的一个重要方面"①。这里，我所要强调的是，美学的学术史研究必须非常具体地去探究理论发生、发展中内含的不同文化性质的学术思想间的交流过程及其关系。如果说，在这样的立场上审视 20 世纪中国美学是可能的和必要的，我以为，有一个问题注定将进入我们的考察视野之中，即：如果我们肯定，致力于建构现代形态的理论体系是 20 世纪中国美学学术活动的基本目标，那么，它在这一过程中是以怎样的方式和心态来理解、接纳西方美学知识成果的？换句话说，对于 20 世纪中国美学而言，西方美学（从具体理论学说到方法）是在什么样的学术前提下进入中国美学知识系统的？因为毫无疑问，在我们所要探讨的 20 世纪中国美学学术积累及其价值特性问题中，"西方"作为一个特定的知识存在形态，实际上总是同中国美学的现代学术方向直接相关的。

这里就涉及了 20 世纪中国美学的知识背景问题。具体来说，在整个百年中，中国美学主要采取了两个相关形式来体现自身对西方学术资源的意愿：一是在理论建构形态上，有意识地吸纳或直接转用西方（尤其是近代以来）的美学学说，以此来完成中国美学由传统向现代的理论转换；二是通过借用西方美学较为成熟的学术方法，以形成自身对现代美学课题的新的认知性表达。而在这两个相互关联的形式中，西方美学一直是被当作一种现成的和可靠的知识来对待的。这样，在 20 世纪中国美学进程上，作为一种知识背景的"西方"，其与中国美学之间便存在了某种特殊的关系性质。

概括说来，对于 20 世纪中国美学的发生、发展而言，"西方"有着某种既定

---

① 王德胜：《中国美学：百年进程及其学术史话题》，《江苏社会科学》1998 年第 6 期。

性——它不只是思想活动的认识对象、思想的参照系统，更是一种已经被确认的有效知识体系，是中国美学在自己的现代路程上所寻找到的知识性根基。由此，作为20世纪中国美学发生、发展的特定知识背景，西方美学在被纳入现代中国美学家学术视野之际，必然面临一个如何同中国美学已有的思想体系进行有效融合的问题。这也就是我们通常所说的"美学"在现代学科形态上的"中国化"问题——这里的"美学"常常与"西方美学理论"具有同一性，因而美学的"中国化"实际上便意味着在一种学术价值形态上，将西方美学的知识性成果加以理论转换的"可能性"与"必然性"。而就20世纪中国美学历史中的既有情形来分析，现代中国美学家们对于"西方"这一知识背景的"中国化"转换姿态大体有三类：其一，直接拿西方已有的美学理论作为知识模本，以对中国艺术和审美现象的系统化说明，来思辨（逻辑）地构造一个明显具有西方式学术特性的现代中国美学思想形态。在这方面，做得最出色的当属朱光潜。他的《悲剧心理学》《诗论》等，就是一些范例性成果。其他如范寿康、陈望道、吕澂等人，也在这方面下过很大功夫并有不少成就。其二，以中国文化精神和审美理想为学术基点，有选择地利用西方的学术理论，参照西方的审美—艺术实践，以便在阐释中国美学和艺术问题的过程中，打通中西理论和实践的间隔，确立美学的"中国身份"。宗白华美学便为我们具体塑造了这种特定的"中国化"姿态。其三则表现在对马克思主义理论学说的理解与接受上，有意识地根据意识形态的时代利益来张扬马克思主义对现代中国美学学术建构的话语权。这使得马克思主义与20世纪中国美学的关系体现了强烈的意识形态化倾向，而马克思主义的"中国化"过程也因此显现了其超知识性的社会学意义。周扬、蔡仪便是这方面的主要代表（20世纪50年代以后，甚至80年代"复苏"中的美学研究，通常也具有这种姿态）。所谓"建设中国的马克思主义美学"，往往由于意识形态本身的复杂性，而在不同美学家那里产生出学术旨趣上的差异甚至理论对立。

不过，将西方美学的知识成果进行"中国化"的过程，无疑是一个持续的历史现象。这不仅是指它发生、展开于中国美学的现代建构进程上，同时也是指这种"中国化"的学术追求本身就构成了20世纪中国美学的历史形象——在这个持续的"中国化"方式上，20世纪中国美学方才特定地产生了自己的历史价值。当然，作为一个历史现象，20世纪中国美学对于"西方"的"中国化"转换，又不断演绎出各种理论的变异性结果。由于这种变异，在20世纪中国美学的学术天空上，原本作为知识背景存在的西方美学，这样或那样地发生了与其原有旨趣和规范甚或理论出发点相异的歧变。由此，在 20 世纪中国美学研究中，"西方"之被"中国化"的过程，便带来了某些新的学术现象或学术生长点——其根源就在于这种"中国化"本身的具体方式总是首先被中国文化的历史和现实语境规定了。值得我们注意的是：第一，美学的学术史研究，只有在对历史中的理论变异现象与具体文化语境之间的关系作出明确把握的基础上，才有可能获得有关 20 世纪中国美学学术动机及其活动过程的准确认识。因为很显然，由"中国化"的学术意愿所引发的西方理论的变异，不仅受制于现代中国文化语境的主导性要求，同时，它也可能直接影响中国美学在 20 世纪文化语境中的学术建构态度和方式。正因此，我们必须看到，在 20 世纪中国美学进程上，西方美学的理论变异便具有了它的特殊性，这种特殊性也是我们进行学术史考察的重要对象。所有这一切，都需要我们首先对 20 世纪中国文化语境本身的特性有确切的认识。第二，西方美学在中国文化语境中的变异，相应带来了 20 世纪中国美学的一系列具体历史特性。这其中，尤其需要探讨的一个方面是："变异"过程及其结果在什么样的程度和范围上，又是以怎样的方式，对百年中国美学的学术建构及其价值特性产生了影响。这一点，从大的方面来看，首先是西方美学（主要是它的近代理论形式）作为一种外来的知识成果，它在中国文化语境中的变异，并没有能够完全消除它与中国本土理论在知识内容、知识结构和知识对象等方面所存在的潜在对立与冲突，这就决定了美学的"中国化"始终存在一种知识融合的艰难性与有限性。其次是在具体变异过程中，中国美学家的个人知识准备及其运用能力显然是一个非常重要的变因，它不仅可能导致整个美学研究形态的分化，而且可能因此改变美学的历史存在形式。所以，20 世纪中国美学的学术建构又常常是同具体个人的知识背景及其个人运用过程联系在一起的。而在更为具体的方面，西方美学在中国文化语境中所发生的变异，又不断产生出 20 世纪中国美学内部的各种学术冲突与矛盾。这些冲突与矛盾具有这样的特点：其一，美学的"中国化"建构努力，最终是同人们对"中国—西方"这个文化二元模式的价值取向联系起来的。这样，西方美学在中国文化语境中的变异过程，便具有了学术权力的争夺性质。这一情形也同样发生在有关"马克思主义美学体系"的建构问题上。其二，美学的知识含量也往往很不确定，以至于我们经常难以从知识的有效性层面上去判断百年来中国美学的实际增长。更何况，在 20 世纪的历史中，中国美学的知识增长本身也常常是很可质疑的。

四

再以百年来中国美学对西方学术资源的第二种意愿表达形式来看。我们首先要承认，从古典走向现代，从心灵感悟形态走向逻辑分析形态，是 20 世纪中国美学在现代建构道路上形成的一种有序轨迹。在这一轨迹的深层，潜在着特定的方法论立场，即：20 世纪中国美学的有序发展，基本上是同它自身对西方美学（乃至整个西方学术）具体方法的借用方式直接关联的。这意味着，方法论层面的某种有意识的学术行为，在以"西方"为知识依据的过程中，产生出中国美学百年来的具体学术建构特性，并且充分肯定了中国美学在向"现代"转型过程中的学科定位要求——科学理性和社会精神改造的追求，在逻辑呈现的过程中，得到了方法论层面的直接保证。

进一步来说，作为一种知识背景、学术资源，西方美学的方法体系对于 20 世纪中国美学至少具有这样两重意义：第一，在知识形态上，以理性的逻辑形式出现的西方美学方法体系，由于是被作为一种可以直接"拿来"的操作手段来对待的，因而，对于 20 世纪中国美学来讲，方法的"借用"本身其实已经不复考虑学术之本体依据的转换。换句话说，"拿来主义"成为一种普遍的学术心态，具体作用于 20 世纪中国美学的各种思想和理论活动之中——问题不是西方美学方法是否可以拿来一用，而是我们能够拿来多少"方法"以满足理论认识上的表达需要。于是，在美学的方法论问题上，不同文化特性之于一种理论建构的内在限度常常被有意或无意地忽略。这也就是我们在把握 20 世纪中国美学的时候，总是不得不经常回到西方美学方法系统中去寻找中国美学理论形成过程的原始出发点的原因。第二，在操作过程中，借用西方美学方法本身，往往直接联系着 20 世纪中国美学进程的某些阶段性特征。这就是说，在不涉及美学方法的本体根据这一基础上，方法的借用在形态方面产生了 20 世纪中国美学的某些阶段性改变。这样，我们发现，从王国维、梁启超、蔡元培等人在 20 世纪初正式引进康德、叔本华等的美学开始，其间经历朱光潜、宗白华、吕澂、陈望道等美学家所做的工作，20 世纪中国美学从西方那里接过了包括近代以来几乎所有的学术方法系统。而这种方法论上的自发性认同，恰恰体现了一定的学术发展阶段性特点——从 20 世纪初的介绍性引进，到 80 年代轰轰烈烈的"方法热"，几乎每一次方法论层面上对于"西方"的热衷，结果总是带来中国美学研究形态的某种阶段性转换活动，就像马克思主义美学在中国的情形那样。自 20 世纪 40 年代起，虽然中国美学界对马克思主义的热情不断增长，但与其说人们对马克思主义美学的接受是出自一种理论本体变革的需要，还不如说它更直接地是在方法层面上被中国美学家看中，目的是能够在特定意识形态条件下完成中国美学向新的可能性形态的迅速转换。因此，在后来，我们看到，尽管到了 90 年代，中国美学的学术生存环境已经发生了很大改变，但是，从阶段性发展特征上来说，由于它仍然不断地重复着 20 世纪中期中国美学在方法论上所持守的特定思维立场，所以我们依旧必须将它放在同样的一个学术阶段上来加以把握。这里，我们便不能不提出一个问题：在学术价值特性上，应该如何去理解 20 世纪中国美学的这一具体现象？无疑，20 世纪中国美学家的学术经历及其理论建构意愿，构成了整个美学百年的完整线索，但是，这种方法形态上的特定现象对于美学家们又意味着什么？或者，它在中国美学的百年学术建构价值方面，能够提供给我们什么样的启发？

说到这里，我们还应该再问一下：如果说，20 世纪中国美学在对待西方美学方法系统时具有上述特点的话，那么，西方美学之为 20 世纪中国美学知识背景的意义又在何处？在我看来，这种价值也许就在于，它一方面为中国美学完成自己的现代转型提供了具体手段；另一方面，也是更重要的，它在促成中国美学世纪转型过程中，以特定知识材料而在 20 世纪中国美学中带出了诸多对美学的现代学科建设富有意义的新话题——包括"美学的学科定位"这类多少带有本体意义的学理对象。如此，则我们不能不思考：第一，如果说 20 世纪中国美学的阶段性发展线索是与其对西方美学方法的借用一定地联系着的，那么，这种话题的形成对于 20 世纪中国美学的学术价值构造产生了怎样的影响？第二，在新的理论话题的提出过程中，方法的借用本身对美学家个人的知识准备方式提出了什么要求？第三，作为一种知识背景的存在，西方美学学术方法在 20 世纪中国美学转型过程中产生了什么样的特定变异？变异的规律又是什么？这些，显然都是我们今天在学术史层面上探问百年中国美学的意义之所在。

（原载《文艺研究》1999 年增刊第 1 期）

现代中国美学历程

——中国现代美学史三题

从"五四"到 20 世纪五六十年代，在半个世纪的历史跨度中，中国现代美学向我们展示了一个相对完整的历史轨迹。它的方方面面，都在这个巨变的时代中不断生成、展开。

一　中国现代美学史的研究内容

中国现代美学研究，面对着现代中国全部的审美理论表现形式，以及与之相关的社会文化思潮，其中包括对现代中国哲学美学思想、文艺美学理论、审美心理学研究、审美文化学观念和美育理想的历史分析和当代阐释。它意味着，中国现代美学史所研究的，就是美学理论在现代中国发生、发展的线索及其理论本质。

第一，以中国现代美学史上各种美学命题和范畴的发生、发展为基本点，具体探究其理论本质。

中国现代美学史是在一系列特定理论命题、范畴和理论阐述结构所组成的"内在链条"上展开的。只有经过对这些命题、范畴及其逻辑关系的精微分析，才能具体认识中国现代美学的内在理论本质，把握它的形成规律，确定中国现代美学史的内在结构命题、范畴的"历史框架"。当传统和经典意义上的美学理论在近代中国历史的大幕后面逐渐退隐之时，一批现代中国知识分子则以他们新型的头脑和热情的灵魂，继续开拓着中国美学的理论道路。而 20 世纪 60 年代以后中国当代美学的建设，它与传统中国美学的联系，正是由中国现代美学这个媒介所沟通。因此，只有把中国现代美学当作一个内在完整的话语系统，洞察它的诸多理论形式及其思想立场、特殊业绩，才能在深化理论透视能力和感悟能力方面，开拓我们今天的理论视界。例如，中国现代美学"为人生服务"的思想倾向，与"同情说"的美学命题有着本质联系。而"同情说"之确定与中国传统美学所弘扬的修养人生的人文理想有着什么样的缘分？这一点肯定会引起我们的注意。由此，对于传统美学理想的现代承续轨迹，我们也就不会毫无体会。再如，中国现代美学理论在很大程度上呈现出由形象的艺术思维方式向抽象的哲学思辨转化的特征。这一点，与外来文化引进过程中西方哲学的理性精神对中国现代美学研究的渗透密切相关，而这种转化之于后来美学理论走向的影响，则将引导我们更加深入地认识当代中国美学的建设——传统的艺术思维方式在当代理论中的生命力、美学的理性形式、中国现代与当代美学之间思维形式的整一性，等等。

第二，以中国现代美学史上的传统美学研究和对西方近现代美学的引进、分析工作为视点，探讨其研究方式、理论成果，既可以看到它们作为中国现代美学理论发展背景的意义，又可以看到它们在现代中国的消化形式和转移趋向。

作为一种特殊的文化肯定形式，中国现代美学本质上是两个结构（承续结构和批评结构）的理论一体化。它不仅有意识地上承了传统美学的种种理性，而且有意识地接受和利用了西方近现代美学的理论和方法，由此产生出理论上的某种一致性或相似性，或观念的自然延伸，形成中国现代美学内部的承续结构。这是中国现代美学的一种基本态势，一定程度上体现了中国现代美学史的重要性。当然，作为新的文化形式，中国现代美学也有其一定的理论批评态度和话语模式，亦即批评结构。这种批评结构往往表现为传统或西方理论的消化和转移：美学家们常常以自己的理解方式，解释和深化中国传统或西方理论的现代意蕴，从而在理论上达到某种思维的新境界。中国现代美学史上的"移情"研究，就是对德国心理学派美学理论的某种消化、转移。正是在它的影响下，一些新的美学命题和范畴得以在中国现代美学理论中获得确立。宗白华说的"美与美术的特点，是在'形式'，在'节奏'，而它所表现的是生命的内核，是生命内部最深的动，是主动而有条理的生命情调"①，事实上就是在一种现代理解形式中，通过对"移情"作为生命活动之艺术与审美观照过程的把握，确立了美、艺术的生命本质，从而将立普斯等人的"移情"理论，消化在美是生命的表现这一现代命题之中。

---

① 宗白华：《美学散步》，上海人民出版社，1981，第99页。

在中国现代美学理论中，承续结构和批评结构常常是一体化的。宗白华的艺术意境"三度"（深度、高度、阔度）理论，就是对传统艺术美学理念的现代承续和批评的杰出成果。所以，我们分析中国现代美学理论的发展时，必须深入到承续和批评这两种结构的内部，对中国现代美学的研究方式、理论结果进行理性透视，从中分解出它们所代表的对中国现代美学整个思想历程的特殊贡献。

第三，中国现代美学代表人物与学说的研究。

中国现代美学史研究，只有通过对代表性美学家或流派的思想发展、研究形式作分门别类的探讨，才能更加具体地反映中国现代美学的理论生动性及其历史逻辑性。在中国现代美学史上，朱光潜、宗白华、鲁迅、吕澂、梁宗岱、闻一多、周扬、李泽厚、吕荧等人，他们的理论建构，或多或少、或先或后，都对现代中国美学的形成和发展产生过重要影响。尽管他们中间的大多数人并没有形成自身完全独立的观念体系，但是，作为特定理论时代中的俊彦，一方面，他们从不同侧面向我们提供了思想的客观材料；另一方面，由他们所形成的诸种各有中心的美学流派或研究工作，则已经或将要对整个中国美学的长远发展产生特殊的影响。例如朱光潜的西方美学史分析理论，宗白华的中国美学与艺术的诠释方法，梁宗岱的文艺美学观念，等等。因此，对于我们来说，中国现代美学史研究在这一方面的重要工作，一是如何由此而判别整个中国现代美学在理论上的进展情况，二是如何从中国现代美学在理论上的不断丰满而洞见个人思想的历史价值。当然，对代表性美学家或流派的分析，还应该指向全面——美学历史的方面。换句话说，这一方面的研究，还应该同时成为全部中国现代美学思想历史发展的独特象征。

第四，中国现代美学史的发生、发展和终结，都是在一个文化活动的总体历史进程上完成的。因此，对中国现代历史的全部文化活动、文化思想的理性考察，也是中国现代美学史研究不可缺少的部分。质言之，中国现代美学史研究必须由此形成某些现代中国文化思潮的分析过程。

中国现代美学乃是现代中国文化发展中的一个既独立而又不完全独立的部分：所谓独立，在于其内在理论发展的稳定而系统的逻辑性；所谓不完全独立，则因为它必然联系了现代中国政治、经济、文化、文学艺术的方方面面。现代中国无疑在文化创造方面呈现了许多新的景观，保守的与改革的、本土的与外来的、左的与右的各种理论、观念、态度与立场，汇成一股股既相互冲突又相互渗透的文化思潮，深刻地影响了美学研究及其相关理论，使现代中国的美学研究工作以及由此而生的种种美学理论形成多种新的意味。特别是五四新文化运动和新中国成立初期理论领域所进行的一系列重大思想改造运动，对中国现代美学的发展及其终结，更产生了巨大的影响：它们一方面催生了中国现代美学的新的话语特征和新的格局，另一方面又导致了中国现代美学理论中的某些不可避免的言路断裂。作为一种真正的理性考察过程，中国现代美学史研究应该而且必须能够从审视中国现代文化思潮的立场来周游整个理论世界，亦即应该而且必须是一种美学理论历史的文化价值判断与巡视。在我们的观念中，中国现代美学史必定是一种特殊的文化史或思想史，它的每一个具体构成都意味着审美化观念的独特意义。

中国现代美学史研究应保持一种"整体联系"的理论精神，真正全面透彻地研究中国现代美学史，应该是上述各方面内容的有机整合。当然，在这些方面中，有关第四个方面的研究，则注定应该成为我们全部理论视野上的第一个关注点。

二　中国现代美学史的分期

中国现代美学的发展，不仅因政治、经济形态的一定变化而引起，更由某种"文化迫力"即现代中国社会文化活动、意识形态观念的综合刺激而导致。立足于此，同时又依据中国现代美学的具体演进，我们可以认为，中国现代美学史经历了发生、发展与深入及理论终结三个基本阶段。

1. 发生阶段：这一阶段基本上完成于"五四"时期至 20 世纪 30 年代中期这一时间内。在这一阶段，由于五四新文化运动所产生的巨大思想震撼和西方文化影响，中国现代美学家们所从事的主要理论工作，是初步接受和尽力介绍他们所了解的西方，特别是康德以后的各种美学与艺术理论，试图以此更新中国人的美学观念和理论话语形式。也就是说，中国现代美学家们开始产生出一种新的历史责任感和理论意识：他们急于把那些过去不被中国人了解或了解甚少的西方美学理论介绍进来，并且试图以此更新、改造中国人的美学观念和美学理想。它表明，中国现代美学史的理论开端，在一定意义上是借助于西方文化，尤其是近现代西方美学思想的冲击而形成的。它构成了中国现代美学史的第一个开放态势。蔡元培、鲁迅、朱光潜、吕澂、瞿秋白、胡秋原、华林、马采诸杰，在这方面起了很大作用。其中尤以朱光潜、吕澂功绩最著。朱光潜的《文艺心理学》《变态心理学》《谈美》和吕澂的《美学浅说》

《晚近美学思潮》等著述，都较为系统和专门地为现代中国人展示了西方美学理论的世界。而这一阶段出现于中国美学家面前的，则不仅有康德、黑格尔、叔本华、尼采、弗洛伊德等大家，而且有诸如移情论、直觉论、距离论、意识流、原欲说等众多的美学流派，它们共同开拓了现代中国美学研究的理论视界。

在大量介绍西方美学思想的同时，美学家们也开始着手寻求某种理论的新建构。首先，在美和美感研究方面，他们试图超越以往那种单纯的艺术思维方式，代之以典型的西方式的和寓于哲学思辨的"纯美学"研究。对各种美学、艺术问题的理论探索，基本上都围绕着美、美感、审美标准、审美心理差异等诸多基本理论问题而展开，有着极为明显的哲学抽象性。舒新城、华林、范寿康、铁庐等人的许多文章，以及《谈美》（朱光潜）、《美学》（李安宅）、《艺术家的难关》（邓以蛰）、《美学概论》（陈望道）等著作，都着重从哲学分析、逻辑推演的角度，研究了美与美感问题，其中不乏精彩见解。例如，朱光潜的美感经验三阶段论，范寿康的"美的经验，与其他经验同样，乃成立于主观与客观之对立的关系上面"[1]、吕澂的"美的态度一面是美感的，一面是静观的，合了两面才成一个全体"[2] 等，很明显地反映了中国现代美学研究在这一阶段的思想成果，反映了美学家们对西方近现代美学的一定的接受能力和消化能力，以及用中国方式阐释西方观念的理论神韵。

其次，美学研究自觉地探入到艺术世界之中，使诸如艺术起源、艺术创造与欣赏、艺术发展等的研究，上升到审美判断的高度，形成初步的文艺美学、艺术心理学理论构架。比较具体的成果有唐隽《艺术独立论和艺术人生论底批判》、胡秋原《文艺起源论》、熊佛西《论悲剧》和《论戏剧》等文章，以及朱光潜《文艺心理学》和《变态心理学》、洪毅然《艺术家修养论》、梁宗岱《诗与真》等著作。作为中国现代美学主要命题的"同情"理论，则被许多研究者应用于艺术创造与欣赏的分析中，在当时形成了一种以"审美同情"为理论本体的艺术分析思潮。

2. 发展与深入阶段：20 世纪 30 年代中后期到 40 年代末，中国现代美学研究开始进入理论的自我完善和深化阶段，特别是联系了现实文艺发展，注重阐释艺术的审美鉴赏、艺术意境创构、艺术美本质、艺术功能和艺术理想的发展等重要文艺美学理论。"艺术美在于表现生命活力""艺术表现时代精神""艺术的形式主义"等，这

---

① 范寿康：《美学概论》，商务印书馆，1927，第 8 页。
② 吕澂：《美学浅说》，商务印书馆，1931，第 27 页。

些明显带有近现代西方美学意味的话题，既是此时美学研究的学理对象，又是这一阶段美学理论的主要命题。

不过，这一阶段特别有成就的，还是对中国传统艺术和文艺美学理论的再认识。其中，以宗白华为主要代表，提出了中国艺术的意境生成理论、审美时空理论以及"空灵""充实"等一系列传统艺术研究的范畴。宗白华《中国艺术意境之诞生》《论文艺底空灵与充实》《中国诗画中所表现的空间意识》、傅抱石《中国绘画思想之进展》、许君远《论意境》，以及朱光潜《诗论》、李长之《中国画论体系及其批评》等，代表了这一阶段对中国传统文艺进行美学审视的总体水平。

由于西方近现代美学理论被大量介绍和接受、消化，现代中国美学家们开始形成理论的"立体视界"，比较集中地进行了中西美学与艺术的比较，确立了中国早期比较美学研究的有形系统。宗白华通过比较中西绘画审美观念，认为两者"一为写实的，一为虚灵的"，从而提出中国艺术的审美空间意识是流动的（类似音乐或舞蹈所引起的空间感型）①。不难看出，他一方面在努力建构一种有关中国传统艺术的认识原则，另一方面则已经自觉地奠定了中西艺术及其理论形态的总体把握方法，至少已经提出了中西艺术审美比较理论的系统性框架。而丰子恺所论"中国画的表现如'梦'，西洋画的表现如'真'"②，不仅道出了中西艺术创造的差异，而且在比较中揭示了这种差异的观念本质。其他如陈之佛《略述近世西洋画论与中国美术思想共同点》、朱光潜《诗论》等，都是这一阶段中西比较美学研究的具体结晶。

同是这一阶段，马克思主义美学思想的介绍、研究和运用蔚为可观。尽管此前鲁迅、瞿秋白等人已作了一些初步的努力，但唯有到了这一阶段，随着中国历史的戏剧性变迁，随着马克思主义学说由中国革命的推进而日益传播，加上某种历史目的的巨大制约，比较全面、系统而有目的地介绍、运用马克思主义唯物论美学，才在这一阶段成为一种理论现实，从而在大量引进西方美学理论之后，在美学领域再一次激起引入外来思想的理论思潮，在一定程度上改变了一些人的观点，使之有意识地以苏俄形式的马克思主义理论来指导美学研究工作，以"现代人类的艺术也只有一条前进的道路——社会主义的现实主义"的信念来构造美学理论大厦。由此而形成的思想冲击力，与早些时候所形成的西方思想冲击力并驾齐驱，不仅撞击出现代中国美学史上

---

① 参见宗白华《论中西画法的渊源与基础》《中西画法所表现的空间意识》，见《美学散步》，上海人民出版社，1981。

② 丰子恺：《绘画与文学》，上海开明书店，1934，第88页。

更多的研究课题，也撞击出中国现代美学史上更为复杂的理论论辩局面；既为中国现代美学理论转型提供了启示性的材料，也为当时以及此后的中国美学研究孕育出种种困境、迷惘，为中国现代美学史的理论终结奠定了思想基础。

当然，更加引发我们理论兴味的，主要还不是马克思主义美学思想在这一阶段的全面介绍，而在于这种"引种"工作的长远影响，以及现代中国美学家在当时条件下对它的接受、消化能力。前者自然不是一时间里能够完全看清的，后者则在当时便已有所反映。无论是周扬《我们需要新的美学》《马克思主义与文艺》，还是胡秋原《唯物史观艺术论》，蔡仪《新美学》，吕荧《人的花朵》，都已经明显地表现出对马克思主义美学思想的接受与运用的努力。

3. 理论终结阶段：这一阶段出现于 1956～1965 年的美学大争论期间。其之所以成为中国现代美学史的理论终结阶段，在于：第一，现代中国美学家们在此期间第一次以"自我"反省或"自我"批判的意识，总结了几十年来的理论历史，在理论心态上呈现了一定的"忏悔"；第二，中国美学研究开始遵循一条新的思想路线，努力实践马克思主义的理论原则，为以后当代中国美学的研究工作提供了更多的理论材料和新的基础。当代中国美学正是由于现代美学的理论终结，才获得了自己生长和发展的前提。换言之，中国现代美学在经历这一阶段之后，由它而诞生的，一方面是对一种历史价值的判定，另一方面却是对未来的深刻铺垫。

由于种种原因，中国现代美学在开始和完成自己的理论终结时，经历了从不自觉到自觉的心路历程。思想改造的现实需要，意识形态转换的巨大制约性，使美学家们首先把目光回溯到理论的过去，在新的思想尚未成熟之际，就开始批判地审视自己的历史。这样，就产生了运用马克思主义美学原则（如反映论、经济制约论）与如何真正掌握这些原则的矛盾。朱光潜、蔡仪、李泽厚、吕荧等在"美是什么"上的争执，就反映了这种矛盾。当马克思主义美学原则不是被当作理论的本体论基础，而仅作为认识方法时，这种矛盾便必然会产生。从这个意义上讲，中国现代美学理论终结阶段并不充分具备"瓜熟蒂落"的必然性。只是随着意识形态的文化制约性向每一个人心灵的顽强扩散，随着一些理论"新秀"——没有经历过历史的挣扎，因而在理论的自我批判方面毫无内在痛苦的人——的出现，中国现代美学的理论终结过程才开始逐步地走向理性的自觉。于是，着眼于中国现代美学理论终结阶段的全部过程，特别是它的最后结果，我们必须承认，首先，它使得中国美学的发展，一方面进入一个新的理想境界，另一方面又提供了许多新的理论对象；其次，它使得中国美学研究格局产生了新的变化，至少，在一个新的文化语境中，产生了以主观论、客观论、主客观统一论以及客观性与社会性统一论为旗帜的四大学术派别，产生了吕荧、高尔泰、蔡仪、朱光潜、李泽厚等当代美学大家，使中国美学界有可能在经历了理论上的周折之后，产生出新的较量。

中国现代美学的理论终结阶段，乃是以理论的形而上学批判为源头，又以理论的形而上学建设为终点。其基本目的便在于，"批判过去的旧美学，建立马克思主义的新美学"，从而寻求"美的本质""美的对象"这类形而上问题的唯物论证明。早在20世纪50年代初《新建设》杂志发表一系列关于现实主义与美学问题的文章时，这种美学的形而上学建构形式就已初见端倪。而到朱光潜写出《我的文艺思想的反动性》一文时，这种建构形式则被具体化了，并进而使理论的形而上学批判带动整个美学研究走向另一个层面的理想完成过程。吕荧、朱光潜、高尔泰、李泽厚、蔡仪等人在当时所发表的许多论争文章，既体现了现代中国美学家们在新的文化语境中，对以往思想历程的反省立场，也体现了中国现代美学的一种新特性、新理想。它们因自身的鲜明性而在一定意义上规定了中国现代美学理论终结阶段的走向。

可以说，中国现代美学理论终结阶段的重大意义，首先体现在它的思想转换形式方面，其次又体现在它对当代中国美学研究的启发上。随着理论终结阶段不断趋近于自身的完成，由美学理论的形而上学证明便自然地带出了诸如艺术辩证法、艺术的时代精神、自然美等理论课题，而这些课题以后又都成为当代中国美学研究开始一个新的理论阶段的历史材料。

三　中国现代美学史的特征

1. 中国现代美学史的基本特征，首先表现为它的过渡性。这一点，最明显地反映在其研究方式的过渡性上。一方面，中国现代美学在引进、介绍外来美学理论的基础上，因着理论自身发展逻辑和美学家的素养，逐步向综合分析、消化融会的方面过渡。它明确地反映出，中国现代美学是一种立足于本身传统、借助外来冲击而向内作更高追寻的理论系统，表现为引进→理解、分析→综合、接受→消化的理论过渡。另一方面，中国现代美学开始脱离传统的艺术说明方式，不再局限于对文艺和社会生活中的审美现象的感性诠释，而是以思辨的理性抽象，对认识领域中的美学问题进行理性阐释，以便向理论的哲学概括方面进展。这就表明，中国现代美学正逐步摆脱那种围绕一个问题进行重复诠释的传统模式，把理论注意力更集中于新观念创构的全部开放过程。因而，它便成为一种积极力量的象征，为中国美学以后的持续发展展示了一个诱人的前景。

中国现代美学史的过渡性，也体现在其发展深入阶段和理论终结的复杂性之中。第一，由于在发展深入阶段上较为集中地介绍了来自苏俄的马克思主义美学和文艺理论，在一定范围里形成了对马克思主义美学的接受、运用局面，从而使中国现代美学内含了两股"力"——西方近现代美学和马克思主义美学的冲撞。由于这两股力实质上是不可能组合的，所以，它们在理论形态上的分歧就造成了中国现代美学发展中的矛盾——在本体论范围内，这种矛盾即"美是什么"；在认识论方面，则表现为"美是怎样被认识或感受的"。这种矛盾既导致了中国现代美学发展与深入阶段上的种种不确定性，也造成中国现代美学理论形态的二元分立。这种情况一直延续到理论终结阶段，才以其中一种"力""绝对"克服另一种"力"的意识形态革命形式而获得某种"消除"，但又并没能使中国现代美学产生真正的、最后的超越，它依旧需要形成更高的确定形式。可以说，中国现代美学在其发展中所具有的这种复杂性，总是在为它自己产生着一个又一个材料，进而连接起它与中国当代美学之间的理论桥梁。

第二，中国现代美学经常在某种意识形态革命的形式中，获得其理论对象和理论转换。无论是由于中国革命需要而形成的对马克思主义的憧憬，还是为建立新型意识形态所做的思想批判，每一次意识形态领域的斗争都使得中国现代美学产生新的分化、新的期待和新的需要。更何况，由于意识形态革命在中国现代历史上的复杂性和不确定性，这就规定了中国现代美学的纷繁面貌，使之呈现出往后不断过渡的趋势。20 世纪五六十年代美学大争论之所以成为中国现代美学史的理论终结阶段，其中原因之一，就是它使得中国现代美学在理论形态上开始由二元分立向统一化过渡，使美学家们能够在一种新的语境中，继续完成他们尚未完成的理论形式。

可见，中国现代美学史乃是美学理论与研究由现代历史向当代条件过渡的渐进历程。

2. 中国现代美学史的另一个特征，则是它虽没有形成总体上较完整的思想体系，却产生了以代表性美学家的理论观念为形式的个别的研究系统。其间较有代表性的，主要有：朱光潜以"心物相合"论（后来演变为主客观统一论）为核心、主观（主体）与客观（客体）关系为出发点的美的本体论研究系统，它凭借西方近现代美学思想为自身的观念材料，把美学导向一种建立在主体感觉、情绪和观念之上的美与审美经验研究，不仅确立了美学的经验分析基础，而且开创了中国现代文艺美学和审美心理学的历史。而周扬、蔡仪等人有关美的本体论研究，则明确标示了美学中的唯物主义认识方法，注重从具体现实中寻找美的客观本质，极端强调了美学与现实生活、艺术实践的联系。

宗白华的中国传统艺术的现代诠释系统和邓以蛰的艺术创造论研究系统，在中国现代美学史上独具影响。前者对中国传统艺术及其美学理想进行了比较完整的现代思辨，确立了自己独立的美学命题和范畴，开启了涉入中国艺术及其美学理想之境的新的思维之门。后者则在弘扬艺术实践精神的基础上，对艺术，特别是艺术美的创造，有着透辟聪颖的把握，所谓"艺术，是性灵的，非自然的；是人生所感得的一种绝对的境界，非自然中的变动不居的现象"①，这种对艺术美创造本质的总体认识，在当时可谓风骚独领。

种种情况表明，中国现代美学并非像有些人所认为的，完全没有独立的研究系统。在我看来，研究中国现代美学史，就是要通过具体的材料，揭示其中具体的内容，这才是一种对待历史的科学精神。

3. 以弘扬审美教育作用而满足观念上对现实人生的改造理想，是中国现代美学史的又一大特征。

对国家、社会、民众生活的深刻忧思，对艺术生活之精神崇高性的憧憬，使得中国现代美学家们总是突出地强调审美教育的理想作用，借此满足或安慰其在观念上对现实人生的改造理想。这一点，同样成为中国现代美学的一个特征。美学家们几乎无一例外都对现实人生持有强烈的不满，都希冀通过艺术、审美教育来唤起全体民众的自觉精神，拯救人的生命衰落。但是，理论上对审美教育作用的透悟，除去具有一定的观念存在性价值以外，并没有成为某种实践行为的现实基础。作为一种发自内心自觉的不懈追求，它安慰了美学家的心灵，却没有真正达致现实的完善。因此，在理论上弘扬审美教育作用，还只能是一种观念的力量，这也是导致现代中国美育理论丰足、具体操作贫弱的原因。

宗白华曾经表示，"我们人群社会中，所以能结合与维持者，是因为有一种社会

---

① 邓以蛰：《艺术家的难关》，北京古城书社，1928，第7页。

的同情"。因为这份"同情"，使"小我的范围解放，入于社会大我之圈，和全人类的情绪感觉一致颤动"①。事实上，把审美教育作用的理论基础奠定在"同情"上——由对社会的同情扩大至对自然的同情、情感的同情，以及艺术的同情，是中国现代美学在美育理论方面的一大特色。至于以"同情"为根本，用艺术的方法启迪人类心智，改造人生境界和社会现实，则成为中国现代美学在观念上完成审美教育作用的具体途径。应该说，这种弘扬审美教育作用的理想，这种在理论上所从事的功德无量的工作，反映了现代中国美学家们的一种文化观念，也表现了他们对创造新文化的急迫欲求，因而它本身也构成为现代中国文化创造活动的具体内容。

（原载《东方丛刊》1993 年第 4 期）

---

① 宗白华：《艺术生活》，见《美学与意境》，人民出版社，1987，第16页。

艺术起源理论的中国形态

20 世纪上半期是中国美学走向现代理论建构的重要时期，"艺术起源"问题的探究则是这期间中国美学学者比较集中的话题。如果说，作为现代美学的重要方面，"艺术如何和为何起源"这一发生学问题曾在近代以来西方引起纷纷议论，那么它在 20 世纪上半期中国美学现代理论建构发展中，在竭力以西方学术为模范的现代中国美学学者那里，同样没有获得一致的解决。尽管 1919 年到 1949 年间中国学者对艺术起源问题有过种种不同理解，但他们从始至终又都追踪、仿效了西方美学的相关知识。在这个问题上，我们又一次看到 20 世纪中国美学学术演进的鲜明特征，即现代中国美学学者主要采取了两个相关形式来体现自身的"现代意愿"：一是在理论建构形态上有意识地吸纳或直接转用西方（尤其是近代以来）美学学说，借以完成中国美学由传统思想向现代理论的转换；二是借用西方较成熟的学术方法，以形成自身对现代美学课题的新的认识性表达。在这两个相互关联的形式中，西方美学一直被努力走向现代理论建构道路的中国美学学者当作一种现成和可靠的知识来对待。①

考察 20 世纪上半期中国美学现代理论建构过程中的诸多艺术起源观念，我认为，把艺术起源归于劳动实践或游戏或同情，是艺术起源理论在现代中国的三种具体形态。

一

在 20 世纪上半期中国美学走向现代理论建构的道路上，"艺术起源于劳动实践"

---

① 参见拙文《"西方"的"中国化"：百年中国美学的知识背景及其变异》，《文艺研究》1999 年第 1 期。

观点有着最为广泛的影响。它最初以蔡元培、胡秋原为理论代表，至 20 世纪 40 年代以后则主要以周扬、吕荧等人为代表。其基本核心则是将人类艺术的最初发生归于原始人类的生产劳动，视艺术起源于人类生活实践的发展需要。

早在 1920 年，蔡元培的《美术的起源》一文就曾详细考察了原始人类的"艺术"创造活动及其审美趣味发生、发展问题。他通过引用大量原始材料，认为由于"游猎时代生存竞争上必须的"要求，使得原始人类"有锐利的观察与确实的印象"，有"他们的主动机关与感觉机关适当的运用"，从而使原始人类从大自然中获得装饰品，更进一步创造出带有萌芽状态的艺术品，模仿自然以表达原始人类自身感情。在他看来，这种最初形态的艺术创造冲动"不必到什么样的文化程度，才能发生"，而与原始人类"生活很有关系"。① 蔡元培的这一观点，可说是 20 世纪上半期中国美学学者从劳动实践方面探寻人类艺术起源之谜的第一声，此后则有更多人循着这条路去摸索开启艺术起源究竟的大门。这其中，胡秋原作为一个相当有分量的现代学者，不仅是 20 世纪中国最早系统运用唯物主义方法论研究美学、艺术问题的专家，而且在一系列美学著论中有意识地将唯物史观用于艺术的发生学研究。在代表作《文艺起源论》中，胡秋原旗帜鲜明地阐明道：

> 人最初艺术发生与发展，大部分是起源于实用的动机——工作先于艺术。实用是艺术最原始的动因，最初的艺术是从实用生活的必要而起……最初决不是先有"美感"才有艺术，而反是在实用工作中才发生美的现象，连带着"美感"对象的原素。②

依据唯物史观考察人类艺术，胡秋原发现"原始人的心理，最大部分几乎全部是凭倚经济活动的时候，生产活动直接地左右艺术的生与长。换句话说，（1）经济促进伴随艺术的产生与发展，（2）经济影响艺术的形态与变化"③。这一发现根本上源自马克思主义唯物论立场。因为在马克思主义创始人那里，正是人类劳动实践使得自然对象"人化"，人在自己的劳动产品中看到了人的存在和力量，从而产生审美的喜悦，"一个民族或一个时代的一定的经济发展阶段，便构成基础"，艺术"就是从

---

① 《蔡元培美学文选》，北京大学出版社，1983，第 95、103 页。
② 载《北新》1928 年第 2 卷第 22 号。
③ 载《北新》1928 年第 2 卷第 22 号。

这个基础上发展起来的"。① 胡秋原对艺术起源的理解正应合了马克思主义创始人的思想。当然，对于胡秋原，来自马克思主义阵营的普列汉诺夫的影响更为直接。普氏在艺术起源问题上贯彻始终地坚持了唯物史观基本原则，明确主张艺术的产生"决定于一定生产过程的技术操作性质，决定于一定生产的技术"，而"劳动先于艺术"，② 其如原始人的舞蹈"是人的生产活动在娱乐中、在原始艺术中的再现。艺术是生产过程的直接形象"③。在这里，我们分明可以看出胡秋原对普氏思想的忠实程度，两者的观点竟如出一辙。也因此，胡秋原不仅专门撰写《唯物史观艺术论——朴列汗诺夫及其艺术理论之研究》④ 一书探讨普氏美学，还在《文艺的起源》里热情评价其"艺术起源论认为艺术是受经济活动的影响，原始劳动者的技巧动作的情态是表明有用物体的制造，是在社会学上找得确实的根据而颠扑不破了"。

除了普列汉诺夫以外，胡秋原对艺术起源的认识还受了日本学者厨川白村的一定影响。后者在《苦闷的象征》中论及艺术发生时指出："因为他们（指原始人）对于自然力抵抗的量很微弱，所以无论对于地水风火，对于日月星辰，只感谢、赞叹，或者诅咒、恐怖的感情去相问，于是乎星辰、太空、风雨便都成了被诗化、被象征化的梦而被表现。尤其是，在原始人类的幼稚的头脑里，自己和外界自然物的差别是很不分明，因此就以为森罗万象都像自己一般的活着，而且还要看出万物的喜怒哀乐之情来……诗和宗教这双生子，就在这里生长了。"⑤ 从艺术的象征性方面，厨川白村发现了艺术起源与宗教观念产生之间的相似关系。对此，胡秋原肯定厨川白村从"日常生活上的实利的欲求"着眼，是"最值得我们注意首肯的地方"，因为在他本人看来，"宗教，实在是艺术第二的母亲，或者也可以说是艺术的保姆"。不过，胡秋原更强调把这种宗教对艺术起源的作用放到劳动实践基础上考察，"'祈祷'还是在劳动之后，宗教也还是劳动过程的产物……他们（指原始人）的祈祷，无非是希求'生活'上的一种满足罢了"⑥。如是再三强调劳动实践是艺术的起源，已不难看出胡秋原的根本立场了。而在胡秋原之前，现代中国还没有人能如此系统、准确地运用唯物史观于艺术起源的研究。

----

① 《马克思恩格斯选集》第 3 卷，第 574 页。
② 普列汉诺夫：《论艺术（没有地址的信）》，曹葆华译，人民文学出版社，1962，第 11 页。
③ 《普列汉诺夫哲学著作选集》第 2 卷，三联书店，1961，第 754～755 页。
④ 上海神州国光社，1932。
⑤ 厨川白村：《苦闷的象征》，鲁迅译，北新书局，1928。
⑥ 胡秋原：《文艺起源论》，载《北新》1928 年第 2 卷第 22 号。

　　随着 20 世纪上半期中国美学现代理论建构的演进，特别是随着 30 年代以后中国美学、文艺理论界对马克思主义理论的译介、研究规模不断扩大，① 艺术起源之"劳动实践"观点也得到进一步发展和系统化。吕荧和周扬是其中两个重要代表，他们都试图用唯物史观的方法论来考察人类艺术发生，希冀从马克思主义那里找到艺术起源问题的真正答案。吕荧曾为此专门写了一系列文章来进行讨论，而最能反映其艺术起源见解的，是他在 1946～1947 年几经修改的《艺术散记》。在该文中，吕荧开宗明义地指出："人类的艺术活动从原始时代就开始了。"他与蔡元培相似，同样从原始人类"艺术"作品入手，通过原始素材来探寻艺术源头，以为"艺术是社会生活的反映，而生活是艺术创作的源泉，最早的人类的作品再一次证明了这个真理"②。不过，与同样持守"劳动实践"观点的其他中国学者有所不同，吕荧主要从艺术创作的现实主义这个角度探寻艺术起源，更致力于从人类社会生活方面研究问题。显然，从"劳动实践"的观点到"社会生活"的观点，有关艺术起源观念的这个变化，可以被看作是 20 世纪上半期中国美学现代理论建构中的一个初步发展。正是从原始人类"艺术"活动中，吕荧不仅看到了其与人类生产活动实践的关系，而且发现了艺术同人类社会生活的"真实"沟通，即原始人类"生活在原始共产群体里，没有受到私有财产社会制度之下的生活观念的残伤；他们的生活是粗野的，可是是质朴的，纯真的。在这样的生活中成长起来的人，他们也以粗野、质朴、纯真接触世界。于是，在绘画和雕刻里，他们达到艺术创作的原始的真实的境界"，"正是从生活的'无量的光源'中涌出了这样的艺术作品"③。如此，"艺术源于生活真实"的观点，便在吕荧那里具体诞生了。它同吕荧之前其他学者观点的区别在于：用"社会生活"解释艺术起源，已不再简单地围绕艺术的

---

① 如仲云翻译了托洛斯基的《论无产阶级的文化与艺术》（1926），鲁迅节译了托洛斯基的《文学与革命》（1926）、卢那察尔斯基的《艺术论》（1930）和普列汉诺夫的《艺术论》（1930），杜衡翻译了波格丹诺夫的《无产阶级艺术的标准》（1928），冯雪峰译有卢那察尔斯基的《艺术之社会的基础》（1929）、普列汉诺夫的《艺术与社会生活》（1929）和法捷耶夫的《创作方法论》（1931）等。而一声、冯雪峰、博古则分别于 1926 年、1930 年和 1942 年翻译了列宁的《党的组织与党的出版物》，萧三在 1947 年编译有《列宁论文化与艺术》，冯雪峰翻译了马克思的《〈政治经济学批判〉导言》中有关艺术生产与物质生产发展不平衡理论和马克思关于出版自由等的论述（1930），程始仁译有马克思《神圣家族》第五章（1930），郭沫若重译了《神圣家族》第五章并首译其第八章（1936），柳若水摘译《1844 年经济学－哲学手稿》（1935），荃麟摘译《德意志意识形态》第一卷（1937）等。参见钱竞《中国马克思主义美学思想的发展历程》，中央编译出版社，1999。
② 《吕荧文艺与美学论集》，上海文艺出版社，1984，第 58 页。
③ 《吕荧文艺与美学论集》，上海文艺出版社，1984，第 56 页。

原始状态来谈论问题，而是力图深入艺术本质的"真"中探寻艺术的发生，从创作方法上求解艺术起源的究竟。这种方法上的差异，便造就了同派观点中的新见解。而从艺术源于生活"真实"出发，当吕荧再度探求艺术的起源时，他便认同艺术生命从属于一个更广大更高的原则——善，而艺术的起源总是同"求善的思想和愿望联系着的"；"善"是"勇敢的面对现实的战斗。'善'是人类寻求幸福的生活的愿望和行动"，在寻求幸福和光明的生活中爆发了人类艺术创作的冲动，所以艺术的导火索又是求善。原始人类"在寻求人类的幸福的生活的战斗中，他们得到了创作的力量，他们完成了艺术"。如此，归结到艺术的现实主义方面，吕荧才会说："现实主义，这不单是真的战斗，而且也是善的战斗。"① 毫无疑问，在吕荧这里，"艺术起源于劳动实践"观点已经一定地深化，被联系到一个更为广阔的思想天地中去了。

周扬在 40 年代撰有《唯物主义的美学》《马克思主义与文艺》等论文，还翻译了车尔尼雪夫斯基的《生活与美学》。他在《生活与美学》的译后记《关于车尔尼雪夫斯基和他的美学》中特别指出："车尔尼雪夫斯基使艺术和生活紧密地结合起来，引导人热爱生活，并为美好的生活而斗争。"正是在车氏"美是生活"、艺术是"再现自然和生活"命题的引导下，周扬从马克思主义创始人以及列宁、毛泽东等人思想中领悟到艺术起源于群众现实生活这一点。在《马克思主义与文艺》② 中，周扬用马克思主义者的口吻毫不犹豫地肯定"人类一切的文化，包括艺术与文学，都是群众的劳动所创造的"。他并根据恩格斯思想对此作了相应论证："正是由于劳动，由于适应日益复杂的新的工作，人的手才达到了这种熟练的程度，以致它仿佛着了魔力似地产生了拉斐尔的绘画，托儿华尔德森的雕塑，巴加尼尼的音乐……劳动先行于艺术。"由是，周扬便从劳动实践角度确定了艺术起源于群众生活的观点，并同当时中国革命文艺的现实要求相适应——实际上，正是中国革命文艺朝向真正人民性发展的现实要求，使得马克思主义文艺和美学观得以在 20 世纪上半期中国美学发展中产生出变革观念的巨大影响力，也才有现代中国美学学者在马克思主义旗帜下对艺术起源问题的不断探究。

应该说，"艺术起源于劳动实践"的观点在 20 世纪上半期中国美学发展中完全

---

① 《吕荧文艺与美学论集》，上海文艺出版社，1984，第 57~59 页。
② 载《解放日报》1944 年 4 月 8 日。

确立并发生重大理论与思想作用，始于吕荧和周扬所处的20世纪40年代中期。更具体地讲，它以《生活与美学》一书的移译、出版为标志，而鲁迅、洪毅然、蔡仪、何思敬等的相关研究也都为之增添了不少思想光色。对之作深入分析，可以发现，首先，无论是初期比较单纯地把艺术起源归于原始人类生产劳动，还是此后以理论变化姿态出现而综合理解艺术发生与社会生活、生活真实的关系，"劳动实践"观点对艺术起源的解释根本上都是以原始人类劳动实践为起点的——把艺术看作起源于劳动群众的生活或生活真实，其内核仍凝结在原始人类的原始生产劳动这一焦点上。而从人类生产劳动实践的发生、发展过程来看艺术发生，所谓"生活"其实就是劳动实践的生活，是人类改造自然同时又改造人自身的生活。在这方面，"劳动实践"观点持有者的态度非常明确，其特点也是相同的。其次，在最初论述艺术发生与劳动实践关系时，现代中国美学学者在具体考察中更多注意了原始人类生产劳动的细节、艺术审美观念的微小萌芽，而缺乏更深入细致的阐发和精深的见解，其观念的"科学性"或"可靠性"建立在现象考证之上而缺乏必要的理论系统性。即使是胡秋原这样较早接受唯物史观的学者，也几近囫囵吞枣般搬用现成理论于自己的观点中。进入三四十年代后，由于马克思主义唯物史观的深入宣传和苏联马克思主义思想家的影响，吕荧、周扬等学者开始较好地消化、吸收唯物史观的基本方法和理论，并将之与中国文艺现状及其发展任务联系起来，艺术起源之"劳动实践"观点才有了更进一步的展开和比较完整、深刻的见识，从而使该理论不再囿于原始材料考证的"西式"圈子，而同中国现实社会生活、社会斗争更直接地联系起来，其影响力也变得更大。最后，从发展过程来看，"劳动实践"观点越是往前一步，就越具体地受到马克思主义理论的深刻影响。它同唯物史观的联系最为密切，唯物史观直接就是其"理论之母"。尤其到了后期，这种联系更为明显。唯物史观、马克思主义美学和文艺观对20世纪中国美学现代理论建构的影响，在该派观点的形成、发展中得到了最具体的体现。

二

同样作为20世纪上半期中国美学学者对待艺术起源的重要主张，"艺术起源于游戏"观点的最大理论代表当属朱光潜。此外，吴蒲若、刘金荣等人也都持有相同的见解，即认为艺术冲动源自人的游戏冲动，由于游戏冲动的发展而产生出人类最初的艺术创作。

显而易见的是，这一观点在 20 世纪上半期中国美学现代理论建构中的形成和发展，直接反映出西方近代心理学家如皮亚杰、德拉库瓦（Delacroix）等人的重大影响①，其基本的理论资源，就是席勒、斯宾塞的"精力过剩说"和谷鲁斯的"练习说"。因为在席勒那里，游戏和艺术便都是人的不带实用功利目的的自由活动，是人的精力过剩的表现，"当缺乏是动物活动的推动力时，动物是在工作。当精力的充沛是它活动的推动力时，盈余的生命力在刺激它活动时，动物就是在游戏"②。斯宾塞更直接以生理学来解释过剩精力的由来，认定这种过剩精力发泄于无目的的模仿行为，游戏就是真实活动的模仿，而艺术也是如此。谷鲁斯则在批评席勒、斯宾塞理论的基础上，强调游戏属于实用生活的准备和练习，它总是带着外在的目的并过渡到艺术活动，而艺术正属于模仿性的游戏。

正是根据这些西方理论，20 世纪上半期一些中国美学学者开始用"游戏"理论来解释艺术的起源。李石岑便肯定"游戏，与美实根本相通"，"席勒形命相即之说，本康德以来既以阐发之；兹特为标出者，以游戏一语，殊有玩索之价值"。③ 朱光潜的《文艺心理学》《谈美》《诗的起源》等著论更是充分体现了这种基于"游戏"的艺术起源观念，这也使他成了"游戏说"之中国形态的中坚人物（更准确地说，是近代西方"游戏说"在 20 世纪中国美学现代建构过程中的主要传播者和理论代表）。在《谈美》中，朱光潜明白无误地提出，"艺术的雏形就是游戏。游戏之中就含有创造和欣赏的心理活动"，"艺术和游戏都是意造空中楼阁来慰情遣兴"。④ 其《文艺心理学》也同样强调：

> 我们纵然否认艺术就是游戏，艺术起源于游戏仍是一个可能的假设……艺术和游戏都要在实际生活的紧迫中发生自由活动，都是为着享受幻想世界的情趣和创造幻想世界的快慰，于是把意象加以客观化，成为具体的情境……艺术冲动是

---

① 朱光潜坦言其写作《文艺心理学》的动机，直接受到巴黎大学德拉库瓦教授讲授《艺术心理学》的启发。而他专门提到的导师，就有英国心理学家竺来佛、法国斯特拉斯堡大学心理学教授夏尔·布朗达尔。见《朱光潜美学文集》第 1 卷 "作者自传"，上海文艺出版社，1982。
② 席勒：《美育书简》，徐恒醇译，中国文联出版公司，1984，第 140 页。
③ 李石岑：《艺术的特征》，《李石岑论文集》第 1 辑，商务印书馆，1924，第 112 页。
④ 朱光潜：《谈美》，《朱光潜美学文集》第 1 卷，上海文艺出版社，1982，第 497 页。

由游戏冲动发展出来的。①

从心理学尤其是儿童心理特征出发，朱光潜寻找着艺术在游戏活动里的源头。在他看来，游戏之为艺术之源，因为它和艺术"都是意象的客观化，都是在现实世界之外另创意造世界"，"它们对于意造世界的态度都是'佯信'（make-believe），都把物我的分别暂时忘去"，并且"都是无实用目的的自由活动，而这种自由活动都是要跳脱平凡而求新奇，跳脱'有限'而求'无限'，都是要用活动本身所伴着的快感，来排解呆板现实所生的苦闷"②。换句话说，"艺术起源于游戏"的理论根据在于：首先，游戏造成的意象虽似扮演外物，其样本却还是人自己心中的意象而不是意象所本的外物，这同艺术把意象客观化、把艺术家心中意象加以改造而成为一个具体形象是完全一致的，都是在现实之外另创了一个理想世界。其次，游戏的幻想既根据现实又超脱了现实，是拿意造世界弥补现实世界的缺陷，是一种欲望的满足，其如德拉库瓦所谓"在这个世界上面架起另一个世界出来，使自己得到自己有能力的幻想"，这同艺术也是人的欲望满足和"无外在目的"的结果是相同的。再次，游戏过程把主体情感移到外在对象上，忘去了物我、真伪的分别，虽在游戏却不自觉是游戏，在聚精会神中把幻想的世界就当成了现实世界并在其中保持了郑重其事的主体态度。这同艺术创造把热烈的幻想外射为具体形象而不觉其所意造的艺术世界之虚幻，也是一致的。最后，游戏和艺术的目的都不在于活动以外的结果，而在于活动本身所伴随的快感，在无实用的活动中现出人的权力并因此享受生存的快乐；它们都只是为了活动而活动，都是自由的活动。很显然，朱光潜力求在游戏和艺术之间架起一座桥梁，进而把艺术之水的源头引向游戏，在游戏活动中找出艺术的特征——艺术成为游戏的产物。虽然朱光潜并非没有意识到艺术与游戏的差别，即"游戏和艺术虽相类似，但是究竟是两回事"③，"游戏究竟只是雏形的艺术而不就是艺术"④，其《文艺心理学》和《谈美》也都一再提到，"艺术都带有社会性，而游戏却不带社会性"、"游戏不必有作品，只是逢场作戏，而艺术必须有作品以传达天下"、"艺术传达必须有媒

① 朱光潜：《文艺心理学》，《朱光潜美学文集》第1卷，上海文艺出版社，1982，第179~191页。
② 朱光潜：《文艺心理学》，《朱光潜美学文集》第1卷，上海文艺出版社，1982，第187页。
③ 朱光潜：《文艺心理学》，《朱光潜美学文集》第1卷，上海文艺出版社，1982，第187页。
④ 朱光潜：《谈美》，《朱光潜美学文集》第1卷，上海文艺出版社，1982，第500页。

介——技巧和创作方法"①，并且他也看到艺术"逐渐发达到现在，已经在游戏前面走得很远，令游戏望尘莫及了"②，但这并没有使他从根本上怀疑游戏之于艺术起源的作用，而依然把艺术看作伏根于游戏、产生于游戏，"艺术冲动是由游戏冲动发展出来的"。

朱光潜对艺术起源的理解，在 20 世纪上半期中国美学界之"游戏说"一派中是很有代表性的，也很具权威性。以后"游戏说"持论者们基本都是按着朱光潜这条路走的，并且没有超出他的理论深度。只是这一派学者队伍较小，在 20 世纪上半期中国美学现代理论建构进程上虽有一定影响，但也只是发一家之言、成一家之说。至于"游戏说"之现代中国形态发生、发展的具体特点，则在几方面是比较明显的：其一，西方近代心理学美学有着直接具体而深刻的影响。席勒、斯宾塞、艾伦（G. Allen）、朗格（K. Lange）以及"移情学派"代表人物费肖尔、立普斯、浮龙·李、谷鲁斯等人的理论，大多由该派学者介绍到中国。尤其是席勒、斯宾塞、谷鲁斯、朗格的理论，更对朱光潜等人具体理解艺术起源问题产生了至关重要的影响。可以说，艺术起源之"游戏说"的现代中国形态，正完成于该派学者大量介绍西方近代心理学美学的过程中。而事实上，该派学者对 20 世纪上半期中国美学现代理论建构发展的贡献，也主要在于通过他们的译介、传播，使现代中国学者了解到更多近代西方心理学知识，不仅丰富了 20 世纪上半期中国美学的现代建构内容，活跃了现代中国美学研究，也为消化、融合中国传统美学与艺术思想奠立了一定的现代理论基础。

其二，高度重视心理学成果在美学研究中的应用。艺术起源之"游戏说"的立论基础，是群体和个体心理行为的研究。朱光潜在《文艺心理学》中对艺术起源与游戏活动关系的阐述，就完全建立在儿童心理学研究之上。皮亚杰、斯宾塞、弗洛伊德、霍尔（S. Hall）、萨利（J. Sully）关于儿童心理的研究成果，都被他具体运用于讨论艺术的发生。他甚至认为，艺术（诗）的起源"实在不是一个历史的问题，而是一个心理学的问题"③。正是在心理学成果之上，朱光潜得出了"艺术的雏形就是游戏"的论断。而用他的话来说，这样研究的目的，便在于能够"采用自然科学的

---

① 朱光潜：《文艺心理学》，《朱光潜美学文集》第 1 卷，上海文艺出版社，1982，第 188～190、500～501 页。

② 朱光潜：《谈美》，《朱光潜美学文集》第 1 卷，上海文艺出版社，1982，第 501 页。

③ 朱光潜：《诗论》，《朱光潜美学文集》第 2 卷，上海文艺出版社，1982，第 11 页。

方法，根据各方面的实证，作理论的建设"①。这里，"实证"成为在艺术起源问题上持论"游戏说"的基本前提，心理学研究则成为一种主要手段。由于它相对全面地调动了近代自然科学手段于艺术和美学的研究，其方法和形态都已完全不同于传统理论的直观性，因而显现了20世纪上半期中国美学现代理论建构中的一个重大转向，即排除直观经验而通向美学学科的科学化。

其三，艺术起源之"游戏说"的最大问题，是它夸大了艺术活动与游戏活动的相似性或共同点，视游戏的模拟为艺术模仿，把游戏中的幻想活动直接当作艺术创作中的主体想象活动，"艺术家的创作和儿童的游戏，繁简虽有不同，而历程却是一样。他也是把意象加以客观化，也是把心境从外物界所摄来的影子做样本，加以若干意匠经营之后，换个新面目返射到外物界区，造成一个具体的形象"②。在朱光潜那里，游戏"所用的象征和象征事物总有几分类似点，所以含有几分模仿作用在内，但是它也是创造的。像艺术家一样，儿童观察事物只注意到它的最新奇的片面，把其余一切都丢开"，而"就满足欲望这一点说，文艺和儿童幻想显然有直接的关联"③。这种取消游戏活动的情感满足与艺术活动中有意识的审美满足的区别，将它们合二为一并用以证明艺术起源的论证，毕竟是可疑的。把游戏活动中人的筋肉感觉的生理过程看作艺术创造中的主体情绪变化过程，同样也是牵强的。特别是，把游戏活动中初级的想象同艺术创造中主体高级的、创造性的想象力发挥粘挂在一起，更是完全抹杀了艺术想象的特殊性。

其四，与主张"劳动实践"的艺术起源理论相反，"游戏说"由于注重心理研究，基本上排除了人类劳动实践在艺术起源过程中的作用。这一观念显然又受了康德和克罗齐的某些影响——其最根本处，就是"不沾功利目的和概念"的"自由活动"。在康德那里，"人们只能把通过自由而产生的成品，这就是通过一意图，把他的诸行为筑基于理性之上，唤做艺术"④。自由是艺术的精髓，艺术创造必须经由自由意志和理性，而这一点正与游戏相通——艺术被"人看作好像只是游戏"，而游戏就是一种"自由活动"，是想象力的自由和感觉的自由，"一切感觉的变化的自由的

① 朱光潜：《诗的起源》，载《东方杂志》第33卷第7期，1936年4月。
② 朱光潜：《文艺心理学》，《朱光潜美学文集》第1卷，上海文艺出版社，1982，第180页。
③ 朱光潜：《文艺心理学》，《朱光潜美学文集》第1卷，上海文艺出版社，1982，第181~183页。
④ 康德：《判断力批判》上卷，宗白华译，商务印书馆，1964，第148页。

游戏（它们没有任何目的做根柢）使人快乐，因它促进着健康的感觉"①，因而艺术与游戏的相通，便在于它们都标志了活动的自由和生命力的畅通。正是在这里，康德把艺术与劳动对立了起来：通过强调游戏的自由性与劳动的强迫性的对立，肯定游戏与艺术在"自由活动"本质上的一致。克罗齐则在《美学纲要》中认为，艺术起源必然与人的实践活动无缘，因为既然艺术是直觉，而"直觉就其为认识活动来说，是和任何实践活动相对立的"，所以"艺术也不可能是功利的活动"，即不是带有实践性的"经济活动"或"道德活动"。② 这种理论正为20世纪上半期持守"艺术起源于游戏"观念的中国学者所看重。以朱光潜来说，艺术之与游戏一致，在他看来就在于"游戏和艺术的目的都不在活动本身以外的结果，而在活动本身所伴着的快感……是为活动而活动的，所以它们是自由的活动"，并在"这种毫无实用的活动之中"见出生存的快乐。③ 这种在"自由活动"基础上把艺术起源联系到游戏的观念，既从根本上取消了实践活动的意义，便也在另一个侧面断然否定了艺术的实际改造作用。应该说，这也是艺术起源之"游戏说"在20世纪上半期中国美学中的根本立场。

三

"艺术起源于人类同情"观念之所以能在20世纪上半期中国美学现代理论建构中发生一定影响，与其特别重视人类情感研究不无关系。它着力从人类情感发生、发展过程及其与社会生活、客观对象的联系中发掘人类艺术的根源，由此而把人类的情感交流理解为艺术的起源。它的代表性学者有宗白华、唐隽、许君远等。

1921年1月，宗白华在《艺术生活——艺术生活与同情》一文中写道：

> 艺术的生活就是同情的生活呀！无限的同情对于自然，无限的同情对于人生，无限的同情对于星天云月、鸟语泉鸣，无限的同情对于死生离合、喜笑悲啼。这就是艺术感觉的发生，这也是艺术创造的目的。④

---

① 康德：《判断力批判》上卷，宗白华译，商务印书馆，1964，第149、178页。
② 克罗齐：《美学原理　美学纲要》，朱光潜、韩邦凯等译，人民文学出版社，1983，第211~213页。
③ 朱光潜：《文艺心理学》，《朱光潜美学文集》第1卷，上海文艺出版社，1982，第185页。
④ 宗白华：《艺术生活——艺术生活与同情》，载《少年中国》第2卷第7期，1921年1月。

依着宗白华的意思，艺术发生于社会的同情生活；由于人类社会有"情"，有"同情"，所以有进化、运动和创造，也才有艺术创造的动机；"同情是社会结合的原始，同情是社会进化的轨道，同情是小己解放的第一步，同情是社会协作的原动力"。这里，宗白华所谓"同情"，实际就是人与人、人与社会的情感统一。他视艺术为"能使社会上大多数的心琴同入于一幅音乐"，尽管每个人对自然、社会的感受不同，但只要自然、社会入于艺术，就必定能引起全社会人的注意及其情感的一致。在这一基础上，"艺术底起源就是由于人类社会'同情心'的向外扩张到大宇宙自然里去"，因为自然和人一样也有生命和同情感，"无论山水云树、月色星光，都是我们有知觉有感情的姊妹同胞。这时候我们拿社会同情的眼光，运用到全宇宙里，觉得全宇宙就是一个大同情的社会组织"。人在这个境地不能不发生艺术的冲动，"由于对于自然，对于人生，起了极深厚的同情，深心中的冲动想把这个宝爱的自然、宝爱的人生由自己的能力再实现一遍"，于是艺术便诞生了。①

在宗白华思想的深层，可以看到西方"移情说"的影子。在"移情说"那里，艺术创造和审美体验的过程就是将人自身情感移植到对象身上，进而在对象身上发现与人的情感相一致的地方，发现人自身，从而产生艺术的想象和审美的愉悦。宗白华对艺术起源的"同情"假说，正一定地依据了这一"移情"理论。把自然、社会中的客观现象看作具有主观情感的东西，也就是把对象"拟人化""情感化"，把人的特征移入自然、社会的众多现象，人与对象交流情感并在感情交流的需要和冲动中创造了艺术。对此，宗白华在《中国艺术意境之诞生》中进一步印证说：艺术"以宇宙人生的具体为对象，赏玩它的色相、秩序、节奏、和谐，借以窥见自我的最深心灵的反映"，"艺术意境的创构，是使客观景物作我主观情思的象征"。②

唐隽也持了"同情"观念来解释艺术起源，其《自然在艺术上的权力》③ 一文便具体表达了这样的观点：艺术是自然与艺术家情感一致所养育的产物，"艺术家与自然本是两心合一的一对爱人。艺术家的心明如一扇大镜，立在自然的面前——自然哭，艺术家也哭，自然笑，艺术家也笑……自然的一言一笑，一喜一怒，都会映射到那块明如一扇大镜的心灵里兴起一种同情的运动。再由这种同情的运动所产生的结果，便是艺术家与自然两个情人所共同养育的'新儿'"。像宗白华一样，唐隽也从

---

① 宗白华：《艺术生活——艺术生活与同情》，载《少年中国》第 2 卷第 7 期，1921 年 1 月。
② 宗白华：《中国艺术意境之诞生》，《宗白华全集》第 2 卷，安徽教育出版社，1994，第 358～360 页。
③ 原载《东方杂志》第 28 卷第 2 期，1931 年 1 月。

"移情"角度理解客观存在的自然现象，用"同情"眼光打量艺术与自然对象的相通，在自然身上发现"似人"的情感。"自然中的一切都是生动的……那强烈的日光，刺激的色彩，便好像是些高声的调子。那淡白的月光，银灰的色彩，便好像是些温柔的语言"，唐隽以为，"人类是住在这些成千成万的潜在的语言噪声之中。他们的感官，他们的精神，现在都是和这种语言呼声，交相呼应着"。在交相呼应的情感交流里，产生了艺术创作的原始冲动、艺术的萌芽，而此后艺术的发展同样是由人与自然情感交融的发展所带来的。

综观艺术起源之"同情说"的整个立论基础及其理论本质，可以认为，第一，主张艺术发生于人与自然、社会的"同情"，实际是把人类情感与自然、社会的某些外在现象先行同质化，然后再把艺术的发生与人类情感的发生联系在一起，在人类情感的需要、表现和满足中寻觅艺术的源头——艺术创造是为了满足人类情感交流的需要，艺术所表现的就是人类日益增长和完善的情感内容、人同自然和社会环境交往中诞生的情感内容，艺术起源于人类情感表现的过程之中。对此，丰子恺有一段话很能说明问题："艺术家的同情心，不但及于同类的人物而已，又普遍地及于一切生物无生物，犬马花草，在美的世界中均是有灵魂而能泣能笑的活物了……儿童大都是最富于同情的，且其同情不但及于人类，又自然地及于猫犬，花草，鸟蝶，鱼虫，玩具等一切事物……所以儿童的本质是艺术的。换言之，即人类本来是艺术的，本来是富于同情的。"①

在"同情说"背后，我们可看出它同西方理论的内在联系。宗白华、唐隽多次提到的德国学者希尔莱斯，就在《艺术起源与原则》一书中指出："自然不仅是外部的事物，不仅是给眼看的一种景致，还不仅是人类的寄所，而是大大的一个生物，一个和我们的灵魂相吻合的大大的灵魂……（自然的）悲愁和快乐、热狂和败应，从事物的外部而达到我们的情感，再由这种情感发出一种反射的运动把我们带到自然，带到裹着我们的无限，带到一个宇宙的大心中。"将此与"同情说"对艺术起源的解释比较一下，其间关系不言自明。当然，作为20世纪上半期中国美学现代理论的自觉建构者，宗白华等人没有把这种外来理论简单照搬到艺术起源的探究中，而将其与同样来自西方的"移情"理论相结合，试图从二者的接合部位找出艺术的发生学根据：不仅把艺术发生看作人类情感交流的需要，而且视艺术起源为人类情感交流同人

---

① 丰子恺：《艺术趣味》，开明书店，1934，第50~51页。

与自然、社会相契合的情感需要之间统一的结果。这样，作为现代中国形态的艺术起源理论，"同情说"内部实际包括了两部分——人与人的情感交流以及自然、社会与人的情感流通——这正是其理论独特之处。

进一步来看，在 20 世纪上半期中国美学现代理论建构过程中，法国学者居约（J. M. Guyan）对"同情说"有着最大的理论影响。不但宗白华等人专门提到居约对他们观点形成的影响，① 而且就居约的一系列研究来看，她与"同情说"持论者的关系也是相当直接的。其如居约在《当代美学问题》《从社会学观点看艺术》等著论中一再强调，自然界一切有机现象和社会现象只能用生命原理解释，生命本身包含一种以不同形式向多方面扩张的自我表现力，所以人不是孤立自私的个体，而是通过同情的纽带与众生相连；人类所有欲望和需要都是由于符合人类生活的本质原因，才能作为一种审美特质而发生，所以艺术与实际生活无法分离。这种建立在心理学和社会学统一之上的艺术发生学观点，理解到社会环境、社会生活同艺术的血缘关系，看到人类情感、意志的发生对社会生活的溯源，看到人的情感要发生美感就必须依赖社会生活。也正是从这里，我们看到居约理论在现代中国的回声：尽管宗白华及其同道者对艺术与社会生活、人类情感与社会生活关系的理解还不甚完全，但他们终究看到了人类情感对社会生活的依赖性，看到了个人情感及其社会交流与艺术创造之间的关系。特别是，在宗白华等现代中国美学学者那里，艺术起源之"同情说"同样也是建立在心理学与社会学的统一基础上的。

第二，就"艺术起源于同情"观念本身而言，其理论局限性也相当明显。首先，它以心理学方式混同了人类情感与自然、社会局部现象的差别，亦即混同了情感主体与对象客体之间质的区别。而实际上，自然、社会现象自身无所谓情感和意志，并不为人的情感和意志左右，客观实在乃是其本质特征。当人用艺术的眼光、情感充溢的心灵去观察、体验自然和社会的纷呈现象时，人所觉察到的现象的"情意"活动其实是人的一种心理错觉、"以己度物"，是以人自身情感活动为外在对象的情感活动。即便这样，人类情感与自然、社会现象间质的差异仍在，客观对象的"情感化""拟人化"也只能是艺术的现象而非实在。而"同情说"把星月云雾、山水花树当成有情有意的实在，无视实在本身的客观特性，夸大了人类情感体现的范围，取消了物理现象与心理现象的分界，这就造成了它易受攻击的理论漏洞。其次，"同情说"有把

---

① 参见宗白华《艺术生活——艺术生活与同情》，载《少年中国》第 2 卷第 7 期，1921 年 1 月。

艺术的社会作用混同于艺术发生之嫌。对此，我们从宗白华的话里可以有所觉察。"'同情'本是维系社会最主要的工具。同情消灭，则社会解体"，而"艺术底目的是融社会的感觉情绪于一致"，"能结合人类情绪感觉的一致者厥唯艺术"，所以"不单是艺术底目的是谋社会同情心的发展与巩固，本来艺术底起源就是由于人类社会'同情心'的向外扩张到大宇宙自然里去"。① 这样，宗白华就把艺术的社会作用（同情）和艺术的发生等同了起来。这种从作用而求起源的方法，其实是由末求本，忽视了艺术发生过程与艺术功能展开的具体差别，也在质上否定了艺术起源的特殊意义；虽欲求艺术之源，实际却不如说是求艺术之用更为恰切。

由于这两个混同，"同情说"在解释艺术起源问题时，理论上不免有所牵强。尽管注重情感研究，注重人类情感在艺术发生过程中的作用，原本是有现实的和理论的根据的，但夸大情感范围，却反使该派观点显得苍白脆弱。②

除了上述三种艺术起源理论，在 20 世纪上半期中国美学学者那里还有艺术起源之"模仿说""宗教说"等，但理论影响不大，没有占据特立地位，是以从略。

（原载《山东社会科学》2008 年第 1 期）

---

① 宗白华：《艺术生活——艺术生活与同情》，载《少年中国》第 2 卷第 7 期，1921 年 1 月。

② 许多年后，宗白华本人也修正了自己早期的观点。他在 1957 年发表的《美从何处寻?》里直接用"移情"概念代替"同情"，主张"移情"是主体与客体、主观与客观相互交融的一系列活动过程，包含"移我情"与"移世界"的内在统一。参见拙著《宗白华评传》第 5 章，商务印书馆，2001。

意识形态话语与理论原创性

——当代中国马克思主义美学理论建构问题二议

一 关于语境

讨论"当代中国马克思主义美学理论建构"这一问题,"意识形态语境"将是我们首先面临的一个巨大而明确的话题。

从马克思主义传入中国开始,"马克思主义美学"作为一种新型理论话语,其在中国的整个发展进程始终受制于一种相当自觉同时又是相当复杂多变的意识形态语境:八十多年间,在中国,马克思主义美学从一种外来文化思想、理论学说的引进和传播,到其与中国社会革命和时代要求紧密关联的"中国式"理论雏形初现,再到社会和文化巨变时期由思想解放、意识形态领域变革带来巨大的理论反思热情,中国的马克思主义美学理论建构从来就没有脱离开由特定意识形态所制约的那种艰难、变动处境。事实上,在已经过去的几十年里,对于中国的马克思主义美学学者来说,"马克思主义美学"及其理论建构常常首先(或主要)不是某种单一的理论任务和理论选择,而是作为一种特定意识形态的自我话语陈述出现的。换句话说,马克思主义美学在中国首先是作为直接现实的制度性存在而出现的,马克思主义美学理论建构则首先意味着一种制度性的意识形态压力。关于这一点,我们其实可以从早年中国马克思主义学者在引进和学习马克思主义美学、文艺理论思想的选择方面得到证明:有材料显示,20 世纪上半叶,中国马克思主义学者所倾心关注的,主要是苏俄时代列宁如何具体地说明了"怎样地建设革命文学"这个问题,而他们选择译介的也主要是列宁的《党的组织与党的出版物》等几篇与此一问题紧密相关的论述。尽管在 20 世纪二三十年代里,列宁具体论述托尔斯泰现实主义文学创作及其与现代工人运动关系的数篇论文也有四五种中译文，但诸如《谈谈辩证法问题》《唯物主义和经验批判主义》《哲学笔记》等一些深刻论述辩证唯物主义和唯物主义反映论问题的列宁论著，以及《纪念赫尔岑》《车尔尼雪夫斯基是从哪一边批判康德主义的》和列宁写给高尔基的一系列信函等论述具体作家作品的作品，在整个 30 年代却几乎没有引起中国美学和文艺理论家们的真正注意。① 这个事实告诉我们，在中国马克思主义学者那里，马克思主义美学理论建构从一开始就不是一个纯粹的理论事件；其与中国社会革命的关系，是确立在马克思主义理论活动对现实需要的追随与服从之上的。正因此，我们才会看到，像《党的组织与党的出版物》一类极具时代内涵和特征的政治策略性文献，在早期中国马克思主义学者那里产生了如此重要的理论意义，甚至于超过了那些显然更具直接理论启示性的马克思主义文献的时代价值。这种情况同样也出现在毛泽东的《在延安文艺座谈会上的讲话》等有关文艺和美学的具体理论论述中，甚至也非常具体地体现在 20 世纪 50 年代朱光潜对自身"文艺思想的反动性"的那些言辞恳切的自我批评性表述中，从而体现了中国马克思主义美学理论建构之于特定时代意识形态语境的具体而内在的关系。

很显然，就 20 世纪中国的美学研究及其学术发展历程而言，包括马克思主义美学理论建构在内，置身于一定时代意识形态语境的现代中国美学其实从未真正"纯粹"过。整个 20 世纪中国美学的关注方向、理论话语的生成和理论观念的展开，总是在一个与 20 世纪中国社会文化转换进程、意识形态变动保持密切联系的过程中，呈现其特有的思想风采。比如，面对衰微的国势民运，各种"救亡图存"的社会变革理想和文化实践，决定了中国现代美学建构自 20 世纪初以来便力图把自己放在社会伦理实践的"进步"范畴中，在对旧社会、旧理论的批判的否定方向上，借助"美"的纯洁崇高的人性价值规范和审美活动的精神建构能量，标举整个中国社会和文化进步的理想之途（如梁启超、蔡元培）。再比如，20 世纪三四十年代，中国思想界在对待马克思主义、苏俄社会主义革命与资产阶级"自由"理想、资本主义民主政治模式等问题上的种种认识性分歧和理论争执，既是现代中国美学学者对反映论和价值论两种美学采取截然不同立场的具体意识形态背景，同时又对中国现代美学建构如何才能反映时代精神、造就社会"新人"这一理论功能问题提出了不同的思想要求（如周扬、蔡仪和朱光潜）。至于 50 年代中国社会特殊的政治实践风气、大规模

---

① 参见朱辉军《西风东渐——马克思主义文艺理论在中国》，北京燕山出版社，1994，第 30~31 页。

的"社会主义思想改造"运动，则一方面为发端于"批判资产阶级美学"的理论讨论确立了基本的意识形态前提，另一方面则为以后中国美学活动规定了"马克思主义"的话语形式。由此，我们可以看到，20 世纪中国美学各种思想流派的形成及其理论分化，包括中国的马克思主义美学理论建构，便不能不具体内化了特定的意识形态运动要求和特点，从而在美学学术进程上强化着各种现实意识形态利益的相互矛盾和制约性，突出了现代中国美学理论建构及其转换的意识形态动机。

从马克思主义的最初引进到今天，几十年过去以后，我们依旧可以发现，尽管中国社会的意识形态变化如此明显而巨大，中国的马克思主义美学理论建构也曾经有过各式各样的意识形态陈述方式——就像我们所看到的，马克思主义美学在中国往往产生出多种形态相似或截然相异的建构"学说"；然而，所有这一切，却始终没有动摇或改变中国马克思主义美学理论建构直接置身于现实意识形态语境这一特点。质言之，对于中国的马克思主义美学理论建构来说，理论话语的内在指向及理论存在形态的现实性与合法前途，并非自主地产生于理论自身的内在规定；"马克思主义美学在中国"这一话题的全部困难与希望，并不直接根源于理论建构本身的主观努力，而直接取决于马克思主义美学理论活动的中国语境。

从这个意义上说，无论是 20 世纪早期中国马克思主义学者对"苏俄式"马克思主义美学和文艺理论的认同与理解，还是 80 年代中国美学界对诸如马克思《巴黎手稿》的再讨论等，实际上，整个 20 世纪里，中国的马克思主义美学理论建构基本上是一种先定的、意识形态性的和陈述性的话语——所谓"先定"，是因为有关马克思主义美学理论建构的种种努力，很少能够脱离直接现实的、时代的意识形态需要及其制约；所谓"陈述性"，指由于意识形态利益的特定性质而使中国的马克思主义美学理论建构很少能够产生话语的超越性。20 世纪的中国马克思主义美学理论建构在极力追踪符合有意识形态需要的"马克思主义话语"的同时，却还缺少真正内在自主的思想表达。尤其是，当马克思主义作为一种意识形态制度在中国取得绝对地位以后，作为一种现代理论建构的"中国马克思主义美学"，更是逸出了纯粹学术的范围，而直接同中国社会的意识形态权力运动过程联系在一起——对于马克思主义的意识形态信仰，已经从理论方面滑入对现实政治利益的追求与巩固之中，"马克思主义"往往成为某种方便的话语，在美学领域被无限制地批量复制。这方面，20 世纪五六十年代的"美学大讨论"应该说是一个很有典型意义的事件：所谓美学"四派"的产生及其相互间的激烈论争，让人很难看懂真正的"马克思主义"究竟怎样才能

"既是唯物的又是辩证的"。当所有各派学说都在那里互相指责对立面的"唯心主义本质"之际，真正马克思主义在美学研究中的尴尬便在于：马克思主义的哲学本体论问题被有意无意地转移为一种认识论特性；大家关心的其实已不是什么"马克思主义美学"的本体基础，而是"美"的认识活动的主体出发点；对"美是什么"的回答，在各种"中国马克思主义美学"中已经变异为"人如何可能认识美"的问题。于是，我们便发现，在接受、阐释以及确立现代中国美学的马克思主义话语过程中，一种"学术实用主义"确已暴露无遗。

如果说，这样的中国马克思主义美学理论建构还缺少一些什么的话，很显然，那就是突破现实意识形态语境、打破陈述性话语而走向美学的理论自觉、呈现美学理论原创性表达的真正思想能力——这是一种真正内在于理论自身的力量，同时是建构真正当代中国马克思主义美学理论的根据。

二 寻求原创性

在当代中国马克思主义美学理论建构问题上，寻求对特定意识形态语境的突破，并不是指美学研究必须彻底走向"非意识形态化"——这其实是一个无解的悖论：如果我们的理论努力仅仅是一种置身于特定意识形态语境的工作，所谓"寻求"与"突破"便只是一种空妄的想象；如果这种"寻求"与"突破"是可能的和有力的，它又总是具体实现着一定具体的意识形态，而非"非意识形态的"。

在这个意义上，当我们提倡马克思主义美学理论建构的"原创性"时，首先就应该考虑到所谓"非意识形态化"的思想虚妄性及其反理论性。事实上，我们这里所讲的寻求突破特定意识形态语境，主要是考虑到马克思主义美学理论建构在中国的历史艰难及其现实困窘，希望能够通过对制度化意识形态语境的解脱，有效地还原马克思主义美学在当代中国的真正理论前途。质言之，当代中国的马克思主义美学理论的建构，需要确立一种基本的信念，即：马克思主义美学理论建构应当首先是一种理论自身的发展任务，而不是特定意识形态的规范性陈述和陈述方式；它是一种体现马克思主义理论自我生长特性和内在建构价值的存在方式，而不应首先成为意识形态制度的特殊延伸或再证明。正因此，我们所谓"打破陈述性话语"，强调的是美学理论活动的自身存在特点及其规定性，即当代中国马克思主义美学理论建构不应成为马克思主义思想的说明或宣言，也不应只是在中国意识形态语境中重复表达马克思主义的经典结论，而应在真正意义上成为马克思主义美学理论在中国的时代新创。特别是，在全球化时代，由于各个文化、不同思想体系间的交流、对话规模愈趋扩大，美学理论发展变得空前复杂，当代中国美学要想在其中有效地确立自身的独特理论品格，不仅需要合理陈述马克思主义的基本精神，更重要的是，能够在马克思主义立场上不断深刻化、创新化，树立起中国马克思主义美学自身的理论旗帜。

应该说，这种认识在 20 世纪 80 年代后期的中国美学界已经形成为某种比较明确的理论意识。而随着 90 年代以来对西方马克思主义学说，包括卢卡契、阿多尔诺、伊格尔顿等人理论的大量介绍、研究和借用，随着人们对西方后现代主义理论思潮的不断熟悉和反思性探讨，在中国美学界，追求中国马克思主义美学理论的非陈述性话语表达已是一种相当鲜明的声音。在这一点上，我们不能不承认，西方马克思主义学者实际上为我们树立了一个马克思主义美学"与时俱进"的理论榜样。面对发达资本主义社会条件下文学艺术所遭遇的实际状况，面对当代人类审美活动的各种重大变异，西方马克思主义学者根据马克思主义理论的时代任务，提出了一系列凸显现实针对性的美学主张，一定地强化了马克思主义美学的时代发展与理论深入性。从他们那里，我们其实可以同样清楚地看到马克思主义美学理论建构在当代中国的具体可能性，亦即当代中国马克思主义美学理论建构同样需要找到自己的时代任务，同样需要在当代中国文化总体语境里凸显自己的具体理论品格，也同样需要在当代中国文学艺术和大众审美实践的实际发展过程中发出自己的理论声音。

现在的问题不是马克思主义美学需不需要发展或中国的马克思主义美学理论要不要建构的问题，而是什么才是当代中国马克思主义美学理论的真实建构。就像马克思主义美学思想绝不限于一部《巴黎手稿》，也不限于马克思、恩格斯写给哈克奈斯的几封信；当代中国马克思主义美学理论的真实建构，同样不等于宣言式的意识形态身份标榜。现在这个时候，真正而有效地实现当代中国的马克思主义美学理论的建构和发展，强调马克思主义美学研究、中国马克思主义美学理论的思想原创性乃是最为重要的。这种"原创性"，一方面意味着对单一意识形态延伸理论形态的突破和对简单意识形态话语的超越，另一方面则向中国的马克思主义美学学者提出了一种与时代相符合的创造性理论活动的要求。

这里，我们要求于中国马克思主义美学研究及其理论的"原创性"，主要有以下三方面。

　　第一，原创性并非仅仅意味着某种观点或理论的独一无二性、论证的自足性或"前无古人"式的理论创新和"体系发明"——在当代中国的美学研究中，我们已经有了太多常常让人倍感困惑的理论"创新"和"发明"，其实却又太少真正创新了现时代中国马克思主义美学理论的具体研究和观念建构。在我看来，学术研究上的原创性应该特定地呈现为一种必要的知识价值尺度，它是一种建立在严谨学风和深思熟虑基础上的学术自觉。具体而言，对于当代中国马克思主义美学理论建构（乃至整个中国美学的当代发展）来说，这种原创性既体现为马克思主义美学理论的具体建构成果，更应该作为一种不可缺少的学术理性、无可回避的思想前提而深入于当代中国马克思主义美学理论建构的整个过程之中。

　　然而，遗憾的是，在我们迄今所能看到的中国马克思主义美学研究中，这类能够令人满意或真正起到推进马克思主义美学理论发展作用的原创性研究及其具体成果不是多了，而是太少，以至于我们常会相当尴尬地发现，作为一个马克思主义美学研究的大国，马克思主义美学研究及其理论建构的数量与质量之间往往存在某种不可比性。更多情况下，那种理论上的"二手货"甚至是"旧货""假货""水货"，在贴上"新"的"马克思主义"标签之后，又径自封堵了中国美学学者们的原创性思维空间和原创性理论研究空间，甚而一定地窒息了马克思主义美学在中国的原创性思维能力。这里面固然有整个学术体制不完善或意识形态语境的问题，但同时，也在于我们现有的马克思主义美学研究本身存在种种问题，包括教条化、注释化或语录化等陈述性话语习惯。我们从不少业已出版、发表的美学著述中就可以发现这些问题，比如缺少学术敏锐，缺少真正深刻的问题意识，缺少必要而充分的资料准备，缺少对马克思主义理论原典的耐心细读和深入精读，缺少真正思想深入意义上的理论阐发，等等。总之，在我们现有的马克思主义美学研究中，还缺乏一种内在的知识价值尺度来具体体现理论建构本身的丰满性及其真实增长。正因此，为了使我们有足够的建构理性来面对当代中国马克思主义美学理论建构中的现实问题，也为了使当代中国马克思主义美学研究及其成果能够切实体现知识增长的价值特性，强调思想的原创性、理论研究的原创性，在今天显然是有非常实际的意义的。

　　第二，对马克思主义基本理论原则的时代运用而非对马克思主义经典的理论固执。马克思主义美学的研究及其理论建构，当然是建立在马克思主义基本理论原则基础之上，但这并不等于固执现成既定的马克思主义原则，唯经典是准，唯经典是从，唯经典是用。一方面，马克思主义的基本理论原则本来就是随不同时代变化而发展的，任何"一成不变"的东西都不可能是真正马克思主义的。美学研究也同样如此。不过，虽然这一点早已是老生常谈，但由于思想的惯性和意识形态的制度性存在，在实际过程中，中国的马克思主义美学学者往往把对马克思主义理论原典的深刻理解与固执经典混同起来，尊经、用经却不思解经。于是乎，经典似乎永远是经典；除了经典，我们几乎一无所有。这其实也是我们的马克思主义美学理论建构常常让人感觉隔了一层、缺少时代进步性和理论创新性的一个重要原因。

另一方面，即便是对马克思主义的经典，客观上说，我们也缺乏真正深入和准确的理解与把握，以至于直到今天我们仍常常困惑于"马克思主义到底是什么"的问题。应该看到，在当今世界迅速发展的过程中，特别是随着中国社会本身急剧的文化和思想变革，作为马克思主义存在语境的现实社会、文化状况已然发生了巨大的改变。在这种情况下，当代马克思主义，包括中国马克思主义美学理论建构，都只能无条件地跟随当代社会和文化的改变，时代地来理解和运用马克思主义基本理论原则。就像 19 世纪的马克思主义不同于 21 世纪的马克思主义一样，当代中国马克思主义美学理论建构所应该做和能够做的，是更加周密地思考如何在当代条件下运用马克思主义基本理论原则于当代人类的审美和艺术活动现实，进而现实地、合理地和发展地把握与理解当代中国的马克思主义美学理论建构。今天，对于中国马克思主义美学理论建构来说，忠实于马克思主义的基本理论原则是必要的，但最紧迫的，是将马克思主义美学时代化、现实化、深入化和具体化。在这方面，强调当代中国马克思主义美学建构中的问题意识，突出其对当代人类精神和文化问题的理论阐释能力，应是一条具体路径。

第三，鲜明、强烈而又能够确实体现理论内在创新建构要求的问题意识。提出这一点，实质是表明，对于当代中国马克思主义美学理论建构而言，能否真正有效地实现思想的原创性，根本还在于中国的马克思主义美学学者可否及能否从理论建构的自身内在要求和特性出发，根据马克思主义的全球发展实际，敏感于当代美学的理论现实，针对当代中国马克思主义美学的理论建构困惑，切实提出促进理论思维变革、推进理论研究视野扩展和层次丰富的问题，以使当代中国马克思主义美学理论建构得以有效地确立在问题的提出、研究及其不断深化基础之上。质言之，当代中国马克思主义美学理论建构的原创性思维、原创性工作，不是建立在空泛的想象、抽象的逻辑推论上，而是以"问题"为核心和立足点。这些问题的基本点主要包括：当代马克思主义理论新进与马克思主义美学的当代命运之关系、中国马克思主义美学理论建构的历史和现实根据、马克思主义美学的意识形态特性及其理论还原可能性、马克思主义美学理论建构的中国本土化、当代中国马克思主义美学建构旨趣与西方马克思主义美学指向的异同性、马克思主义美学的现实阐释效力、当代中国马克思主义美学与当代人类审美及艺术发展的关系、当代中国马克思主义美学理论建构的本土资源及其具体利用、当代中国马克思主义美学如何可能走向全球并获得自己的普遍阐释力，等等。

如果说，迄今为止，"原创性"问题依旧是困扰当代中国马克思主义美学研究及其理论建构推进的一个症结，那么，现在正应该是我们认真思考和化解这个症结的时候。

（原载《思想战线》2004 年第 3 期）

人生体验论与生活改造论的美学

——宗白华美学的理论内容与总体特性

整个 20 世纪里，中国美学以一种逐步自觉、开放吸收、持续展开的建构姿态，在学科形态改变、理论话语转换与转换方式等方面，不断朝着思想的体系化、理论的逻辑化、方法的科学化方向发展。这种新的学术建构姿态及其引导下的学术努力，带来了 20 世纪中国美学具体理论思维、理论观念和理论指向等的显著改变，也形成了 20 世纪中国美学新的建构意识和理论内容，特别是呈现出比以往更大的思想包容性——民族国家的振兴期待、社会文化的重建意愿、大众生活的幸福设计，在 20 世纪中国美学理论话语中集中交织，体现了具有鲜明时代文化特征的新气象。

宗白华的美学，正是诞生并行进在这样一条理论建构道路上的"现代中国美学"。一方面，宗白华早从 20 世纪三四十年代开始，就通过深入探讨中国文化精神，具体研究中国哲学与美学思想，细心领悟中国艺术观念与艺术创造实践，尤其是进行广泛的中西文化、美学与艺术比较研究，在《论中西画法之渊源与基础》《中西画法所表现之空间意识》《论世说新语和晋人的美》《中国艺术意境之诞生》《论文艺底空灵与充实》《中国诗画中所表现的空间意识》等一批论文中，提出了一系列影响深远的美学命题和重要理论思想，形成了极为丰厚的学术成果，为 20 世纪中国美学的现代理论建构及其发展作出了卓越贡献。而 20 世纪五十年代以后，他又在《美从何处寻?》《美学的散步》《康德美学思想述评》《中国艺术表现里的虚和实》《中国书法里的美学思想》《中国古代的音乐寓言与音乐思想》等重要研究成果中，进一步探讨和阐发了中国美学与艺术的精妙理论，特别是中国艺术创造的丰富实践，十分独特地形成了以"散步"为风格的美学思想和美学方法。

另一方面，宗白华的美学，也是热情提倡、认真践行"人生艺术化"的美学。20 世纪 30 年代，宗白华在全面介绍歌德思想、深入考察歌德人生探索的基础上，曾经以《歌德之人生启示》《歌德的〈少年维特之烦恼〉》，对歌德的人生世界、生命理想及其《浮士德》《少年维特之烦恼》作了最初也是全面细致的分析，并产生了相当广泛的影响。不仅如此，宗白华"拿歌德的精神做人"，以歌德为人生价值实践的模范，通过深心体会中国传统人生理想，尤其是庄子式超越凡俗、回返生命本真的人格精神追求，在美学和艺术研究领域深情不懈地呼唤社会文化的理想创造、人生生活的审美改造、个体人格的艺术修养与审美提升，从而将美学的理论建构与对人生实践理想、生命价值的最高实现问题的思索紧紧联系在一起，鲜明地体现了以解决人生现实问题为价值指向的理论精神，深刻启示和积极引导了 20 世纪中国美学的现代建构方向。

一

作为一个接受过西方近现代哲学训练的现代理论家，宗白华立于 20 世纪中西文化时代交会点上，始终保持了自己鲜明坚定的现实文化意识与理论立场，即"现代的中国站在历史的转折点。新的局面必将展开。然而我们对旧文化的检讨，以同情的了解给予新的评价，也更形重要。就中国艺术方面——这中国文化史上最中心最有世界贡献底一方面——研寻其意境底特构，以窥探中国心灵底幽情壮采，也是民族文化底自省工作"①。可以认为，宗白华始终把美学研究的关注重点、理论建构的中心立场，放在深刻发掘、系统总结和高度阐发中国文化、中国人审美意识与中国艺术精神之上。他以哲学思辨作为观念深化的基础，以个体实践作为人生体验的途径，以诗性阐发作为问题呈明的方式，在持续深入、细微发掘中国文化意识、中国美学精神、中国艺术创造实践的过程中，不仅深刻揭示了审美活动、艺术创造的内在生命价值意味及其具体表现特征，而且积极张扬了中国文化的美丽精神、中国美学的特殊理论意识、中国艺术的独特创造价值。正是在面向现实文化建设、持守特色理论思维、体现理论研究时代指向的工作中，宗白华美学深刻地奠基在中国文化精神的价值重建、中国人审美意识的现代发现之上，并且向我们贡献了独特而深刻的思想成果。

①　宗白华：《中国艺术意境之诞生（增订稿）》，《哲学评论》1944 年第 8 卷第 5 期。

概括地说，作为 20 世纪中国美学现代理论建构的重要标志，宗白华美学以艺术审美活动及其创造性价值为切入点，最主要地包含了以下两方面理论内容。

（一）以艺术意境为核心，集中阐发了中国美学、中国艺术创造的文化精神意蕴及其具体表征

从 20 世纪中国美学的现代理论建构意义方面来看，宗白华美学完全可以被视为一种"现代形态的中国美学理论"：一方面，宗白华在对美学、艺术问题的具体研究中，总是体现着一种鲜明而强烈的现代文化意识，其理论指向积极地联系着现实中国文化的新的生命发扬与不断趋前创造的建设目标；另一方面，宗白华在美学的具体理论中，明显体现出一种现代学者的思想理性，它建立在宗白华对近代以来人类知识体系演进的深刻认识与把握之上，同时又相当深刻地渗透了他个人对以西方文明为代表的现代文化成果本身的精神质疑与价值反思。即如我们可以看到的，宗白华有关中国艺术意境问题的大量研究成果，在集中体现其个人深刻理论眼光和高度理论成就的同时，在核心处实际也传递了宗白华对于以审美的人生实践方式来实现现代文化改造前景的热切意愿：当他强调主观生命情调与客观存在物象的交融互渗是艺术意境的特殊呈现，艺术意境就是"以宇宙人生底具体为对象，赏玩它的色相，秩序，节奏，和谐，藉以窥见自我的最深心灵底反映"[1]，这一人类"自我的最深心灵底反映"，不正可以体会为一种对理想性文化建构与人的生命活动关系的价值指向吗？

正因此，宗白华既从美学的现代理论建构需要出发——这种需要表现在他对中国美学与"世界美学"前景的认识、艺术精神的新的时代要求、以绘画为典型的中国艺术现代发展的理解等方面，集中讨论了艺术意境的内在价值结构、生命意义的创造性呈现等问题，同时又总是将艺术意境的研究与积极阐扬中国美学、中国艺术创造的文化精神意蕴紧密联系在一起。当我们看到，宗白华着力突出和深化"虚""实"关系在艺术意境创造中的重要地位，强调通过"虚实相生"的创造性统一而诞生艺术审美的无穷意味、幽远境界，可以认为，这种独特的理论意识就体现了宗白华美学对于蕴含在中国艺术创造实践中的中国人宇宙观之"虚""实"辩证性的充分肯定，亦即如其所说"虚和实的问题，这是一个哲学宇宙观的问题"[2]——这个"宇宙观"，

---

① 宗白华：《中国艺术意境之诞生（增订稿）》，《哲学评论》1944 年第 8 卷第 5 期。
② 宗白华：《中国美学史中重要问题的初步探索》，《美学散步》，上海人民出版社，1981，第 33 页。

恰恰是站立在中国艺术创造背后的中国文化精神的体现。而当宗白华深入中国艺术的内部，发现了"高、阔（大）、深"这样一种层级化的意境创造表现，并将之提升为以"情胜""气胜""格胜"为体现的"艺术意境三层次"理论，进而意味无尽地持续阐明并强调"格胜"之境作为艺术创造之最高理想的终极性审美价值——超旷空灵而如"禅境"，在拈花微笑中深心领会自然与人的生命的微妙精神，他其实正是以一种特殊的美学阐释方式，向我们呈现了生命价值的体验结构、人生意义的积极实现方向。特别是，当宗白华在艺术审美实践领域将意境创造与人格的创造直接联系起来，反复强调艺术意境创造首先必须成为一种人格的创造，要求将养成一份"空灵"而"充实"的艺术心灵作为实现艺术家人格修养的关键，这其中不仅反映了宗白华对艺术意境创造深层核心的独特理论意识，而且高度体现了他对以自然体验为核心、人格生命为象征的艺术创造本质的指向性把握。很显然，这种把握又直接联系着宗白华个人深心中的文化价值建构自觉、人生实践的意义追求，亦即在"能空，能实，而后能深，能实"的艺术心灵所达到的最高境界里，发现"宇宙生命中一切理一切事"[1]。

宗白华曾言："在艺术史上，是各个阶段、各个时代'直接面对着上帝'的，各有各的境界和美。至少我们欣赏者应该拿这个态度去欣赏他们的艺术价值。而我们现代艺术家能从这里获得深厚的启发，鼓舞创造的热情，是毫无疑义的。"[2] 应该说，在"获得深厚启发，鼓舞创造热情"这一方面，宗白华美学引导了我们：中国美学的现代理论建构不可能简单完成于一般性接续或使用已有的中国学说、范畴、概念或表述形式，它需要我们通过对已有资源的充分发掘，找到真正合乎现代学科建构规定的内在精神本质。同样，本土思想资源的存在意义，既在于其历史存在形态本身，更在于它是否可能并能实际带来中国美学在新的时代语境下的理论建构满足。在这里，宗白华美学既开启了我们思想的门径，也留下了供我们进一步思考和探索的问题。

（二）深刻比较、研究了中西美学与艺术理论的相异性旨趣，以及它们在各自艺术实践领域的表现特征

在 20 世纪中国美学史上，宗白华美学的突出贡献，体现在其较早自觉地开展了

---

① 宗白华：《论文艺底空灵与充实》，《观察》1946 年第 1 卷第 6 期。
② 宗白华：《略谈敦煌艺术的意义与价值》，《美学散步》，上海人民出版社，1981，第 131 页。

中西美学、艺术理论与艺术创造实践的比较性研究。《中国诗画中所表现的空间意识》《论中西画法之渊源与基础》《中西画法所表现之空间意识》等一系列著论，作为宗白华个人的美学代表作，同时也是 20 世纪中国美学界在中西文化比较研究领域的开拓性成果，它们一直被后来学者奉为理解中西文化精神、探讨中西美学与艺术观念、诠释中国艺术创造实践的"学术经典"。从宗白华美学鲜明的中西比较意识、独特的中西比较方法、深刻的中西比较观念中，不仅可以发现一种高度自觉的理论建构，以及内具于理论建构之中的现代意识特性，同时也能够看到一份特定文化时代中国知识分子的文化心怀及其明确的中国文化归趋立场。我们完全有理由认为，宗白华把中西艺术审美空间意识作为一个问题的具体切入点，着重发现其中中西文化精神、哲学意识的差异并加以互参对照、广泛比较，在很大程度上，正是为了能够在阐扬中国艺术创造特性的基础上，更有利于充分揭示中国文化、中国人生命意识的创造性转换价值。而这一点，也正是宗白华美学呈现其深远学术魅力的重要方面。即如宗白华通过大量比较分析，从总体上发现，西方人空间意识的哲学基点在于持守"人与世界对立"，而"深潜入于自然的核心而体验之，冥合之，发扬而为普遍的爱"[1] 却是东方智慧的根本。对立紧张与沉潜体会，这样两种不同的文化心理意识渗透在中西艺术审美创造实践中，便导致了两种截然不同的空间意识表现：在西方，由于持守着人与对象正面对立的观照立场，因而艺术家对外部空间的态度大都是追寻的、控制的、冒险的和探索的，其艺术审美空间意识往往暗示着物我之间对立相待的紧张与分裂，表现为"向着无尽的宇宙作无止境的奋勉"。而中国艺术的审美空间意识则呈现为"无往不复，天地际也"、"饮吸无穷于自我之中"，艺术审美空间随着人的心中情绪变化或收或放、变化流动，在俯仰往还、远近取予中形成一幅回旋无尽的音乐节奏，物我在其中交互浑融。可以发现，宗白华在各种研究场合通过广泛对照、比较中西艺术审美创造方式与创造成果，不断强化阐释和热情肯定了"充满音乐情趣的宇宙（时空合一体）是中国画家、诗人的艺术境界"[2]。基于此，宗白华反复提醒我们，由于对自然之"真"的模仿，对和谐、比例、平衡、整齐等形式之美的追求，造就了西方艺术"静穆稳重"的空间感型特征，其中凸显了西方艺术家、美学家对"形式与内容"问题的重点关注。而中国艺术以追求"气韵生动"（"生命的律动"）为最

---

① 见《宗白华全集》第 2 卷，安徽教育出版社，1994，第 296 页。
② 宗白华：《中国诗画中所表现的空间意识》，《美学散步》，上海人民出版社，1981，第 89 页。

高境界，舍具体而趋抽象，轻形似而重神似，因而"由舞蹈动作伸延、展示出来的虚灵的空间，是构成中国绘画、书法、戏剧、建筑里的空间感和空间表现的共同特征"①。这个作为一切中国艺术意境创造典型的"舞"，体现了最高度的韵律、节奏、秩序、理性，同时也凝聚了最高度的生命、旋动、力、热情。这样，在广泛比较、具体举证的基础上，宗白华获得了有关中西艺术审美创造理想的总体性结论：西方艺术重"形似"，中国艺术重"神似"。而如果说，形式美的理性追求在象征西方世界形式严整的宇宙观的同时，缺少了一种对对象生命精神内在不息运动的心灵体验，那么，"用强弱、高低、节奏、旋律等有规则的变化来表现自然界、社会界的形象和自心的情感"②的中国艺术，当然就更应该获得我们的高度认同。这也是宗白华所说的，"舞""不仅是一切艺术表现底究竟状态，且是宇宙创化过程底象征"③。宗白华特别强调中国书法通于诗画、音乐和建筑，认为它是贯穿整个中国艺术创造历史的核心，"我们几乎可以从中国书法风格底变迁来划分中国艺术史的时期，像西洋艺术史依据建筑风格底变迁来划分一样"④，便是因为书法完满表现着中国人深心里、意识中那种生命精神运动的心灵体验，"抽象线纹，不存于物，不存于心，却能以它的匀整、流动、回环、曲折，表达万物的体积、形态与生命；更能凭借它的节奏、速度、刚柔、明暗，有如弦上的音、舞中的态，写出心情的灵境而探入物体的诗魂"⑤。显然，在宗白华所提供的这样一种对中西艺术审美创造理想之差别境界的把握中，其理论立场及其内在的指向性，恰恰在于通过揭明中西艺术审美空间意识的文化差异与创造表现的差异，通向对艺术表现理想的把握与确立，不仅生动还原了中国文化的生命意识、中国艺术的创造精神，也具体体现了宗白华自己的深心追慕。

二

以审美为核心的生命价值体悟，对于艺术化人生实践的热情关注，是宗白华美学

① 宗白华：《中国艺术表现里的虚和实》，《美学散步》，上海人民出版社，1981，第79页。
② 宗白华：《中国书法里的美学思想》，《美学散步》，上海人民出版社，1981，第189页。
③ 宗白华：《中国艺术意境之诞生（增订稿）》，《哲学评论》1944年第8卷第5期。
④ 宗白华：《中西画法所表现之空间意识》，《中国艺术论丛》1936年第1辑。
⑤ 宗白华：《论素描——〈孙多慈素描集〉序》，《宗白华全集》第2卷，安徽教育出版社，1994，第116页。

十分鲜明的总体立场，充分显现了宗白华美学"不脱实际"的人生关怀意识。显然，这也是宗白华美学引起人们强烈兴趣和高度重视的重要方面。

由于时代的特性、中国社会与文化建设紧迫性所造成的特定思想意识等原因，在20世纪中国美学内部，现实生活改造、人群关系改善以及人生幸福的不懈奋斗等社会性伦理实践目标，往往被自觉或不自觉地内化为美学上的"审美救世"情结。也因此，把人生改造实践加以本体化，将现实困惑的化解、人生缺陷的克服置于审美/艺术的认识能力展开之上，便构成为20世纪中国美学的重大理论目标。这一情形在宗白华美学中有着同样的体现。事实上，虽然宗白华美学十分具体地指向各种艺术审美问题的深刻发现、精妙阐发，特别是，宗白华在深入发掘中国文化精神、中国哲学与美学、艺术观念及其创造性实践的基础上，结合他本人对西方文明发展、文化理想与价值意识、艺术精神与美学理想的认真思考，在中西哲学、美学与艺术思想、艺术创造实践的比较研究方面，形成了一系列堪为后世之表的具体思想成果。但与此同时，认真研读宗白华的著述，我们却又不难发现，宗白华致力于艺术和美学问题的研究，其理论上的根本心结，终究还在于如何能够实现以"审美/艺术"来改造现实人生、疗治社会疾患、确定人生价值信仰。因为很显然，从始至终，宗白华都在理论上热情倡导"艺术的人生观"，在实践上积极践行"人生艺术化"的理想追求。如果说，在宗白华早期的思想中，"艺术的人生观"体现了克服现实困惑、提升生活信心、确立人生目标的社会性指向意义，它具体要求"我们要持纯粹的唯美主义，在一切丑的现象中看出他的美来，在一切无秩序的现象中看出他的秩序来，以减少我们厌恶烦恼的心思，排遣我们烦闷无聊的生活"，同时"把'人生生活'当作一种'艺术'看待。使他优美，丰富，有条理，有意义"，进而在"消极方面可以减少小己的烦闷和痛苦，而积极的方面又可以替社会提倡艺术的教育和艺术品的创造"①，甚至"艺术的人生观"可以具有"解救""青年烦闷"的方法论意义，亦即经由审美/艺术的途径而超脱现实人生的心理苦闷与价值困境。那么，这种建立在唯美的、艺术的立场看待自然与人的相互关系、世界现象与社会人生百态的"艺术的人生观"，在宗白华来到美学的理论国度并具体展开艺术和审美问题的理论探讨时，便进一步深化为一种以审美生活、艺术化人生克服具体现实的矛盾不安、引导现实生活中人的生命实践方向的特定价值旨趣。宗白华高度赞赏魏晋时代那样一种热情智慧的文化自觉气

---

① 宗白华：《青年烦闷的解救法》，《时事新报》1920年1月30日。

象，强调自由解放的人格精神引导晋人不断从生活中发现了、体味着高超远逸的生命情趣，显然正是从人生价值的实现维度，积极肯定了审美生活、艺术化人生的深远意义，其中也充分凸显了宗白华深心里那份"仍旧保持着我那向来的唯美主义和黑暗的研究"①的执着追求：以唯美的态度将现实人生当作一件艺术品看待，"在一切丑的现象中看出他的美来"，进而发掘人类深心中的生命理想，因而它保持着真切深挚的人生之爱——爱人生现实虽然痛苦不安却仍有着朝向优美、丰富、有条理和有意义的人生改造的希望；"黑暗的研究"是为了从现实的有限、矛盾和缺陷里找到人生的前行方向，从具体生活的彷徨不安与失落无望中发现生命内在的宁静与光亮，"在伟大处发现它的狭小，在渺小里也看到它的深远，在圆满里发现它的缺憾，但是缺憾里也找出它的意义"②，总之要在"在一切无秩序的现象中看出他的秩序来"③，因而也同样蕴含着对人生现实的深切关怀和价值实践意愿。

这样，在宗白华那里，无论面对现实生活，还是在理论指向性方面，人生问题的解决前景最终已被生动积极地引向了一个"审美/艺术"的理想生命境界：在"艺术的人生观"里，宗白华发现了审美精神、艺术心灵对现实人生态度的转化和改造意义。"艺术底作用是能以感情动人，潜移默化培养社会民众的性格品德于不知不觉之中，深刻而普遍"④。由此，在理论层面上，宗白华便进一步要求美学必须着重探讨和引领人的"美的态度"，包括"鉴赏的态度"和"创造的态度"。这种"美的态度"，就是"积极地把我们人生的生活当作一个高尚优美的艺术品似的创造，使他理想化，美化"⑤，所以根本上就是一种人对自身生活的创造性要求、生命意义的实现欲望，它在把现实人生活动当作艺术品创造的追求目标中，不仅内在地表达了人的生命实践情绪，也积极地张扬了美学的价值指向作用。

当然，对于宗白华来说，"美的态度"所倡导的生活创造的积极要求、生命意义的价值实现，归结到艺术化的人生实践方面，其关键还系于人的自身心灵改造能力、人格精神的培育修养。"人生若欲完成自己，止于至善，实现他的人格，则当以宇宙为模范，求生活中的秩序与和谐。和谐与秩序是宇宙的美，也是人生美的基础"⑥。

① 《三叶集》，上海亚东图书馆，1920，第1页。
② 宗白华：《悲剧幽默与人生》，《中国文学》1934年创始号。
③ 宗白华：《青年烦闷的解救法》，《时事新报》1920年1月30日。
④ 宗白华：《艺术与中国社会生活》，《学识杂志》1947年第1卷第12期。
⑤ 宗白华：《新人生观问题底我见》，《时事新报》1920年4月19日。
⑥ 宗白华：《哲学与艺术——希腊大哲学家的艺术理论》，《新中华杂志》1933年第1卷第1期。

现实人生的艺术化离不开心的感悟、心的发现、心的改造。而我们从宗白华全部的美
学研究中又可以看到，他同时是把人的心灵改造能力非常明确地寄托在超越世俗功利
的生活努力之中，把人格精神的修养方位定向在寄情自然、忘怀得失甚至超然于一般
所谓善恶的精神自由与旷达上，以便能够"用一种拈花微笑的态度同情一切，以一
种超越的笑，了解的笑，含泪的笑，惘然的笑，包含一切，以超脱一切使色色黯淡的
人生也罩上一层柔和的金光"①。也因此，宗白华深情赞叹晋人对自然和生活有一股
身入化境、浓酣忘我的生命情趣，"以虚灵的心襟，玄学的意味体会自然，乃能表里
澄澈，一片空明，建立最高的晶莹的美的意境"，强调这种超越性人生境界的实现，
正是源于"精神上的真自由真解放，才能把我们的心襟像一朵花似地展开、接受宇
宙和人生的全景，了解它的意义，体会它的深沉的境地。近代哲学上所谓'生命情
调'，'宇宙意识'，遂在晋人这超脱的胸襟里萌芽起来"②。同样，宗白华在探讨艺
术意境的生成、艺术审美创造的理想时，也常常将它们落实在"风神潇洒""不滞于
物"的艺术化人格境界层面。

　　在这里，宗白华美学相当清晰而生动地呈现了一个基本的思想逻辑：现实社会与
人生改造的要求——"审美／艺术"的理想人生实践（"艺术人生观"的提倡和"人
生艺术化"的追求）——改造心灵与修养人格（超脱和自由）——真实生命的体验
性展开与人生意义的价值实现。可以认为，宗白华美学始终不离这样一种明确的思想
逻辑，而他本人之所以能够一生持守"艺术人生观"而不断追踪、践行艺术化的人
生生活，归根结底，是同其整个美学的这一内在特性联系在一起的。

　　以"审美／艺术"的人生价值实现为基本核心，向外，宗白华美学明确指向现实
社会和人生生活的改造目标；向内，宗白华美学具体规定了现实社会和人生生活改造
的个体心理／精神实践方式。向外的指向与向内的规定结合在一起，使得宗白华美学
充分体现了一种具有鲜明时代文化特征的认识意愿和价值意识。在这个意义上，如果
说，宗白华美学是一种具有现代意识的"生命美学"的话，那么，它所关怀的生命
本身也并非一个抽象性的价值体系，而是具体指向了生动活跃在现实人生改造过程中
的生活实践及其意义呈现。换句话说，在宗白华美学中，"生命"从来不是一个仅仅
具有象征意义的价值坐标，而始终是游行于、展开在现实生活行程中的人生体验性过

---

① 宗白华：《悲剧幽默与人生》，《中国文学》1934 年创始号。
② 宗白华：《论世说新语和晋人的美（增订稿）》，《时事新报》1941 年 4 月 28 日"学灯"。

程。在这个意义上，应该说，宗白华美学更是一种将深情沉着的生命体验，内化为现实人生的认识意愿与价值实现追求的"人生体验论与生活改造论的美学"——它深，深于生命运动的内核，一往情深地用心体会自然宇宙、人类精神的气象流行，捕捉生命价值的玄远微妙；它高，站立在人类生活的最高理想境层，启示着人生经验的深刻积累与生活实践的创造性方向；它实，直面现实人生意义缺失的痛苦不安与矛盾困惑，在深刻的同情中积极探索现实生活的改造途径，为人生现实描绘实现审美超越的价值希望。

值得指出的是，宗白华美学在指向现实人生改造、社会问题解决与生活的审美重建的过程中，对于个体人生实践、个体人格精神给予了高度关注。这一点，也充分反映在他对艺术审美创造与个体人生、人格精神关系的深刻把握之上。就像我们所看到的，在讨论艺术意境的创造性价值、艺术审美创造中的人格修养境界等问题时，宗白华常常热情地流露出对个体人生的强烈关爱、个体生命价值的深入捕捉。即如在讨论艺术创造及其真实性问题的时候，他便反复强调"艺术之创造是艺术家由情绪的全人格中发现超越的真理真境，然后在艺术的神奇的形式中表现这种真实"①。"情绪的全人格"乃是对以艺术家为代表的个体人格实践的全面肯定。正是借由这种个体人格的实践活动，艺术家才能够沉浸在个体心灵的最深处，全心体验生命至深至真的存在，进而实现艺术真实的创造。这也就是宗白华所谓"伟大之制作，亦须要伟大之人格为之后盾"，"非有伟大之人格，坚强之耐性，决不可告成"。② 由此，宗白华在探讨中国艺术意境创造问题时，总是将艺术家长期刻苦的艺术修养功夫和心灵境界，与艺术创造所实现的意境层次、审美风格直接联系在一起，强调艺术家心灵的培养是艺术意境创造的关键，艺术意境的创造首先就是一种个体人格的艰苦创造；无论壮阔幽深的宇宙意识、高超莹洁的生命情调，"都植根于一个活跃的，至动而有韵律的心灵"③，都离不开艺术家个体人格修养的刻苦过程。宗白华深情赞叹徐悲鸿绘画艺术的高超成就，便主要着眼于其"幼年历遭困厄；而坚苦卓绝，不因困难而挫志，不以荣誉而自满"④，强调内在的人格精神力量是造就徐悲鸿辉煌艺术成就的重要原因。

这样，我们可以看到，在宗白华那里，对于个体人格、生命精神的关注，成为引

---

① 宗白华：《哲学与艺术——希腊大哲学家的艺术理论》，《新中华》1933 年第 1 卷第 1 期。
② 宗白华：《美学》，《宗白华全集》第 1 卷，安徽教育出版社，1994，第 464 页。
③ 宗白华：《中国艺术意境之诞生（增订稿）》，《哲学评论》1944 年第 8 卷第 5 期。
④ 宗白华：《徐悲鸿与中国绘画》，《国风半月刊》1932 年第 4 期。

导人们不断深入艺术审美核心、深刻体会艺术创造性价值实现的第一道途径。"心的陶冶，心的修养和锻炼是替美的发现和体验做准备。创造'美'也是如此。"① 而人生实践、现实改造既以"审美/艺术"的人生价值实现为核心，也便当然同样要求个体人格创造指向与艺术实现相同的精神境界，即一方面"能空，能舍，而后能深，能实"，以虚灵的胸襟体会自然人生，实现与虚实相生的宇宙生命相契合的心灵结构；另一方面也同时要求生活体验与情感的丰富、心灵的"充实"，"养成优美的情绪，高尚的思想，精深的学识"②，能够像"歌德的生活经历着人生各种境界，充实无比。杜甫的诗歌最为沉着深厚而有力，也是由于生活经验的充实和情感的丰富"③。

由艺术而人生，由人生而艺术，宗白华对个体人生实践、人格精神的要求，一头连着艺术创造的审美价值结构，一头连着向艺术境界奋力归趋的现实人生指向，其中汇合了艺术审美的本体规定与主体精神的伦理意涵。当我们听到宗白华深情呼吁，"人当完成人格的形式而不失去生命的流动！生命是无尽的，形式也是无尽的，我们当从更丰富的生命去实现更高一层的生活形式"④，我们将可以体会到，他正是拿了这种人生的透悟，指导了自己，同时也指导着现实人生的审美实践方向——生命的最高清纯境界。

（原载《艺术评论》2012 年第 8 期）

---

① 宗白华：《美从何处寻?》，《美学散步》，上海人民出版社，1981，第 15 页。
② 宗白华：《新诗略谈》，《时事新报》1920 年 2 月 9 日 "学灯"。
③ 宗白华：《论文艺底空灵与充实》，《观察》1946 年第 1 卷第 6 期。
④ 宗白华：《歌德之人生启示》，见《歌德之认识》，南京钟山书局，1933，第 21 页。

意境：虚实相生的审美创造

——宗白华艺术意境观略论

三十年前，李泽厚就曾十分精准地指出，宗白华先生"相当准确地把握住了那属于艺术本质的东西，特别是有关中国艺术的特征"①。可以认为，宗白华留给20世纪中国美学的最重要贡献，就是他对建基在中国文化独特传统之上的古典美学整体特性的精妙认识，包括他对以书画为代表的中国艺术审美理想的精微研究，以及对中西艺术时空意识的比较性阐发。从学术史角度看，宗白华美学的这些贡献，既是20世纪中国美学的特定学术经验，也为后来者继续讨论和阐释中国美学、中国艺术搭建了思想的阶梯。这一点，在宗白华对艺术意境的深度阐发中有最充分的体现。

一

意境为何？何为艺术意境的创造？这个问题的提出，在宗白华那里不单纯是一个美学问题，而是如何从美学的立场来承继民族心灵、民族精神的问题，也是如何能够以现代文化的创造性追求为目标来真正确立民族文化自觉的问题，"就中国艺术方面——这中国文化史上最中心最有世界贡献的一方面——研寻其意境的特构，以窥探中国心灵的幽情壮采，也是民族文化底自省工作"②。因此，我们理解宗白华关于艺术意境的一系列理论揭示，其实也是在理解他对民族文化所做的一种特殊"自省"。

① 李泽厚：《美学散步·序》，上海人民出版社，1981，第2页。
② 宗白华：《中国艺术意境之诞生》，《美学散步》，上海人民出版社，1981，第58页。

在这个意义上，我们才可能真正了然宗白华置身 20 世纪文化洪流而深情执着地回望民族心灵"幽情壮采"的特殊意义。

就此而言，宗白华讨论艺术问题，指向的往往是中国艺术的文化精神；他探寻艺术意境创造的审美本质，直接联系的是中国文化"美丽精神"的心灵意识根源；他发掘中国艺术意境的至深创造根源，眼光始终投向中国人的宇宙意识、中国文化的生命情怀。《易经》乾卦象曰："大哉乾元，万物资始，乃统天，云行雨施，品物流行，大明终始，六位时成，时乘六龙以御天。"宗白华从中领悟，"'乾'是世界创造性的动力，'大明终始'是说它刚健不息地在时间里终而复始地创造着，放射着光芒。'六位时成'是说在时间的创化历程中立脚的所在形成了'位'，显现了空间，它也就是一阴一阳的道路上的'阴'，它就是'坤'、'地'。空间的'位'是在'时'中形成的"，"'位'（六位）是随着'时'的创进而形成，而变化，不是死的，不像牛顿古典物理学里所设定的永恒不动的空间大间架，作为运动在里面可能的条件，而是像爱因斯坦相对论物理学里运动对时间空间的关系"，"六位就是六虚（《易》云：'周游六虚'），虚谷容受着运动"。① 这种对中国古代时空意识的独特的哲学把握，深刻地发掘了中国人、中国文化对待宇宙整体、生命运动的一致性态度：主张"以空虚不毁万物为实"的老庄，强调"虚"作为一切真实的原因，是万物生长、生命活跃的存在基础；孔子讲"文质彬彬"，孟子讲"充实之谓美"，儒家从"实"出发，又从实到虚，直至神妙境界——"充实而有光辉之谓大，大而化之之谓圣，圣而不可知之之谓神"。显然，"虚""实"关系是"儒道互补"（李泽厚语）之中国文化的基本精神，而宗白华则以为道、儒两家其实都关注宇宙本质的虚实结合特性，所谓"虚而不屈，动而愈出"，虚空是万有之根源、万动之根本，是生生不息的生命创造力之所出。

这样，从"虚""实"关系上，宗白华看到了中国人基本的哲学态度，更发现了中国人深刻的文化精神气象、生命情怀。可以认为，宗白华要求艺术必须虚实结合，强调"主于美"的艺术意境"以宇宙人生的具体为对象，赏玩它的色相、秩序、节奏、和谐，借以窥见自我的最深心灵的反映"②，既是他对艺术审美本质的一种美学阐释，同样是他从美学立场返身追寻中国文化的心灵意识、中国人生命精神的一种文

---

① 宗白华：《中国古代时空意识的特点》，《宗白华全集》第 2 卷，安徽教育出版社，1994，第 477 页。

② 宗白华：《中国艺术意境之诞生》，《美学散步》，上海人民出版社，1981，第 59 页。

化自觉。正是这种独特的文化自觉，使得宗白华能够以独特的理论意识深刻揭示艺术意境的内部创造问题。

二

宗白华对艺术意境的把握，首先体现在他对艺术意境创造之"虚实相生"审美本质的确认之上。

就中国艺术而言，美感力量的根本，不是别的，而在于意境之美的完美传达。即如苏轼论陶渊明的诗，直言"陶诗'采菊东篱下，悠然见南山'，采菊之次，偶然见山，初不用意，而意与境会，故可嘉也"①。所谓"可嘉"，就在于陶诗之"意与境会"，诗人的内在情绪、感受、心灵活动，与身处的环境对象契合无间、融会一体。事实上，自司空图《二十四诗品》以降，至近代王国维"境界说"，在艺术意境问题上大体都主张艺术意境是"情""景"交融的结果。唐代张璪论画，有所谓"外师造化，中得心源"之说，讲的就是造化（景）与心源（情）两相凝合，构成生机活跃的艺术生命。王国维则强调"文学之事，其内足以摅己，而外足以感人者，意与境二者而已。上焉者意与境浑，其次或以境胜，或以意胜。苟缺其一，不足以言文学"，"文学之工不工，亦视其意境之有无，与其深浅而已"②。应该说，宗白华对艺术意境的总体认识，在这一点上无出前贤之右。他所持守的艺术意境观，同样强调主观生命精神与客观自然景象的交融互渗，"意境是'情'与'景'（意象）的结晶品"，"景中全是情，情具象而为景，因而涌现了一个独特的宇宙、崭新的意象"，"成就一个鸢飞鱼跃，活泼玲珑，渊然而深的灵境；这灵境就是构成艺术之所以为艺术的'意境'"③。

不过，宗白华的创造性之处，是他从中国人、中国文化对待宇宙整体、生命运动的一致性态度中，看到"情景合一"的艺术意境，在创造本质上与中国文化心灵意识、中国人生命自觉的内在一致性，即"中国古代诗人、画家为了表达万物的动态，刻画真实的生命和气韵，就采取了虚实结合的方法，通过'离形得似''不似而似'

---

① 苏轼：《书诸集改字》，转引自林衡勋《中国艺术意境论》，新疆大学出版社，1993，第338页。
② 王国维：《人间词乙稿序》，据《蕙风词话 人间词话》，人民文学出版社，1960，第256页。
③ 宗白华：《中国艺术意境之诞生》，《美学散步》，上海人民出版社，1981，第60、61、60页。

的表现手法来把握事物生命的本质"①。而这一点，恰恰又与他对中国文化的基本认识是一体的：从孟子"圣而不可知之之谓神"中，宗白华强调"圣而不可知之"是虚，而"虚"就是只能体会而不能模仿、解说，它指向了"神"。

立足于此，宗白华进一步从艺术意境创造的虚实相生性出发，对艺术意境创造的审美本质及其层次结构作了全面精细的阐发，进而也呈现了其美学理论的文化高度。

"唯道集虚，体用不二，这构成中国人的生命情调和艺术意境的实相。"② 按照宗白华的看法，艺术意境创造的审美本质在于"化实景而为虚境，创形象以为象征，使人类最高的心灵具体化、肉身化"③。这里，艺术意境内在的"情""景"统一，被更加深刻地表述为与特定文化意识相一致的意境创造本质——"虚""实"统一性，亦即以虚带实、以实带虚，虚中有实、实中有虚。这种艺术意境创造"虚实相生"的审美本质，在具体的艺术家那里，也就是想象活动与形象实体的统一。"艺术家创造的形象是'实'，引起我们的想象是'虚'，由形象产生的意象境界就是虚实的结合。"④ 这样，宗白华实际上不仅是把"虚"与"实"视为艺术意境创构的两元，而且着力强调了艺术意境的内在统一性。而由于离形无以想象，去想象无以存形，所以唯有通过"虚""实"相合的审美创造，才能真正写出心情的灵境而直探物体的诗魂、生命的本原。应该说，就艺术意境创造的审美本质而言，采取"虚实相生"二元统一的意境表现方法，通过"离形得似""不似而似"的审美意象来把握对象生命本质，这种中国艺术家一以贯之的审美创造态度，根本上正是源于中国文化本身对生灭变动的世界本质的理解。艺术作为世界生命的精神表现形式、现实载体，理当体认这种世界"虚""实"相生相运的哲学领会。而既然艺术意境创造是"虚""实"二元的统一，那么这种统一就应表现为互相包容、渗透的关系，从而使世界构成之"二元"真正成为艺术意境的两元。从这里，我们也可以发现，宗白华在进行中西艺术审美比较研究时，之所以常常高度肯定中国艺术意境创造的独特性，一个十分重要的原因，就是因为中国艺术意境创造的审美本质合乎这一"虚""实"关系的辩证性。他曾引方士庶《天慵庵随笔》，"山川草木，造化自然，此实境也。因心造

---

① 宗白华：《形与影》，《美学散步》，上海人民出版社，1981，第 234 页。
② 宗白华：《中国艺术意境之诞生》，《美学散步》，上海人民出版社，1981，第 70 页。
③ 宗白华：《中国艺术意境之诞生》，《美学散步》，上海人民出版社，1981，第 59 页。
④ 宗白华：《中国美学史中重要问题的初步探索》，《美学散步》，上海人民出版社，1981，第 33、36、34 页。

境，以手运心，此虚境也。虚而为实，是在笔墨有无间"，强调整个中国绘画精粹尽皆体现在"于天地之外，别构一种灵奇"、"弃滓存精，曲尽蹈虚揖影之妙"——宗白华所要提示我们的，正是那种虚实统一的艺术意境创造本质。

宗白华特别重视"化景物为情思"的艺术创造问题。在我们看来，这个"化"的方法论命题，其核心在于充分明确了"虚实相生"的艺术本体特性。它既是宗白华在深刻揭示艺术意境创造的审美本质基础上对艺术创造方法论的精确定义，同时也体现了宗白华美学之于艺术创造的本体规定。

宗白华认为，艺术本身是一种创造活动，真正的艺术意境只有通过创造性的活动才能自然涌现。不过，艺术创造的难题在于如何有效地实现以形象表现精神、以可描写的东西传达不可描写的东西。解决这个难题的唯一出路，在宗白华那里就是"化实为虚，把客观真实化为主观的表现"[1]。他曾引宋人范晞文《对床夜语》中的一段话："不以虚为虚，而以实为虚，化景物为情思，从首至尾，自然如行云流水。"通过大量分析中国艺术创造的特点，宗白华具体指出：这个"化"，终究是"以虚为实""化实为虚，化景物为情思"，亦即虚实结合、虚实相生。即如中国古代文学家常用虚虚实实的文笔描写事件、人物，"作家要表现历史上的真实的事件，却用了一种不易捉摸的文学结构，以寄托他自己的情感、思想、见解。这是'化景物为情思'"。在这里，"化"作为一种"虚""实"的沟通、转换，不是技术性的，而是精神性过程的实现；"化"既是艺术传达、表现的手段，更是艺术传达的本质，而这种本质决定于"虚""实"关系的辩证统一。宗白华以荀子《乐论》"不全不粹之不足以谓之美"，具体阐释了"化"的虚实统一关系：由于"粹"即去粗存精，艺术方能"洗尽尘滓，独存孤迥"（恽南田语），其表现才为"虚"；由于"全"，方能实现"充实之谓美，充实而有光辉之谓大"（孟子语）。"全""粹"统一，"虚""实"包容，才真正构成艺术的审美真实，"完成艺术的表现，形成艺术的美"[2]。因此，无论"化"的方式本身如何——是"化"实体性之"实"为欣赏主体情感中的"虚"，还是转"虚"成"实"，通过主体行动带（"化"）出虚设的幻想——艺术创造最终实现的，是世界本体、生命本体的呈现即意境之美、"核心的真实"，"唯有以实为虚，化实为虚，就有无穷的意味，幽远的境界"[3]。这样，宗白华便从理论上统一了"虚"

---

① 宗白华：《中国美学史中重要问题的初步探索》，《美学散步》，上海人民出版社，1981，第36页。
② 宗白华：《中国艺术表现里的虚和实》，《美学散步》，上海人民出版社，1981，第75页。
③ 宗白华：《中国美学史中重要问题的初步探索》，《美学散步》，上海人民出版社，1981，第34页。

"实"关系的方法意义与本体规定。特别是，当他把建立在"虚""实"关系之上的"化景物为情思"的艺术创造，同自然主义和现实主义两种艺术形式的审美价值联系起来的时候，这种独特的"化"的艺术方法论之本体意义的深度就显得更加清晰起来：自然主义单纯描摹物象表面，以实为实，难以表现艺术家的丰富情感和深刻思想；现实主义诞生于艺术家至深心灵和造化自然相接触时的领悟和震动，"从生活的极深刻的和丰富的体验，情感浓郁，思想沉挚里突然地创造性地冒了出来的"①。不同艺术创造观念和形式的分别，在宗白华这里完全对应着其化虚化实的"景""情"关系，其如方士庶《天慵庵随笔》所谓"山川草木，造化自然，此实境也。因心造境，以手运心，此虚境也。虚而为实，是在笔墨有无间"。

三

很有意思的是，宗白华不仅在方法论与本体论相一体的高度，提倡艺术意境创造之虚实相生、虚实统一的审美本质，而且在强化"虚""实"关系基础上，特别主张艺术创造与审美价值的内在一致，强调"实化成虚，虚实结合，情感和景物结合，就提高了艺术的境界"，"化实为虚，化景物为情思，于是成就了一首空灵优美的抒情诗"②。质言之，在宗白华美学中，虚实统一的艺术意境作为艺术真正的审美价值所在，可以被用来作为考察艺术审美特征与价值的思维起点。因而，在艺术实践的意义上，意境的创造结构同时也就是艺术的审美价值结构。对于这一点，宗白华主要通过透彻研究中国艺术意境的"三度"结构——阔度、高度、深度，作了相当深刻的揭示，即："涵盖乾坤是大，随波逐浪是深，截断众流是高"③；包含宇宙万象的本质生命是艺术意境的"阔度"，独发异声、独抒情怀是意境的"高度"，而直探世界生命本质、发掘人类心灵至动则成就了意境的"深度"。值得重视的是，这种对艺术意境创造的结构分析，在确认艺术意境"虚实统一"审美创造本质这一点上，同宗白华对艺术审美价值三层次结构的把握直接联系在一起——由意境创造"阔度"而诞生模写直观感相的"情胜"（"万萼春深，百色妖露，积雪缟地，余霞绮天"），由意

① 宗白华：《中国书法里的美学思想》，《美学散步》，上海人民出版社，1981，第158页。
② 宗白华：《中国美学史中重要问题的初步探索》，《美学散步》，上海人民出版社，1981，第35页。
③ 宗白华：《中国艺术意境之诞生》，《美学散步》，上海人民出版社，1981，第74页。

境创造"高度"而诞生传达活跃生命之"气胜"（"烟涛倾洞，霜飙飞摇，骏马下坡，泳鳞出水"），由意境创造"深度"而诞生启示最高灵境的"格胜"（"皎皎明月，仙仙白云，鸿雁高翔，坠叶如雨，不知其何以冲然而澹，筱然而远也"）。意境创造与艺术审美价值在不同层次相互对应，艺术的创造活动与价值实现彼此共通联合。如果说，在宗白华那里，一切艺术创造的最高理想，是"澄观一心而腾踔万象"，是执着于意境"深度"的实现，那么，即实化虚、化景为情的最高体现，就是"鸟鸣珠箔，群花自落"，是"格胜"之境，也是"意境表现的圆成"，所以宗白华又认同其为艺术的"禅境"——超旷空灵，镜花水月，羚羊挂角，无迹可寻。如是，宗白华把艺术意境的理想创构，与艺术意境"虚"与"实"统一性的认识再一次紧紧相联。

　　尤其是，宗白华美学讨论艺术意境创造问题，其理论内部是有偏重的。在他看来，人类虽未真正实现对生命的积极崇拜和精神表现，但这种最高表现境界却永远是人类的渴望和追求，艺术则是人类实现这一追求和渴慕的唯一可能。因此，艺术的理想境界应归于从艺术创造的深度去体会人和自然的生命本真，"书法的妙境通于绘画，虚空中传出动荡，神明里透出幽深，超以象外，得其环中，是中国艺术的一切造境"[1]。显然，这种艺术理想之境的内在意蕴正与"格胜"之境同一，都要求"以追光蹑影之笔，写通天尽人之怀"，在艺术内部呈现直探生命内核的深度，实现最高生命的传达。"深，像在一和平的梦中，给予观者的感受是一澈透灵魂的安慰和惺惺的微妙的领悟。"[2] 这一艺术审美的理想性要求，也正体现了宗白华对意境创造之虚实相生的深刻把握：实而虚、虚而实，"于空寂处见流行，于流行处见空寂"。在美学的纯粹性上，宗白华把握住了艺术的理想道路，"空寂中生气流行，鸢飞鱼跃，是中国人艺术心灵与宇宙意象'两镜相入'互摄互映的华严境界"[3]。

四

　　"艺术的境界，既使心灵和宇宙净化，又使心灵和宇宙深化，使人在超脱的胸襟

---

① 宗白华：《中国艺术意境之诞生》，《美学散步》，上海人民出版社，1981，第70页。
② 宗白华：《中国艺术意境之诞生》，《美学散步》，上海人民出版社，1981，第71页。
③ 宗白华：《中国艺术意境之诞生》，《美学散步》，上海人民出版社，1981，第72页。

里体味到宇宙的深境。"① "深化"源于意境创造所实现的宇宙生命、人类心灵的至深探寻，"净化"体现为艺术意境创造所实现的现实人生功能。可以认为，宗白华对虚实相生之意境创造审美本质的独特诠释，同时联系着他个人的人格精神追求。

面对现代物质文明发达与人类生命衰微的文化冲突，面对精神颓靡的现代生活与新时代精神紧迫建设的双重压力，宗白华把目光坚定地投向"中国文化的美丽精神"。他深入中国艺术幽深意远之境，把召唤生命精神同意境创造本质、艺术审美价值结构联系在一起："虚"与"实"体现了生命的无穷尽及其与现实对象的统一，"阔、高、深"之意境创造结构体现了世界人生的广度、高度和深度，而"格胜"之境更源于生命本真的强烈自觉——"澄怀观道"，在拈花微笑里领悟色相中的微妙至深。由是，艺术意境创造的审美本质与世界生命、人类生命的本真探寻结合一致，不仅在现实之境慰藉人的灵魂，而且在超远的意义上传达人生不尽的追寻。至于艺术意境如何从"虚""实"关系的辩证性上实现"深化"和"净化"，宗白华把它具体落实在艺术家心灵精神、生命意识的"虚""实"统一方面。"心的陶冶，心的修养和锻炼是替美的发见和体验做准备。创造'美'也是如此。"② 在他看来，艺术意境的创造首先是人格的创造，而人格创造的关键在于艺术家自身具有与虚实相生的宇宙生命相契合的心灵结构，"能空、能舍，而后能深、能实，然后宇宙生命中一切理一切事无不把它的最深意义灿然呈露于前"③。因此，艺术意境的创造一方面要求艺术家心灵的"空灵"、精神的淡泊，从而由实入虚、即实即虚、超入玄境，以虚灵的胸襟体会自然人生，另一方面，意境创造也要求艺术家个人生活体验与情感丰富的心灵"充实"，其如"歌德的生活经历着人生各种境界，充实无比。杜甫的诗歌最为沉着深厚而有力，也是由于生活经验的充实和情感的丰富"④。这样，我们看到，在宗白华那里，艺术意境的虚实统一性，一头连着艺术创造的价值结构，一头连着艺术活动的主体人格，艺术审美的本体规定与主体精神的伦理意涵在此会合。于是，宗白华说："李、杜境界的高、深、大，王维的静远空灵，都植根于一个活跃的、至动而有韵律的心灵。承继这心灵，是我们深衷的喜悦。"⑤ 这"心灵"，直指那空灵而又充实

---

① 宗白华：《中国艺术意境之诞生》，《美学散步》，上海人民出版社，1981，第72页。
② 宗白华：《美从何处寻?》，《美学散步》，上海人民出版社，1981，第15页。
③ 宗白华：《论文艺底空灵与充实》，《美学散步》，上海人民出版社，1981，第25页。
④ 宗白华：《论文艺底空灵与充实》，《美学散步》，上海人民出版社，1981，第23页。
⑤ 宗白华：《中国艺术意境之诞生》，《美学散步》，上海人民出版社，1981，第74页。

的艺术心灵、超迈的人格精神。

宗白华对艺术意境的诠释，还直接联系了他对自然和人的生命运动的人格深情。人格生命中"动"的弘扬和自觉意识，造就了宗白华高超的艺术眼光，也使他对艺术意境的把握同其个人人格精神构成了相融相即的一体化关系。他从自然、社会中发现了"生命本身价值的肯定"，看到生命整体就在永恒运动之中。从爱光、爱海、爱人间的温暖、爱人类万千心灵一致的热情，到倡导"心似音乐，生活似音乐，精神似音乐"的艺术精神描写，"生命在运动"的人格精神延伸进艺术理想的弘扬与阐释——在虚实统一中表现运动生命的艺术意境，包含了生生不息的生命本质。因此，宗白华始终强调艺术意境创造的"虚"与"实"，就是生命运动的二元，意境的创造结构与审美价值结构同时体现为活泼生命的层层深入与捕捉，"山川大地是宇宙诗心的影现；画家诗人的心灵活跃，本身就是宇宙的创化，它的卷舒取舍，好似太虚片云，寒塘雁迹，空灵儿自然！"① 这种对艺术意境之运动生命表现的把握，处处与宗白华自身人格精神中对生命运动的无限崇仰相一致。离开人格精神的"动"，就没有宗白华对艺术意境表现生命运动的追求理想。在他那里，个人生命既是情感的奔放，又具有严整的秩序；既是纵身大化之中与宇宙同流，也是反抗一切阻碍压迫而自成独立的人格形式；而完满人格精神的塑造，就是在这一矛盾中得到统一的构造。以这种透悟指导精神人格的方向，宗白华所欲达到的，就是生命精神的最高清纯境界。所以，他崇奉晋人的自由任诞，同时强调把道德的灵魂重新建筑在生命的热情与率真之上，以使道德的形式成为真正生命的形式。而他主张意境创造首先是人格的创造，强调空灵而充实的心灵化为超迈的人格精神乃是意境创造的准备，更可视为其自身人格精神的起点与艺术理想的起点的同一。

艺术意境的审美创造，联系着人格精神的生命律动。艺术最高理想的实现，显示了人格生命的创造境界。这是宗白华美学向我们的交待。

（原载《文艺争鸣》2011 年第 9 期）

---

① 宗白华：《中国艺术意境之诞生》，《美学散步》，上海人民出版社，1981，第 62 页。

传媒权力与意识形态

一

经常留意娱乐新闻的人一定不难发现，在那些歌星、影星、笑星……一路蹿红或一落千丈的背后，必有一只兴风作浪的"传媒之手"：或是猛捧，或曰"封杀"。而歌坛影视明星们之巴结贿赂"娱记"（直接讨好传媒以为自己博得一个好口彩），则早已不是什么不可告人的秘密。于是，中国"明星"数量之多，中国"明星""寿命"之短，大概也可算得是我们这个星球上一道独特的人文景观了。

其实，不独娱乐界，我们周围许多事件的上升或陨落，如"名牌"商品、"推荐产品"、畅销书、文化名人，等等，无不与大众传媒的运作及其现实意图关联一体。

这就是大众传媒的力量。

这就是当代生活中来自大众传媒的巨大现实——一种我们已经无法抗拒、无法摆脱，也无从逃避的强有力的权力制度——它把人的生存内在性驱逐出我们的活动之外，却又同时将我们拖入由紧张恐惧和兴奋欢喜交织而成的现实境遇，使我们在今天这个时候活得前所未有的艰难，却也比以往任何时候都更加轻巧。如果说，在大众传媒进入高度成熟的制度化时代之前，人们尚在自我价值的内在体验和表达方面具备某种创造性意志力的话，那么，在大众传媒业已成为一种制度性体系的今天，人唯一能做也是时常想做的，就是如何去赢得大众传媒的青睐，如何直接进入传媒制度之中，以便自己能够"有幸"成为传媒权力的形象产品。换句话说，在今天这个时候，不管具体情景和目的如何，人们总是比任何时候都更加迫切地希望通过大众传媒途径并在传媒制度中获得自身的存在性确证。

这种传媒权力的存在，表征着我们时代和人的生活的基本存在状态。虽然我们都能够清楚地看出，在传媒权力的广泛统治下，以往所谓"自主性""意志自由"或"创造性生存"等，已实质性地变成一种由大众传媒及其技术能力所主宰的装饰性东西——在传媒制度中，人其实已经丧失了对周围存在以及人自身的价值敏感和有效判断能力，而只能满足于对传媒制度的技术优越性的高度信仰，沉迷于大众传媒所编织的各种"存在意义"的消费。

二

这是一种丧失与希望的奇异合体。它鼓励人在生活的道路上越来越深地依恋于传媒制度，甚而忘记了这种传媒权力的阴险性与危险性。

其一，作为一种技术性统治力量，大众传媒总是把某种预先设计完成的价值意图，通过种种看似确凿无疑的形象方式直接灌输给人们。由于传媒制度的特殊性，这些意图往往被当作了一种无可置疑的尺度，以至于最终所产生的，是人对于传媒预谋（意识形态）本身的极端无意识和心理服从。现代传媒制度正是在这一过程中，毫无顾忌地将自己凌驾于人的现实意识之上，全面确立了自身在整个当代文化体系中的强大支配权。

其二，在当代文化进程中，大众传媒为少数人对大多数人实行意识控制提供了一种有效性——传媒本身通常以社会全体的名义，制造着传媒控制者的意志力量及其绝对性。它在当代技术力量的强力保障之下，最终实现了少部分人对文化活动的绝对操纵力。因此，一旦这种操纵力成为没有约束的能量，整个社会的文化前景便会变得非常可疑和可怕，成为仅仅是体现少部分人意志和需要的存在，而不再作为整个社会共同的利益体系。特别是，由于在传媒制度的周密安排中，这种少部分人对社会文化的强力操纵总是在感性层面上维持着特定的审美形式，即以某种直观形象产生出对大众日常生活意志的"诗意"传达与维护，因而，这种权力形式又总是潜在着特定的美学欺骗性，它既使人们情不自禁地迷恋于传媒的煽动性，又使传媒权力达到了近乎神话的地步。

在传媒权力的无限扩张之域，一种表现为传媒价值体系的特殊意识形态开始在整个文化领域蔓延开来。如果说，这种特定意识形态的产生与延续维系在当代大众传媒的权力强制性之上，那么，我们就必须注意到，这一特殊意识形态的存在本性，恰恰是对传媒权力的极端再现与全面肯定。它一方面以高高在上的姿态，在整个当代文化活动中横扫了一切既有的、以个体意志自由为本质的人文理想与浪漫精神，突出了建立在技术优越性之上的传媒制度的总体控制能力；另一方面，它又绝对地削弱了当代社会中人的文化意识的历史深度——当整个传媒制度已经造就了人在日常生活中的自主性缺失和主体意志的乏力，原本作为人的存在证明的历史深度性，便也就不复成为文化经验中必要的东西了。

于是，大众传媒及其意识形态成为我们生活中唯一的意义之源、唯一的绝对者，它为我们提供生活的"意义"保证，并从根本上取消了我们对文化建构的价值理性和历史记忆。

正因为这样，今天，我们在承认传媒制度存在的客观性之际，常常要更加警惕一种可能的（实际也正在发生的）倾向，即：少数人凭借其在社会中的特殊位置，通过传媒制度并假借大众的名义，实现自身对大众意志的强权主宰，就像电台、电视台的"音乐排行榜"总是肆无忌惮地制造着当今大众的听觉趣味。事实上，更为可怕的是，各种远甚于此的传媒权力及其意识形态企图，明里暗里剥夺了我们的文化权力，而我们又常常对此麻木不仁。

（原载《东方文化周刊》2000 年 5 月 16 日）

"娱乐神话"与传媒时代的艺术经济学

2009 年的一场"春晚",一夜间造就了一个名叫"小沈阳"的娱乐明星。

平地崛起的"小沈阳",不仅因为人前人后有赵本山的力捧,不仅因为此前此后"小沈阳"本人付出过很多辛苦和努力,也不仅因为从他嘴里吐出"人这辈子最痛苦的事情是什么,你知道不? 就是人死了,钱没花了!"这句貌似高度智慧的话,更大程度上,"春晚"——这个二十多年来致力于把中华民族的记忆性感受转化为传媒机构经营性收获的节日庆典活动,才真正是"小沈阳"的"再生父母"。

于是,从"小沈阳"的一飞冲天,从"春晚"观众对"小沈阳"的狂热,我们明明白白地看到了一个有趣生动的"娱乐神话"之诞生:从沈阳到北京,从"刘老根大舞台"到"中央电视台春节联欢晚会","小沈阳"就是这个神话故事里的"英雄",而他的发迹史恰恰也就成了我们时代的一段"娱乐神话"生产史。

面对这样的"娱乐神话",我们曾经有过的各种关于神话的定义全然实效,因为它不仅根本不是什么"生产力水平低下和人们为争取生存、提高生产能力而产生的认识自然、支配自然的积极要求",也不是所谓"拟人性"的幻想——相反,"娱乐神话"的直接症状,正在于高度发达的技术环境对人的现实存在的直接"拟神"。换句话说,"娱乐神话"的生产过程实际上具有某种特定的"非神话"性质,特别是,无论是"娱乐神话"的生产机构还是它的基本生产元素——名不见经传的演员、来源于民间的舞台表演形式、世俗生活语言等,都不过是大众日常生活的直接内容。只是,"娱乐神话"的生产者往往有意识地以技术方式把这种"非神话"的神话"神话化",并且借助传媒机构的制度性优势而特别凸显了这一"神话化"的形式效应。因此,"娱乐神话"的特征主要就集中在:其一,凸显当下生活的反常规性消费本质。这里,所谓"反常规性"在根本上属于一种背叛式的心理行为,主要呈现为对按部就班、循规蹈矩、安守本分的日常秩序的反抗意识，它所强调的是突破固定生活方式、获取直接生活快感的强烈意愿。而"娱乐"之所以可能成为一种"神话"，在于它本身体现了以生活的反常规形式制造令人惊奇的直接生活快感这样一种现实能量。尤其是，由于这种直接生活快感的获取并不要求其享受者付出实际的生活行动，因而它与人在当下的生活取向之间形成某种同一性，使人在当下的消费生活属性同样产生出某种令人向往的"拟神"之效。就像"春晚"舞台上"小沈阳"的那番夸张、滑稽与相当程度的"自残"形象——"都说我长得寒碜，不过我妈挺稀罕我"——在抗拒常规性的同时，也宣告了一种消费性自足感受向大众当下生活的快速移植。

其二，凸显平民奇迹的世俗价值观。一个中学都没有毕业且其貌不扬、以耍贫逗趣为职业的偏地孩子"小沈阳"，风云突起般成为整个中国家喻户晓、"粉丝"无数且日进斗金的"著名演员"，这整个事件本身就是一个相当神话的"神话"。很显然，这个"神话"至少具备了两方面的"拟神"元素：首先是作为"神话英雄"的主体必须来自原本毫不起眼、普通甚至最底下的生活阶层，与最广大的人群生活具有必要的相同或相近性，他才可能被制造为"英雄"且具有十足的大众仿制潜质。即如"小沈阳"所说"我不是名人，就是一人名"，由此他的发迹才具有"拟神"的现实魅力。其次，"神话"主体的"英雄业绩"必须具有最为典型的日常属性，是非超俗的、非高尚的和普遍的，这样"神话"才可能最终感动非超俗的、非高尚的和普遍的大众生活想象。就像"小沈阳"，在中国人最需要肆无忌惮的放松、最需要获得感动的大年三十晚上，站在"春晚"舞台上结结实实地娱乐了上亿中国人。可以说，这两个"拟神"元素在真正意义上构成了一幅当下生活的"平民奇迹"图像，而在它背后，以世俗利益为驱动、世俗感动为目标的日常消费价值追求，则迅速获得了明确的合法地位。

不难看出，正是这种"娱乐神话"的特征，全面体现了当今时代日益庞大且不断强势的传媒机构的权利意图——在控制大众生活的时间性过程之际，更加广泛地控制他们的空间性生活想象与满足。反过来，我们又可以说，对当代传媒机构而言，其主导性功能不仅仅是意识形态的，也是生产性的；其价值指向既是具体和现实的，同时也是虚拟化和消费性的。这样，我们便自然而然地进入对这样一个问题的思考：传媒机构如何从机制上保障了"娱乐神话"的生产？

以"小沈阳"与"春晚"之间共同的机构关联性来看。作为"春晚"生产者的中央电视台，其本身就是一个极端自我神话的权力机构。这种神话权利既来自于它作为国家电视台特殊的政治身份和独一无二的社会地位——它把国家电视台制度化的意识形态专属权，直接转换为以收视率加以标志的大众生活垄断性；同时，它也源自于国家电视台在塑造大众生活期盼方面所具有的价值垄断性——传媒机构长期以来通过影响、控制大众生活的神话想象，造就了特定而内在于大众现实价值意识中的平民娱乐心理。正是这两种垄断性的不断强化和延伸，一方面在价值控制能力上保证了中央电视台能够以机构实体形式来实现"春晚"生产"小沈阳"这一"娱乐神话"的可能性，另一方面也保证了"小沈阳"能够通过"春晚"对于中国大众节日生活的垄断性来实现自身的"娱乐神话"功效以及对大众日常生活的辐射。

因此，"小沈阳"必须最真诚地感谢传媒机构，感谢中央电视台所拥有的空前有力的权力垄断。而这些，恰恰是传媒时代艺术经济学的一个根本前提：传媒权力在将传媒机构本身极端神话的同时，也高度强化了传媒机构生产"娱乐神话"的现实能力。

再度回到"小沈阳"与"春晚"。可以认为，"娱乐神话"生产有其特定的艺术经济学属性。第一，传媒机构之于"娱乐神话"的生产，充分表达了"消费大于生产"的享乐中心主义价值观以及传媒机构的大众煽动性。这样一种生活的世俗价值要求，一方面通过"一夜暴富"的神话，实际地反抗着古典经济学的"付出—收益"平衡关系原理；另一方面，通过鼓励人在有限现实中投入无限激情的想象实现，"娱乐神话"的生产魅力十足地对日常生活的机会主义动机重新进行了价值阐释，"人不能太抠，你知道不？人这一生多短暂呀。眼睛一闭，一睁，一天就过去了；眼睛一闭，不睁，一辈子就过去了……""白驹过隙"这一现实经验的极度夸大，不仅强化了"小沈阳"的存在合法性，也有力地支持了大众日常生活的娱乐经验。这也便是美国人尼尔·波兹曼在《娱乐至死》（广西师范大学出版社 2004 年版）中指出的："电视把娱乐本身变成了表现一切经历的形式。我们的电视使我们和这个世界保持着交流。"

第二，传媒时代的"娱乐神话"生产，通过反对积累而根本地激化了人的当下生活满足感。它通过传媒机构的特殊权力方式，十分感性地陈述着一条特定的艺术经济学原理，即：点不着精神，便燃烧物质；不能创造地生活，便快乐地享受身体。这里，作为"娱乐神话"生产者的传媒机构，实际上已经毫不犹豫地进一步强化了自身由精神生产机构向大众日常生活的物质制造属性的滑移。这也就是今天我们在电视屏幕上越来越多地搜寻到各式各样"综艺节目"的原因。尤其是，由于传媒机构本身的地位特殊性，由于传媒机构空前生动的权力神话，这种精神活动向物质生产的价值转移被不断放大在大众面前，既张扬了传媒机构本身的生活控制功能，也为传媒机构赢得了更加广泛的经济回报："小沈阳"因为"春晚"而身价倍增、名利双收，中央电视台也因为"春晚"而收入不菲。显然，传媒时代的"娱乐神话"对其生产者和被生产者来说，都是一种双赢的经济学神话。

第三，传媒时代的"娱乐神话"生产，不仅确立了，而且也有力地巩固了娱乐中心主义的艺术生产机制。对生产者的传媒机构来说，艺术生产的内在核心价值可以无视人的理想精神传统和生活实践的严肃性，仅需通过大众娱乐满足的视觉形式来包容一切世俗利益的感性经验价值，甚而把这种感性经验价值夸张为日常生活的表演形象，在戏仿生活客观性的同时赢得大众满堂喝彩。即如波兹曼所说："电视本身的这种性质决定了它必须舍弃思想，来迎合人们对视觉快感的需求，来适应娱乐业的发展。"换句话说，"娱乐神话"的生产，一方面凸显了传媒机构本身高度发达的生活复制能力，并且在复制生活的同时能够将大众日常生活经验还原为视觉感受的直观形式；另一方面，传媒机构生产"娱乐神话"的过程，也体现了一种大众日常生活满足感的生产方式，即：视觉化的艺术形式（小品）＋日常情感动机＋世俗价值想象＝去智化的生活快感。无怪"小沈阳"虽然中学尚未毕业，却能当着上亿电视观众说出一口"非常标准的英文"："小沈阳是我的中文名字。我的英文名字叫 xiao shen yang 。"在强调高度知识化的时代却无须知识的高度化，并且还能带来普遍的快乐满足感，可见"娱乐神话"生产在经济学意义上真的"多喜庆啊"！

是耶？非耶？或许，是非都不重要，重要的也不再是是与非，而是"娱乐神话"生产本身已经公开证实了一种新的经济学的成功。它一方面通过传媒机构大面积制造了大众文化的神话，另一方面通过把大众生活的所有内容都以娱乐方式展示出来，而使大众的日常生活消费产生出空前的经济前景。对传媒机构来说，真正的问题显然并不在于"春晚"为我们展示了具有娱乐性的生活内容，而在于"春晚"的"娱乐神话"生产本身便体现了巨大的经济学效应。随着这种经济学效应的不断发酵，传媒机构在当今时代的消费性生产功能也迅速得到强化和扩张。其结果，则是我们生活的所有内容都程度不同地被某种娱乐价值所垄断。

　　"走别人的路，让别人无路可走"——这句原本属于最没出息的人所说的最没出息的话，如今已然转身变成了"最富有智慧"的格言，也是最能够体现传媒时代艺术经济学精髓的"经典"——生在今天，除了跟随传媒机构的"娱乐神话"生产指向，我们其实已无路可走。

　　于是，"娱乐神话"的生产，又一次传递出传媒时代艺术经济学的霸气。

（原载《文艺争鸣》2010 年第 1 期）

文学研究："后批评"时代的实践转向

一

客观上讲，自有文学活动以来，存在于整个人文精神活动领域的文学研究活动，乃是作为一种人类理性批评的抽象实践活动而出现的。就像韦勒克和沃伦所指证的那样，文学研究"这一观念已被认为是超乎个人意义的传统，是一个不断发展的知识、识见和判断的体系"①。显然，所谓"超乎个人意义"，要求的是文学研究具有某种抽象的普适性；而作为一种"不断发展的体系"，文学研究似乎又是必须能够充分确认主观经验向客观知识的转换和转换过程。

尤其是，当人们已经习惯于把文学研究当作对文学这一"人类精神的创造性"过程（具体表现为"作家—作品—阅读"）的规范性分析和特定把握的时候，人们赋予文学研究（包括文学理论在内）的重要特性之一，常常就在于强调和肯定：一方面，文学研究呈现出了批评实践的内在性过程——经由文学研究的抽象活动而达到对文学文本结构的解读；另一方面，它又使得文学的批评话语的运用和控制，系统化、客观化为一种凌驾于文学和文学活动之上的理性制度。质言之，对文学研究和文学研究者来说，能否透过并最终超越文学的经验层面而实现知识话语的理性有效性，构成了文学研究的本体根据。

正是这样一种对文学研究的一般性认识、常识性观念，在今天这个时候，已然被当代文学研究的理论实践过程本身大大扩展了，甚至可以说是被肢解或破坏了。

---

① 韦勒克、沃伦：《文学理论》，刘象愚等译，三联书店，1984，第 6 页。

当然，这并不是说今天的文学研究已不再是一种企图以知识权力面目出现的抽象实践——在这一点上，文学研究在今天这个时候较以往常常是有过之而无不及。我们所谓文学研究对常识性观念的肢解或破坏，主要是指今天的文学研究在继续保持自身作为一种抽象批评实践的同时，文学理论家们已经大规模地突破了原有的文本阈限和解读规则。对今天的文学研究来说，除了继续拥有原来那种强烈的知识权力企图以外，针对文学经验层面的"超越"开始发生重大转向；文学研究开始从文学文本这一特定方面转向了更大范围的"泛文本"维度——尽管在这一转向中，文学研究的本体根据没有发生实质的改变，但是，实现文学研究之本体根据的学理立场却发生了实质性转移。而现在的事实是，文学研究通过自身这样一种实践转向，越来越倾向于在"文化研究"的旗帜下标榜自己的意识形态姿态并行使自己的文化话语权。

二

正是借助了"文化研究"所潜在的意识形态力量，今天，文学研究从"泛文本"的立场出发，直接面对了文学文本语言和叙事性结构以外更为生动复杂的社会—人生过程和经验现象，包括复杂多变的政治意识和政治批评。或者，我们也可以引用伊格尔顿的话来说，在这样的文学研究过程中，无论"是说话还是写作，是诗还是哲学，是小说还是正史：它的眼界决不小于社会中推论实践的范围，它的特殊兴趣在于把这些实践当作力量与实施的形式来领会"，"如果要把什么东西当作研究对象的话，那就应该是这个范围内的各种实践，而不是那些有时很含糊地标有'文学'字样的实践"①。这也就是说，在把文学文本与更大范围的文化现象、文化问题直接联系起来的过程中，文学研究不再仅仅满足于对特定文学文本的内在分析，而开始从文学的阵地上热情出击，主动寻求纯粹文学世界以外的经验对象和批评可能性，以使文学研究更能全面体现自身的主动性，更能充分实现批评话语与权力的有效连接。也因此，从内在研究向外在研究、从文学文本结构向文学行为语境的转移，便成为我们今天重新定义文学研究的一个极其显著而重要的形态标准。

---

① 特里·伊格尔顿：《文学原理引论》，龚国杰译，文化艺术出版社，1987，第240~241页。

文学研究的这一转向，十分明确地揭示出：文学研究开始进入了一个"后批评"的时代。

概而言之，作为这种"后批评"时代文学研究的"后性"特征之一，首先就体现为文学研究过程的"泛意识形态化"。即：文学研究过程在不断超越单纯的"文学意识"这一特定领域之际，不仅要让自己介入整个社会—文化的意识运动过程，而且它正日益明显地表现出一种强烈的意识形态批评意愿。这也就表明，由于文化研究的当代实践发展及其显著成就，尤其是由于文化研究不断深入到文学运动、文学思潮之中，而文学研究本身也越来越直接并密切着同文化研究的联系，显然，今天的文学研究正在悄悄地改变着自己的学术/社会身份。对社会—文化的"泛文本"价值批评热衷，不断使文学研究把自己原先对准文学文本语言和叙事性结构的内在批评过程——由于分析哲学、语言学的推动，这种对于"内在的"研究实践的推崇曾经一度统治了文学领域——转向了直面大众、直面当下的文本的社会学阐释过程，呈现出文学研究向文化研究/批评的直接过渡，并逐渐成为一种特定的意识形态权力的自我行使和确证活动。这里，问题的中心点在于：这种基于文本的社会学阐释过程的文学研究的实践转向，一方面，它在一种似乎表现为"重返"文学的社会—历史批评的过程中，实际却从理论层面上毫无保留地确定了文学现象、文学观念、文学写作和接受等同现实文化建构与价值评价过程的直接联系。对"后批评"时代的文学研究来说，其理论指向其实并不在于能否真正深刻地揭示文学文本的社会—文化属性，而是要以价值批评的可能性来重新塑造文学研究的社会—文化建构力量，亦即其自身作为一种意识形态的话语—权力构成形式。由此，进入"后批评"时代，文学研究便十足地呈现出在文化权力边缘上对意识形态中心权力的觊觎。另一方面，正由于今天的文学研究越来越趋向于一种文化研究/批评的可能性，因而，在文学研究过程中，实现批评的意识形态权力的前提，不再主要依赖理论上对于文学文本进行精致的语言、结构分析等，而是依赖文学理论家作为文化建构过程参与者的独特身份，以及他们自身在现实社会—文化中的精神处境。换句话说，在"后批评"时代，文学研究者往往更像一个强烈要求社会认同的文化建筑师，他们的文化经验、社会敏感能力及其对待批评过程的态度，既直接决定了文学研究的权力企图，也构成了文学研究"泛意识形态化"的理论前景——自觉地夸大文学的社会价值效应，从而也自觉地张扬了文学研究的意识形态力量。

其次，文学研究的这种"后性"，在理论上还表现为一种"泛审美主义"的价值取向，即有意识地强调审美/美学批评的绝对性及其对现实文化实践的精神统摄性，强调文化价值建构的审美观照立场，由此作为那种以文学阐释为出发点来介入社会—文化批评的价值基础。从表面上看，这一取向似乎突出了审美/美学的至上性，突出了社会—文化建构的审美化可能性；而在根本上，"后批评"时代文学研究的这种"泛审美主义"取向，其实是针对了整个社会—文化领域的现实实践过程。文学研究者对于审美的关注，主要不是体现在文学文本的结构分析方面，而是在一种把整个社会—文化实践现象当作具体审美文本的基础上来体现文学研究的现实批评性能力和意义。因而，文学研究中"泛审美主义"价值取向的实质，其实落在了批评的本体化之上——通过审美化途径而再次确立文学研究的现实批评根据。可以认为，这样一种文学研究的价值取向，至少在目前阶段是同文化研究的过程相一致的：强调文化价值的"泛审美"立场，体现价值批评的"审美"依据，正是文化研究中的普遍情形，尽管这种"审美性"本身其实已经超出了古典理解的范围。

文学研究的这种"后性"特征，在一定程度上既造就了当今文学理论较之过去更为强烈鲜明的人文—社会科学特征：文学研究不仅要承担为人的文化实践、精神活动进行价值诊断的工作，还主动突出了自己的社会认识使命和道义责任，突出了自己对于社会—文化现实的价值规范义务；同时，它也强化了文学理论家的职业批评家身份，即文学理论家不仅将关切的目光投在各种具体文学现象上，而且越来越自觉、明确地把自己对文学理论的思维纳入十分具体的文化现象考察过程之中，甚至是通过对文化的考察来呈现文学思维的路向。其结果，文学理论日益活跃在文学性和社会性、学理性与批判性之间；文学研究由文本语言学走向了文本社会学，由文本的解读进一步走向了文化的阐释。文学研究与文化研究的紧密联系，最终造就了一种普遍的跨学科化景观：以文化价值批评为中心的文学研究进一步越过了人们习以为常的"文学"，而定位于具体文化经验、文化行为和整体文化语境之上。理论的超验意识在现实生活世界的实践中，将它自己具体化并且呈现出社会—文化中的血肉形态；文学研究不仅是"文学"的，而且通过文学现象而体现了它的社会—文化批评立场。

三

需要指出的是，与传统的社会学的文学理论所不同的是，"后批评"时代的文学研究在与文化研究直接结盟的过程中，不仅实现了文学研究由内在向外在的转向，而且，由于它在当代整体文化语境上更加强调了自己对各种形象文化资料（电影、电视、录像、绘画、报刊、广告等）的掌握和运用，所以，如果说传统的社会学文学理论所侧重的，主要是从文学文本结构中找出它与一般社会—文化活动的历史对应以及这种对应关系的伦理运动本质，那么，由于“后批评”时代的文学研究实际上更倾向于通过社会—文化批评的广泛联系过程和方式，来表明文学理论的批评/阐释能力同现实文化秩序、权力体制之间的内在对抗，亦即有意识地突出了同现实的各种制度性存在之间的内在紧张，并且试图以此进一步强调文学研究的意识形态独立性和社会介入能力，所以，我们看到，“后批评”时代文学研究的一个显著特点就是：文学研究的社会介入能力、过程以及它的理论确定，总是非常密切地同各种形象文化资料对现实的揭示和揭示态度相关联；文学研究对各种形象文化资料的关注，在现在这个时候达到了前所未有的程度，而文学与各种形象文化的当代性关系也因此成了文学理论家们所乐道的一个重要话题。同样道理，正因为对各种形象文化资料的掌握、运用已经成为文学研究体现和实现自身社会—文化介入能力的重要条件，各种形象文化资料本身的意识形态特性、它们的社会—文化批评能力，便同“后批评”时代文学研究的意识形态效应之间产生了某种直接关联。文学研究不仅把各种形象文化资料直接纳入自己的理论视野，而且还直接进入到各种形象文化资料的内部，从中寻找自己的批评资源。

正像希利斯·米勒所说的：“自 1979 年以来，文学研究的兴趣中心已发生大规模的转移：从对文学作修辞学式的‘内部’研究，转为研究文学的‘外部’联系，确定它在心理学、历史或社会学背景中的位置。”① 这里，所谓“兴趣转移”，主要就表现为那种对文化研究的关注和理论热情；所谓“心理学、历史或社会学背景中的位置”，就是文学研究中由文学文本的社会学阐释所确定的意识形态。于是，在这里，我们又可以认为，“后批评”时代的文学研究和文学理论又一次回到了关于人文科学主要是审美的——同人的心理快乐有关，以及是主题的——同社会—文化价值批评相关这样的看法上来了。换句话说，文学研究在与当代特征相联系的过程中，再一次高度肯定了文学理论的新的社会学意义——当然是赋予了新的内容。而

---

① 希利斯·米勒：《文学理论在今天的功能》，见拉尔夫·科恩主编《文学理论的未来》，程锡麟等译，中国社会科学出版社，1993，第 121 页。

这一点，既涉及了文学研究与文学理论的功能转变问题，而且也充分表明：在今天这个时候，人们渴望着提高文学研究的社会地位，渴望着文学理论家身份的新的社会化。

（原载《求是学刊》2003 年第 4 期）

"仪式化":大众传媒制度化时代的文学写作

一

在当今这个大众传媒的文化控制权力日趋制度化、明确化且肆意泛滥的时代,文学写作已经真正演变成为一种"仪式化的写作"。

这并不是说文学已经不再是一种现时代人的精神存在载体和思想表现形式。虽然迄今为止,文学活动作为一种纯粹精神/思想的抒情表达方式,其往昔拥有的广大的读者市场正在急剧萎缩之中——传统意义上凭借书面符号来重新显现精神指向,并且充当了人性价值批判者和守护者的那种文学文本及其写作活动,由于难以完美地满足人在电子世界里对"影像直观性"的感受需要,因而也就难以有效地体现出那种作为大众文化消费品所必需的直接性和吸引力。如此,则不独中国,其实全球性的文学活动都这样或那样地面临着严峻的"市场压力"——但是,在我们今天所能找到的各种以书面符号为传情表意形式的文学写作中,至少在它们的社会功能层面,总还或多或少保留了某种为写作者自己津津乐道、自我感动的精神/情感的宣泄性满足。所以,即使在文学的纯粹精神/思想价值尺度已经相当模糊的今天,我们依旧还是要承认这种写作形式所具有的"精神"含义,以及它的存在的合法性。

不过,我想要说的是,这种留存在当今文学写作活动中的"精神合法性",在以互联网、电视、电影、生活杂志等为传播主体的大众传媒的大面积围追堵截、威逼利诱下,现在已经发生了质的改变。文学写作成了一种以适应顺从大众传媒制度(包括其技术特性)为形式、以文学写作者本身的精神/情感自娱为过程、以投合最普通的消费大众的文化消费热情和生活娱乐为目的的"仪式化"活动——精神/情感的自由宣泄必须有意识地、先在地觉察到大众传媒与大众消费需求之间的具体关系，才能有效地借助大众传媒的技术支持，特别是其强有力的意识形态控制权力，在文学殿堂里排演一出又一出令写作者自我陶醉的动人游戏；文学写作过程中曾经被引以为人性骄傲的精神艰辛与思想创造，在写作活动与大众传媒体制的关系系统中逐渐退化，演变为文学写作者、文学读者在精神/情感游戏的仪式中获得的当下快感，而文学传统追求的内在意义结构的创造性深度则为这种仪式固有的直观效果所取代。

这里，作为大众传媒制度化时代的一种"仪式化"存在，由于无法逃脱，进而又屈服于大众传媒的权力制约，文学写作首先由原来形式上的私人性、个体性活动，迅速转换成一种公众性的集体事件——这正是一切大众传媒制度下文化活动及文化产品所显现的总体征象，即传媒活动的广大覆盖面和"一览无遗"的公开炫耀能力，使得当今社会的所有文化活动都相约走向了某种直接指向普通社会公众的开放过程，而文化体验的独一无二意蕴则在大众普遍参与和享有的同时失去了它的存在根据。这表明，对文学写作者而言，文学写作已经不再能够充分"合法"地保留其在很长一个时期里坚定信仰的个体实践的精神体验性和内在性；文学写作开始公然指向那种在大众传媒制度保障下最大程度地获得的当下展示效果，以便使写作本身直接进入大众的日常生活范围。这一情况的出现，一方面可以看作是文学写作者在当代文化环境下对大众传媒强大的制度性压迫和控制权力的一种现实妥协，另一方面也非常生动地再现了文学在大众传媒制度化时代的具体生存策略——大众传媒制度演化出来的文化控制权力，既产生了对文学写作过程的新的规定，产生了文学对于大众传媒活动的依赖，同时也造就出文学写作对大众传媒制度的新的适应能力和对传媒活动的具体利用。事实上，由于大众传媒具有无与伦比的超凡技术优势，由于大众传媒的技术能力必定带来的那种毫无顾忌的影像编码能力，以及大众传媒在自身制度化过程中不断激化起来的那种强制性意识形态意图，总是不断在现实文化范围内造就人和人的精神活动的被动性，培养了人们对大众传媒文化控制权力的无意识，因此，尽管至今文学写作仍然不失浪漫地标榜着自己的"精神"路线，但在实际过程中，文学写作那种建立在最为个人性的思想沉思与价值体验基础上的私人性活动，其实已被大众传媒的权力运作过程及其具体效应所拆毁；原本作为一场私人经验的文学写作活动，经由大众传媒权力实践的强力介入，不得不走向了一种公众性的层面。"文学写作"成了大众传媒制度体系中的一个集体事件——这个事件的发生与结束，都不再真正由文学写作者自己来决定或处理，而是由大众传媒及其具体运作来加以操纵。这就是我们今天常常发现的那样一种情形：在大多数时候，文学写作者主要是根据大众传媒的文化控制需要/意识形态利益来确定自己写什么或不写什么（这个时候，"为什么写作"以及写什么或不写什么并不是最重要的，重要的是写作本身必须能够始终处在同大众传媒的意识形态利益、文化价值准则相一致的过程之中，因为这直接决定了文学写作能不能最终进入大众消费层面、文学能不能最终成为大众的文化消费对象），而文学写作的过程也同样脱离了写作者对"文学性"的自觉把握，转向了对传媒技术的具体适应。在这方面，影视文学剧本的写作自然是最能直接说明情况的。同样，今天我们对许多文学文本的读解，也完全有理由从它们与大众传媒的关系方面来进行——这不仅体现在这些文学文本这样或那样地把"影视改编"作为自己的归宿，而且体现在它们的结构内部就已经非常充分地包含了许多传媒的技术编码特征。逃离"体验"的沉重，直接在形象性上制造出大众感觉的轻松快悦，乃是它们与大众传媒制度相互合作的共同基础。正因为这样，今天，文学写作者所面临的最大挑战，不是如何以抽象的文字符号来深入传达自身及人类内在的精神/情感经历，而是必须从写作活动之始，就仔细盘算：怎样才能让自己的活动成为一种能够被传媒技术方式所接受或认可的东西？如何能够使写作过程同大众传媒的制度性要求保持一致，以便最终通过大众传媒的权力形式产生最广泛的消费效应？

于是，我们可以看到，对大众传媒的屈服（也可以说是一种有意识的取媚），对大众传媒制度的意识形态认同，不仅产生了文学写作本身的过程转换，而且也大规模地形成了大众传媒对文学的有力操纵。文学写作在大众传媒文化权力日益制度化的时代，成了一种十足的仪式性设计工作——形象的直观效应而不是精神/情感的具体深入过程，决定了这一仪式的完美性和魅力。

二

随着大众传媒意识形态权力的无限扩张与膨胀，在文学写作本身已经日益融入大众传媒制度体系的今天，作为一种"原创性"活动的文学写作业已不可能维持其最基本的生存条件；文学写作的精神/情感空间的纯粹性已被无情粉碎。文学写作不可能再度以它那精神/情感的精致表达来完成自己的独创性价值，而一再强调了自身在一场规模巨大的传播活动中的观赏性价值——只有不断满足大众传媒的意识形态利益、适应大众传媒的技术性要求，文学写作才能被"合法"地纳入大众传媒制度的保护之下并被赋予一种当下的"意义"。显然，在这里，任何一种试图使写作过程成为或保持其自身精神/情感深度的文学努力，都注定要被宣判为一桩徒劳无益的、远古神话般的事情。事实上，当文学写作者已经无力挣脱大众传媒的控制，即在文学写作者已经觉察到他必须同大众传媒和传媒制度实行最密切合作的时候，文学便被决定了它的存在命运——所谓"适者生存"的自然进化论法则，在大众传媒时代的文学写作领域同样获得了它的最直接的证明。换句话说，只有能够自觉保持同大众传媒的权力意图和技术要求直接对应的文学写作方式，才能是一种"有意义"的当下活动。尤其是，由于大众传媒本质上具有的那种直接诉诸大众感官运动的感性效用，由于大众传媒制度根本无意于将体现精神深度化能力的价值要求作为自己的完善功能，而仅仅试图强制性地引诱大众进入传媒编制的感性欢娱、感官嬉戏之中，因此，对应于大众传媒利益的文学写作过程，也同样必须将直接提供和满足大众娱乐享受作为实现自己"意义呈现"的具体出发点。这就说明，在大众传媒制度体系中，文学写作的"意义"总是维系在某种对于大众感官能力的直接确认之上。对文学写作者来说，如何让文学文本具有更为直接具体的感性观赏效果，是其能否在大众传媒时代获得生存能力的关键。也许，正因为这样，在今天这个时候，我们的文学写作者往往更愿意让自己的作品变成影视剧，哪怕是影视剧的片段情节，因为这样的转换往往能给写作者本人带来最具快感的价值满足感。

这样，在大众传媒时代，文学写作之成为一种"仪式化写作"就不成其为问题了。"仪式化"的文学写作本身首先指向了感觉层面上的观赏和观赏效应，并且总是意味着某种直接的官能刺激与快慰。它所提供的，是经过精心编码的表演形象。在这种"形象"上面，永恒的人类理性把握追求与人在自身生存环境中的精神体验意志，是一种多余的或不必要的奢侈之物；由于它们并不能给人在当下的生活享受过程增添什么直接的乐趣，相反只会令人产生许许多多的精神苦恼与价值疑惑，所以必须被逐出文学写作过程——虽然当今的文学依然需要精神/情感的形式，但那已是一种有趣的装饰，就像任何一种大众传媒制度都总是会不断表白自己的精神自由性与普遍性一样。实际上，文学写作的"仪式化""形象"本身就是它的"意义"所在；"形象"就是"意义"，"意义"就是"形象"。而这种情形所带来的，只能是对人的感官活动能力的当下确认和强化。所以，当文学写作作为一种"仪式化写作"而出现的时候，它不仅符合了大众传媒制度的利益，同样也完成了"仪式化"过程的感性功能。

也只有在这样的基础上，大众传媒时代的文学写作才具有了形成"轰动效应"的可能性——在一定程度上，由文学写作所引起的"轰动"，一方面取决于文学写作者本身的"仪式化"能力以及文学文本"仪式化"的程度，另一方面则取决于大众传媒制度所规定的感性娱乐性标准，以及大众传媒对这一写作"仪式"的技术接受过程。从这一点上来说，人们曾经争论不休的所谓文学的"大众性"，其实在大众传媒时代的文学写作中只是一个"伪问题"，因为"大众性"在根本上还是属于纯粹精神价值伦理层面的事情，而顺应了大众传媒制度利益的文学写作活动却由于卸下了精神净化的伦理责任，而变得十分的简单和直截了当，即它只通过"形象"的生动性来换取大众的感性满足。同样的道理，如果我们仍然企图将文学写作当作一种"意识形态实践"的话，那么，我们也要看到，这样的"意识形态"本质上乃是一种大众传媒制度的意识形态形式。

三

基于上述种种理由，在我看来，文学写作在我们这个大众传媒制度化的时代，通常会产生出极端鲜明而强烈的文化娱乐性，它既是文学写作者本人的一种窃窃自喜和自娱，又是大众传媒制度娱乐大众官能欲望的直接成果。当然，在根本上，这种文化娱乐性主要源自"仪式化"的文学写作本身充分的感性魅力。由于"仪式化"的文学写作活动直接同大众传媒制度联系在一起，而大众传媒制度的存在特性又决定了它总是要根据大众文化消费的日常需求来不断改善自己的感性娱乐功能，因此，一方面，文学写作的文化娱乐性产生了大众直接消费的巨大前景，进而形成了对大众传媒制度的充分肯定和再现。另一方面，考虑到这种大众直接消费在实际生活过程中所具有的巨大传染性和广泛性，考虑到文学自身显在的精神装饰能力足以为日常活动中的社会人群带来某种"诗意"的感觉享受，我们又应当相信，"仪式化"的文学写作活动的娱乐性效果实际上也产生了大众对文化消费娱乐的进一步依赖，以及对大众传媒权力控制的深度无意识。这样，文学写作的文化娱乐性效果便具有了两重性：

其一，文学写作的娱乐性直接生成于大众传媒技术的感性煽动力量，它同我们时代的文化实践对大众传媒的直接依赖相关联。这也就意味着，"仪式化"的文学写作事实上已经成为我们今天文化实践的特殊事例，它既表征了一种时代的文化特性和文化准则，也同时表征了人在这个时代中的基本文化态度和立场。很显然，从文学的方面来考察当今文化状况，由大众传媒制度化过程所导致的，不仅是文学写作的"仪式化"，而且是整个文化实践本身的问题。"娱乐性"既是文学写作的直接效果，同样也是当代文化实践的基本目标。如果说，在今天这个时候，"文化"已经成为一种具体感性的形式，那么，作为特殊文化工业产品的文学又怎么能够逃脱感性娱乐的领地而自成一统呢？所以，对我们而言，读解今天的文学，无疑应当从它的文化存在层面去加以体会。

其二，文学写作的文化娱乐性效果具有直接催生和扩张人在大众传媒制度下的感性要求及其相应能力的作用，而这种人的具体感性要求和能力常常反过来又激化了文学写作本身的娱乐性追求，并且不断激化文学写作者借助大众传媒来实现自身感性功能的决心。因而，文学写作的文化娱乐性效果往往成为大众传媒关注的具体对象。这也就是现在的大众传媒制度总是表现出对文学的强烈控制意图的重要原因。

毫无疑问，大众传媒对人类感性发展的意义是怎么估量都不为过的。而我们之于当今文学写作的各种理解和观察，必须顺着这样一个思路去进行：文学写作的"仪式化"进程在改变我们的写作态度之际，也改变了我们时代的文学本性。

这是一个大众传媒的时代。这是一个文学写作成为大众传媒制度体系中的"仪式化"活动的时代。

我们是"仪式化"写作的直接生产者和快乐的消费者。

（原载《东方文化》2000 年第 1 期）

"亲和"的美学

——关于审美生态观问题的思考

一　美学"为何"及"如何"思考生态问题

现有关于生态现象及其问题的大多数议论，大体都离不开这样两点：一是从人类现实的生活动机出发，在肯定人类自身生存意志、维护人类生活利益的前提下，把"生态"理解为人的直接生活压力，着重强调"生态危机"的社会严重性，从人的外部实践对象方面对生态领域进行社会学的考察；二是从"生态"的纯自然属性及其原初完美性上，强调"生态危机"的自然压力，强调自然环境的保护立场——就像"动物保护主义者"所坚持的那样，把生态现象归结为某个或某些物种的自然延续能力，进而以一种居高临下的"保护者"姿态表示对生态问题的"关怀"与"爱心"。

显然，在这样两种立场上，"生态"仅仅被表述为一个客体对象的认识问题，人与"生态"之间实质上依旧是对立或分裂的：如果说，在前一种立场上，所谓"生态危机"不过是人从自己的目的、意志出发构造的一种自我实践危机的话，那么，后一种立场所表达的，就是人作为自然的控制性存在对于自然世界的另一种形式的给予——就像人已习惯于在自然面前把自己塑造成一个"能动的主体"一样，它所关心的仍然是人对自然世界的控制能力与统治欲望。

因此，当我们试图以美学思考方式积极介入生态领域的时候，"为何"和"如何"思考生态现象及其问题，便成了首先需要追问的问题。换句话说，在什么意义上，美学之于生态领域各种具体问题的把握才能获得自己的思想独特性？美学的思考怎样才能真正有效地弥合一般生态观的分裂性矛盾，在理论上呈现出审美生态观的独特价值指向？在我看来，美学"为何"和"如何"思考生态问题，是确立审美生态观的合法性的理论前提。一方面，美学之思并非一般地迫于自然世界的外部压力，也非在审美形态学的意义上去理解生态存在的美学形式，而是根源于人与世界关系的内在发展要求本身。在生态问题上，美学所持守的不是某种自然本质主义的诉求，它所表达的也不是基于某种自然合法性前提的价值目标，而是对于人与世界关系的整体诠释与肯定。另一方面，美学不是生态学，美学家也不是一般意义上的环境保护主义者。美学之思不仅要考虑到自然本身的存在特性，更要强调审美的人类学着眼点，即能够从人与世界关系的整体性中觉察、把握生命活动的审美指向，发现人与世界相互联系的内在审美方式。因此，与一般意义上的生态认识不同，审美生态观是在美学的维度上，通过对人与世界关系的整体把握而建立起来的，它所建构的是一种生态领域的审美意识，而不是生态意识的美学形式。

在这个意义上来看美学"为何"思考生态现象及其问题，应该说，它同我们对人与世界关系的思考需要联系在一起，是美学本身关于人与世界关系把握的现代延伸。因为毫无疑问，所谓"生态"，无非指证了一种人与世界的关系及关系境遇；现代社会中人所面对的诸多生态问题，根本上也就是人所面对的人自身与世界的关系问题。尽管这种"关系"不完全等同于建立在审美活动之上的一般审美/艺术关系，但它仍然体现了人类审美关系的一般性质——人与世界在相互平等的交流过程中的统一。当然，美学之所以在现在这个时候突出了对于"生态"的思考，同样有其现实原因，这就是自进入近代工业文明以后，人类对于外在世界的攫取与改造"热情"已经剧烈地破坏了人与世界关系的内在平衡性；人与世界的对立，前所未有地把人们引入到一个分裂的生存之地——人不仅与自然、社会相分裂，而且与自己相分裂。我们所看到的生态破坏现象，诸如水土流失、沙漠化、水资源枯竭、臭氧层空洞、酸雨、生物濒危……所有这一切，实际上都是人与世界关系的分裂性表现。因此，所谓"生态危机"，根本上也就是人与世界关系的一场分裂性危机。在现实层面上，生态现象、生态问题之所以能够成为一个美学的话题，正是基于这样一种分裂的事实。不过，就像"生态环境保护"只能"保护"而不能还原、修复生态环境一样，在美学内部，审美生态观也不可能现实地还原人与世界关系的原始状况，不可能把理想的审美关系当作人与世界关系的具体现实。事实上，美学的全部努力只在于审美地把握人与世界关系的合理前景，以理论的方式肯定人与世界关系的审美架构。

至于说到美学"如何"思考生态问题，其中包含了三个方面的立场或原则。

首先，美学主要致力于从"非私利"的立场思考生态领域的复杂现象及其问题。美学对于生态问题的深思，并非为了实际地谋求人自身的现实生活满足，也不是着重表达人摆脱现实危机的实践追求，而是努力将思想触角伸向人与世界关系的内在方面，从人类活动、自然运动、社会发展的整体关联中寻找生态存在的美学诠释及其审美规律。这里，一个最基本的原则是：在审美之维上，生态存在应该被自觉地视为一个人与自然、社会的共享价值体系，超出了一般人性动机和生存需要的利益范围。在这一原则下，美学对于生态现象及其问题的思考，所寻求的就不是某种单一的人性利益或单纯为着肯定人的自身存在价值，也不是某种自然世界的原生形态，而是一种更具普遍性的关系价值——人与世界的相互交流与相互确认；美学的表达和理解，指向了对于一个整体维度的肯定——在共同的价值体系中共同守护人与世界的整体和谐。

其次，在美学之思中，生态存在及其各种具体问题乃是一个"非技术性"的对象。也就是说，在美学范围内，所谓"生态"既不应被当作技术实践的改造或修复对象与过程，也不能被划归入现代社会的经济活动范畴——就像现在绝大多数人所高兴地想象的那样，"生态保护"成了一种"新兴的产业""新的经济增长点"。在审美之维上，生态现象始终体现着人与自然、人与社会以及人自身内与外、灵与肉关系的整体协调本质，因而审美生态观所寻求的，便是一种超越主客分界、更具主动交流性的内在感受和体验能力，亦即在超越一般技术实践的层面上强化人与世界的相互体会与精神交流，而不是在主客对立中张扬人对世界的"技术实践的胜利"。尽管在现实中，人们常常把生态现象及其问题简化为一种技术性的对象和过程，但在美学之思中，"生态"却不可能只是纯技术范围的事实。

最后，在美学之思中，一切生态存在以及与之相应的任何问题，都应当被放在人与世界关系的内在平衡性中去理解和把握。正像我们前面所指出的，现代社会人所面临的"生态破坏"，归根结底是一种人与世界关系之整体性存在本质的破坏。这种破坏，不仅仅是人对自然无节制的开发和占有所造成的外部自然力的毁坏，更是一种内在性的丧失，并体现为人、自然、社会之间的结构性分裂和价值对立。因此，在生态存在及其诸多相关问题领域，美学思考的主要还不是那些物理或生物性的"生态"事实，而是外部自然力破坏背后所体现的人与世界关系内在失衡的价值状况。美学所着重的，是在人力与自然、感性与理性、占有与守护等关系方面，深刻地揭示人与世界关系内在平衡性体系的现实意义及其谐和发展前景，揭示"生态可持续性"在这一发展前景中的定位，从而将生态问题提升到特定价值层面来加以阐释。

应该说，在这样的立场或原则上，我们才可能真正形成对于"生态"的有效美学审视，生态审美观才可能呈现美学之思的特殊性，并真正有效地弥合一般生态观的分裂性矛盾。

二　生态问题的美学审视主题

海德格尔曾经指出，自从人类进入工业文明时代以后，把自然"功能化"为能量的提供者，成了人类最夺目的追求之一。在他看来，对能量的取得和供应所抱有的种种忧虑，以决定性的方式规定了人与自然的关系，自然成为巨大的能量仓库，"成为现代技术和工业的唯一巨大的加油站和能源""持久而慌忙地寻求能量储备，研究、加工和控制新的能量担负者，这从根本上改变了人与自然的关系：自然成为单纯的能量提供者"①。这里，海德格尔实际上已经揭示出了人与世界关系性质的根本变异：人不再是那个与自然融合一体、共生共荣的存在者；世界在人之外，人成了一个"超拔者"、一个与世界相对的行动主体；世界对人已不再具有那种亲密的伙伴关系、崇敬关系或崇拜关系，"现在，一切存在者或者是作为对象的现实的东西，或者是作为对象化的活动者（在对象化中，对象的对象性得以形成）"，"主体自为地是主体。意识的本质是自我意识"，"人进入了反抗。世界成为对象。在这种对一切存在者反抗的对象化中，那种首先必须受前置和建立所支配的东西，即地球，进入了人的设置和探讨的中心。地球本身只能显示为进攻的对象，进攻作为人的意志中的无条件的对象化而建立起来。自然到处表现为技术的对象"。②

从海德格尔的这一揭示中，我们不难看出，随着现代科学的迅速发展及其向技术领域的不断转换，技术力量在人的生活实践中急剧扩张，而人对于自己作为"主体"的身份也越来越"自信"。人与世界关系的内在统一本质、整体性，在这种日益增长的"自信"面前变得越来越脆弱松弛。人与世界关系的分裂，以主客对立形式出现在人对自然的开发、占有和控制过程中，甚至出现在人对世界的"保护"之中。所谓世界的"对象化"，成为一种人凭借技术方式掌控一切外部事实的具体形式；所谓

① 海德格尔：《充足理由律》，转引自 G. 绍伊博尔德著《海德格尔分析新时代的科技》，宋祖良译，中国社会科学出版社，1978，第 52 页。

② 参见海德格尔《林中路》，台湾时报文化出版企业股份有限公司，1994。

"主体性"，则不过是人使"世界成为对象"的自设根据。就这一点来看，人与世界关系的非美学本质已经很明显地暴露了出来：人与世界关系的整体谐和秩序的丧失，决定了人的生存意志及其基本满足的孤立性和封闭性，决定了人与世界关系的功能化效果——自然、社会，甚至人的精神存在，只是处在一种人的技术实践"对象"位置上。正是在这种"功能化关系"中，由人与世界关系的统一交流所生成的整体生命意识被遮蔽了，人的生存活动被简化为一种功能意义上的日常生活过程、一种物质性的事实。

显然，一切生态现象正是在这样一个过程中成了"问题"。

面对这样的情形，美学的首要任务，就在于从这一分裂对立的现实中，重新确认人与世界关系的价值本位，重新确立人的生存维度及其内在本质，从而在生态存在领域内形成一种重新整合人与世界关系的力量。换句话说，在生态问题上，美学审视的主题在于一种有效的"确立"：确立生命存在与发展的整体意识，确立人与世界关系的审美把握。

作为形成有效的审美生态观的最基本理论形式，这种"确立"主要包含了这样几个方面的内容。

第一，对生命的虔敬与信仰。

人与世界关系的整体性，根本上表达了对于生命存在的整体价值肯定。任何对于这种整体性关系的分裂，无疑都是对于生命存在的背弃与失敬。因而，在美学对于生态存在及其现实问题的审视过程中，如何恢复和强化人对生命存在、生命活动的虔敬态度，如何以一种心灵内在的深刻信仰方式来面对人与世界关系的生命本质，便是一个关键。没有对生命本身的热情，没有对生命发展的精神沉思，也就没有了对人与世界关系的把握基点。这种对生命的虔敬与信仰，要求克服人的自大的"主体"意志，自觉地将生命存在肯定为人、自然、社会的共享价值，在人与世界关系的整体性方面追求一种特定的平衡。一句话，美学所要求的，是在生态领域内实现人与自然、社会的整体生命感及其价值，把人自身的存在放在同世界关系的谐和过程之中，而不是以人的存在意志驾驭整个世界的生命存在与发展规律。而这一点，也正符合了美学本身的价值追求特性，因为整个美学的思想归宿就在于通过对人的特定生命现象的诠释，将生存目的从一般意志的运动领域中区别出来，使生命本身在感性的自由活动中得到澄明。

第二，对自然存在的感受而非占有。

人与世界关系整体性的破坏，根源于人对自然、社会，乃至于人自身外部活动的直接占有。在生态领域里，全部问题的症结点，就在于人在追求生存的物质前提和满足过程中，失去了人自己对于世界的内在感受能力，放弃了对于世界生命的心灵自觉。尤其是，在技术日新月异的发展过程中，技术实践以其"无所不能"的扩张假象，不仅一步一步地取消了人对于自然存在的感受活动，同时也一步一步地强化了物质占有能力对心灵感受本质的异化：当人们越来越沉湎于技术实践的巨大控制规模及其物质胜利成果的时候，人对自然存在的想象也就越来越异变为对于人与技术实践关系的想象；在人的占有满足中，自然存在被当作技术实践的占有对象，而不是与人类共存共生的关系过程。因此，美学之把握生态现象及其问题，应着重强调人对自然存在的生命感受性，强调这种感受过程的超越本质——超越一般物质活动的占有关系，超越自然存在的"对象化"形式，进而张扬人以内在生命感受方式同自然存在相互联系的必然性。在这一点上，美学的旨趣显然不在于"自然的人化"，而是"自然的感受化"，即肯定非占有的自然感受过程的生命属性，从而在自然的美学价值层面肯定全部生态现象的审美本质。

第三，强调生命的内在充盈而非以"创造"的名义实行对外改造。

人类曾经有过的骄傲，就是在技术能力的无限扩张过程中，以"创造"的名义对"对象化"世界实行了"属人"的改造。甚至，崇尚"实践"的美学在解释人与世界关系的时候，也同样以"对象化"方式肯定了这种"伟大的创造"价值。而现在，人类面临的生态现实，终于让人看到了以"创造"方式所实现的人对世界的改造，是如何割裂了人与世界关系的完整意义，又如何把人引向了一个日益恶化的自我生存之境。由此，美学在重新确立人与世界关系的价值本位、人的生存维度及其内在本质的过程中，首先应该重点反思这种"创造"的前景，揭示这种"创造"在生态改变过程中的负面性，进而把人引入一个"向内"的价值建构过程。这里，所谓"向内"，主要是指生命活动指向不是朝外扩张的，而是内在充盈的，是一种人的生命与自然生命、社会生命的交流与化合。在这个人与世界的整体统一中，人不再是一个勇敢却又孤立的"创造主体"，而是直接加入到大化流行的世界生命行程之中，与自然、社会共享生命的欢乐感受。只有这样，美学之于生态现象及其问题的诠释，才有可能独立于一般认识体系之外，产生它自己特殊的力量，并获得特殊的意义。

可以认为，在这种美学的"确立"内容中，凸显的是一种尊重态度：不仅尊重自然，尊重社会，而且尊重人自己的存在；不仅尊重人的利益，而且尊重人与世界关系的整体性利益。这种尊重态度，归结到一点，便是充分肯定了人与世界之间的亲和性。

在生态领域，美学的全部思想意图，就在于张扬这种"亲和"的人与世界关系建构。

三　"亲和"作为审美生态观的核心

"亲和"作为审美生态观的核心，具体体现了美学对于生态现象及其诸多现实问题的把握要求。

著名生态学家、诺贝尔奖获得者何塞·卢岑贝格在《自然不可改良》中的一个看法，应该对我们大有启发。在这本书中，卢岑贝格提出"该亚定则"以纠正那些错误的世界观、环境观，强调指出："我们所居住的这颗星球，在宇宙空蒙辽远的地平线上显得何其渺小，现在也应该从一个全新的视角来重新审视它。我们现在认识到，生命的演化过程实际上是一曲宏大的交响乐，它并不仅仅是生命体相互之间生存竞争的过程，而是作为一个整体不断发展演变的进程。在这一进程中，我们的星球——该亚形成了自身生机勃勃、顺应自然的完整体系。它与我们这个星系中已经死亡、静若顽石的其他行星完全不同，它远离统计学和化学意义上的平衡状态，确切地说，它是一个生命。"很显然，卢岑贝格提出的这条"该亚定则"，其实正揭示了一种崭新的生态观——作为古希腊神话中的大地女神，该亚（Gaea）被视为人类的祖先；如同热爱与尊奉该亚一般热爱、尊奉人类生活的地球，就是要求人类视地球为伟大的生命之神、无限美丽可爱且赋予人类以活跃生命的有机体，给予虔敬的关怀和爱护——这既是为了保证地球本身的生命得以延续，同样也是为了人类自身生命发展的持久前景。①

这里，我们看到了一种崭新的美学。它要求人类以亲近生命的方式，亲近地对待女神般美丽而充满生命活力的地球，在关注、尊重与热爱地球的过程中，倾情表达对于人与世界一体的生命存在的关注、尊重与热爱。这种美学，在视生命为神圣存在的

---

① 卢岑贝格：《自然不可改良》，黄凤祝译，三联书店，1999，第63页。参见曾繁仁《论当代美育的"中介"功能》（未刊稿）。

同时，把人重新引入了一个同世界相亲相和的价值体验领域。自然、社会以及人自身的各种外部存在形式，不再作为人的技术实践对象而外在于人的生命感受，而是构成为人的生命体验与关怀的内容；人与世界的关系不再是某种"对象性"的存在，而成为一种"亲和性"的价值。

在这个意义上，我们完全有理由相信，在生态领域内，美学的基本目标就在于构建以"亲和"为核心的审美生态观。这样的审美生态观，一方面是一种对于生态存在的新的美学认识，另一方面又是一种人对自身与世界关系的价值体验方式，一种建立在生命体悟过程之上的美学价值论。

第一，在美学认识上，以"亲和"为核心的审美生态观，重在把"生态"理解为人与世界的特定关系形式，强调人对自然、社会以及人自身外部存在形式的审美肯定。不过，与一般自然审美方式有所区别的是，审美生态观并不是从外在的观察、审度立场上肯定自然所具有的美学形式，也不把自然审美的过程当作一种"主体"的精神外射活动——在这种"外射"中，"自然"仍然是在主客二分、被"对象化"的意义上成为美学认识对象的，它只是"主体实践"的产物，因而"主体"精神外射的结果，也仍然是一种以取消人与世界关系的内在整体性为代价的"主体"权力的自我肯定。而审美生态观之成为一种新型的美学认识，在于它强调了自然、社会以及人自身各种外部存在形式的内在意义，主张"和"而不是"分"，主张"整体性"而不是"对象化"。换句话说，审美生态观之"亲和"要求，是从人与世界关系本有的内在一体性上来看待自然、社会以及人自身各种外部存在形式的性质。就此而言，在生态领域内，美学的认识指向，是人与世界在相互内倾过程中保持相互的和谐与肯定：人的存在并不以"对象化"世界为前提，世界的意义也不是建立在人这个"主体"的实践意志之上。

只有这样，在生态领域里，美学才有可能区别于一般生态论，实现自己对于人与世界关系的整体把握；审美生态观才有可能超越一般伦理生态观，成为现时代人类的特殊意识。

第二，在美学价值论层面，审美生态观所追求的，是实现一种人与世界之间相互的"亲和感"。这表明，在美学视野里，一切生态现象及其存在都鲜明地呈现了特定的情感意味。面对生态领域的一切，人不是抱着某种实践的意志，而是如同热爱自己的生命一样去感受它、体会它、触摸它；感受世界的过程，也就是人在自己的生命行程中体悟全整生命意味的过程。在这样的感受中，人获得了一种与自我生命交流的情感满足；在这样的体悟中，人沉潜于世界生命的最深底，在人与世界的整体性发展中获得了生命的升华。一句话，人与世界的相互"亲和"，诞生了生态存在对于人的生存满足的内在美学价值：生态完整性的意义不仅在于它表现了人与世界关系的谐和，而且表现了人自身的生命谐和。

在这样一种审美生态观中，人与自然之间的对立性消弭了，人与社会存在之间的对抗性破除了，人的内外隔阂打通了。世界是人的生命世界，人则是世界中的生命。生命无待于外的追求，而就在人的感受与体验过程之中。

当然，要完成这种审美生态观的价值构建意图，人首先必须培养起自己对于自然、社会以及人自身外部存在形式的亲和力，养成一种对于生命整体的直觉与敏感。而正是在这里，美学具有了它独特的功能。如果说，技术的进步曾经让我们沉湎于物质的生产与积聚而麻木了对生命的心灵感动，"创造"的迷恋曾经使人类幻想着对外扩张的无限性而丢失了对自然的崇敬，那么，现在，美学的意义便在于重新唤起人对全整生命的信仰与热情，重新弥合人与世界关系的裂隙，以审美的价值体验方式面对人自身、世界生命运动的壮景。

20 世纪 50 年代，英国著名小说家詹姆斯·希尔顿在他的小说《失去的地平线》中，曾经无限向往地描绘了一个在群山峻岭中永恒、和平与宁静的"香格里拉"[①]——雪山环抱中的神秘峡谷，附近有雪峰、湖泊、草甸，有喇嘛寺、尼姑庵、道观、清真寺和天主教堂。在那里，人们不分种族、男女、宗教，与大自然相和谐，彼此和平共处，生息繁衍：阳光下，"香格里拉"的寺庙金碧辉煌，寺内园林典雅；黄昏中，传来悠扬乐声，琅琅书声。美丽的"香格里拉"不仅是一片和谐的景观，也是一种审美的意境、美的召唤，展示了人与世界关系真正"亲和"的美学本质，也体现了审美生态观的价值旨趣。

（原载《陕西师范大学学报》2001 年第 4 期）

---

① 传说在中国云南省中甸境内。"香格里拉"一词意指世外桃源。

美学视野中的生态问题

一

自从人类社会进入工业文明以后，人与世界（自然、社会和人类自身）的整体关系就已经开始发生了巨大的改变：人不再是工业时代之前那个与世界相融合一、共生共荣的生命存在体——世界在人之外，人也处于世界之外或之上。世界在人之外，人于是成为与世界相对的行动主体；人处于世界之外或之上，人因此是这个世界的"超拔者"。人与世界之间的关系已不再具有那种天然内在的亲密伙伴性质，人对自己生存之世界的崇敬关系或崇拜关系已然被割断。对于人来说，世界仅是他的一个对象，一个可供人为了满足自己的需要而进行攫取、"改造"或意识活动的对象。这一点，用海德格尔的话来说，就是人把自然（世界）"功能化"为自己的能量提供者。在海德格尔看来，对能量的取得和供应所抱有的种种忧虑，以一种决定性的方式规定了人与自然（世界）的关系，自然（世界）成为人类的巨大能量仓库，"成为现代技术和工业的唯一巨大的加油站和能源"，"持久而慌忙地寻求能量储备，研究、加工和控制新的能量担负者，这从根本上改变了人与自然的关系：自然成为单纯的能量提供者"①。

显然，这样一种人与世界关系的改变，乃是一种根本性的变异。在人类曾经生命相随的整体的世界存在面前，"人进入了反抗。世界成为对象。在这种对一切存在者反抗的对象化中，那种首先必须受前置和建立所支配的东西，即地球，进入了人的设

---

① 海德格尔：《充足理由律》，转引自 G. 绍伊博尔德著《海德格尔分析新时代的科技》，宋祖良译，中国社会科学出版社，1978，第 52 页。

置和探讨的中心。地球本身只能显示为进攻的对象，进攻作为人的意志中的无条件的对象化而建立起来。自然到处表现为技术的对象"①。换句话说，作为工业文明社会的直接"改造"成果，人把世界对象化；人的主体身份的确定，建立在人把世界对象化的能力之上。而随着现代科学的迅速发展及其向广大技术领域的持续不断转换，随着技术力量在人的生活实践中的急剧扩张，人对于自己这样一种"主体"的身份也越来越"自信"。人与世界关系的内在统一性、整体性，则在这一日益增长的"自信"面前变得越来越脆弱松弛。

这种人与世界关系的根本性分裂，不仅在人类意识层面形成了主客二元的世界观念，而且进一步引领了人类的生存实践；它以主客对立的形式出现在人类对自然的开发、占有和控制过程之中，甚至出现在人对自然（世界）的各种各样的"保护"（环境保护、动物保护等）之中。所谓世界的"对象化"，实际成为一种人凭借自身发明的技术方式来掌控一切外部事实的具体形式；而所谓"主体""主体性"，则只是人使"世界成为对象"的自设根据。在这里，在现代社会中，人与世界关系的分裂性及其根本上的非美学性质已经非常明显地暴露了出来：在人与世界关系的整体谐和秩序丧失之后，人的生存意志及其基本生存满足不断走向孤立性和封闭性，人与世界的关系日渐功能化——自然、社会甚至人本身的精神存在，都处于人的技术实践的"对象性"位置之上，处于由人加以控制、改造的被动性之中。正是在这种"功能化"关系中，人与人的生存活动被简化为一种功能意义上的日常过程、物质性的存在事实；由人与世界关系的和谐统一及其内在交流性质所生成的整体生命意识，被人的日常需求、欲望以及世界对人的物质供应关系所遮蔽。

当代世界的一切生态矛盾、生态困境，正是在这样一个人与世界关系的根本改变过程中成了巨大的"问题"。

二

在生态领域里，美学研究的可能性及其首要任务，就在于突破长期以来主客二元的对象化思维，从人与世界整体的分裂现实中突围而出，重新审视自己的绝对主体身

---

① 参见海德格尔《林中路》，台湾时报文化出版企业股份有限公司，1994。

份，重新认识人与世界关系的内在价值本位，重新确立人在整个世界关系中的生存维度和内在本质，进而在生态存在领域内有效地形成重新整合人与世界关系的价值尺度及其力量。换句话说，美学之于生态问题的思考主题，乃是站在一个新的关系视角上，以一种整体的价值关怀立场，对人与世界的关系作出一种有效的新的"确立"：确立生命存在与发展的内在整体意识，确立人与世界关系的内在审美把握。

这种新的确立，从根本上说，是我们建构当代审美生态观的基本前提。而要想真正全面地完成这样一种审美生态观的基本理论形式，美学需要做的工作主要是：

第一，确立生命的虔敬与信仰态度。肯定人与世界关系的内在整体性，在根本上，是表达了对于人与世界相一致的生命存在的整体价值肯定。反过来，任何一种形式上对于这种整体性关系的分裂，实际都是对人与世界相一致的生命存在和存在价值的背弃与失敬。所以，有关生态存在及其各种现实问题的美学思考，关键就在于能够通过审美的方式，恢复和强化人对生命存在、生命活动的内在虔敬态度，进而以一种深刻的心灵信仰方式面对人与世界关系的生命存在本质。事实上，在美学的视野中，丧失了对生命本身的热情，没有对生命发展的精神沉思，也就失去了对人与世界内在整体关系的把握基点。而对于生命的虔敬与信仰，其为一种美学态度，内在地要求人类克服自工业文明以来不断自我膨胀的"主体"意志，通过对"主体间性"的肯定，自觉地将生命存在肯定为人与自然、社会共享的整体世界价值，从而在人与世界关系的整体性方面寻得一种特定的内在平衡。质言之，在生态领域内，美学要实现的，是人与自然、社会的整体生命感及其价值。这样一种审美生态观，立足于把人的存在放在同世界关系的谐和过程中，而不是以人的存在意志凌驾、强制（包括人的存在在内的）整个世界的生命存在与发展规律。应该说，这也正符合了美学本身的基本价值追求——整个美学的价值归宿，便是通过诠释人的特定生命现象，将生命的存在目的从一般意志领域中区别出来，使生命本身在感性的自由活动中得到澄明。

第二，确立人本身对于自然存在的感受性而非占有性态度。人与世界关系之整体性的破坏，源自人类对于自然、社会乃至人自身外部活动的直接占有和强迫。实际上，生态领域所面临的全部问题之症结点，是工业文明以来人类在追求自身生存的物质前提和利益满足之际，逐步丢失了人自身对整体世界的内在感受能力，逐步丢失了人自身对世界生命的内在心灵自觉。特别明显的是，随着人类科学发明的日新月异，随着技术文明、技术实践以"无所不能"的扩张假象而一步步地取消了人对于自然存在的感受性和感受活动，一步步地强化了人的物质占有欲望和能力对于心灵感受本质的异化，人类变得越来越沉湎于技术文明、技术实践的巨大控制规模及其物质性胜利成果。在此情况下，人类对于自然存在的想象也越来越发生变异，变异为对人与技术实践关系的功能性想象。在人的占有活动和占有满足中，自然存在被当作一种技术实践的功能对象，而不再是与人类生命相一致的共生性存在。因此，在美学的视野上，生态审美观之于生态现象及其问题的把握，着重强调的是人类对于自然存在的生命感受性，强调的是这种感受性活动的超越本质——超越一般物质活动的占有关系和利益，超越自然存在的"对象化"形式，进而张扬人以内在生命感受方式同自然存在相互联系的必然性。毫无疑问，美学在这里的旨趣并不在于"自然的人化"，而实质是"自然的感受化"，即肯定非占有的自然感受性过程的生命本性，以便在自然的审美价值层面肯定全部生态现象的美学本质。

第三，高度强调生命的内在充盈性，而不是以某种人的"创造"名义来实行对外"改造"和控制。"人定胜天"曾经是人类自我炫耀的"主体性骄傲"。而其实，它只是人类在技术能力的无限扩张中，以"创造"的名义来对被人"对象化"的世界实行了某种"属人化"的技术性改造。甚至，那种以"实践"为崇尚的美学在解释人与世界关系的时候，也同样强调以"对象化"方式来肯定这种"伟大的改造"价值。然而，当代人类所面临的各种困窘的生态现实（因环境问题带来的种种人身疾患，以及水土流失、沙漠化、大气污染、物种退化等），却让人陷入了一个相当难堪的境地：以"创造"名义所实现的人对世界的改造，不仅大规模地割裂了人与世界关系的完整意义，同时也把人引向了一个日益恶化的自我生存之境。由此，在美学的视野中，重新确立人与世界关系的价值本位、人的生存维度及其内在本质，首先应重点反思这种人的"创造"历史并质疑这一"创造"的前景，通过揭示这种"创造"在生态改变过程中的负面性，把人引入一个"向内"的生命价值建构过程——生命活动的指向不是朝外扩张，而是内在充盈的，是人的生命与自然生命、社会生命的交流与化合。只有在这样一种人与世界的整体统一中，人才不再是一个勇敢却又无比孤立的"创造主体"；人才能直接加入大化流行的世界生命行程，与自然、社会共享生命的充盈感受。唯其如此，生态领域的美学审视才可能独立于一般"科学"的认识体系之外，产生它自己特殊的、内在的力量并获得特殊的意义。

可以说，上述三方面凸显的，是人在面对生态领域各种问题时的生命尊重态度：不仅尊重自然，尊重社会，而且尊重人自己的生命存在；不仅尊重人的生存利益，而且尊重人与世界关系的整体性利益。归结为一点，这种生命尊重态度，实际也就是在反对主客二分的"实践性"功利态度的基础上，在强调主体间性的过程中，充分肯定了人与世界关系的内在亲和性。

生态领域的美学审视，正建立在这种"亲和"的人与世界关系之上；生态问题的美学阐释意图及其价值前景，就是充分张扬这种"亲和"的人与世界关系建构；审美生态观的核心，同样在于深刻而有力地实现这一人与世界关系的"亲和"。

三

站在美学的立场上，在生态领域和生态问题上，审美生态观的核心概念是"亲和"，它根本地体现了美学对于生态现象及其诸多现实问题的把握要求。而很显然，所谓"亲和"，涉及对我们原有世界观的改变。这里，我们不妨认真咀嚼一下何塞·卢岑贝格在《自然不可改良》一书提出的"该亚定则"：

> 生命的演化过程实际上是一曲宏大的交响乐，它并不仅仅是生命体相互之间生存竞争的过程，而是作为一个整体不断发展演变的进程。在这一进程中，我们的星球——该亚形成了自身生机勃勃、顺应自然的完整体系。它与我们这个星系中已经死亡、静若顽石的其他行星完全不同，它远离统计学和化学意义上的平衡状态，确切地说，它是一个生命。①

热爱和尊奉"该亚"，就是热爱和尊奉人类生命相依的地球，视之为伟大而美丽的生命之神，给予无限虔敬的关怀和爱护，并以生命的亲近方式对待女神般美丽而生命活跃的地球——既是为了保证地球本身生命的延续，也是为了人类自身生命发展的持久前景。这里，我们所看到的，无疑是一种崭新的生态观，同时是一种倾情表达了对人与世界相互一体的生命存在的关注、尊重与感动的崭新美学。这样一种美学，视生命为神圣，把人重新引入到一个同世界整体相亲相和的价值体验领域：在这里，自然、社会及人自身的各种外部存在，不再作为人的技术实践对象而外在于人的生命感

---

① "该亚"（Gaea），古希腊神话中的大地女神。见何塞·卢岑贝格著《自然不可改良》，黄凤祝译，三联书店，1999，第63页。参见曾繁仁《论当代美育的"中介"功能》（未刊稿）。

受，而是构成为人的生命体验与生命价值关怀的直接内容；人与世界的关系不再依赖于"对象性"而确立，而直接就是一种"亲和性"的价值。

在这个意义上，可以认为，美学在生态领域的基本目标，就是构建以"亲和"为核心的审美生态观。它既是对生态存在的新的美学认识，又是一种人对自身与世界内在整体关系的重新体验和体验方式，一种建立在生命活动过程之上的新的美学价值论。它表明：

在美学认识上，审美生态观着眼于把"生态"和"生态存在"理解为人与世界的特定的内在关系形式，强调对于自然、社会以及人存在的审美肯定。当然，在美学视野中，审美生态观之与一般自然审美方式的区别在于，审美生态观不是从一种外在观照立场来肯定自然界本身所特有的美学形式，它也不把对于自然的审美活动当作一种"主体"精神外射的活动——在"外射"的主体精神中，"自然"和自然的美学形式仍然是一种人的"对象化"，是在主客二分的意义上"被肯定为"美学认识对象的，即是"主体"的产物。这样，在一般自然审美方式中，"主体"精神外射的结果仍是以取消人与世界关系的内在整体性为代价的"主体"权力自我肯定形式。至于审美生态观，它作为新型美学认识，强调了自然、社会以及人自身存在形式的内在意义，主张各个主体间的"和"而不是"分"，主张关系的"整体性"而不是"对象化"。一句话，审美生态观的"亲和"要求，是从人与世界关系本有的内在一体性上来看待自然、社会以及人自身各种存在形式的生命整一性质。即此，美学在生态领域的认识指向，是人与世界在相互内倾过程中保持了相互的和谐与肯定：人的存在并不以对象化世界为前提，世界之意义也不是建立在作为"主体"的人的自身实践意志之上。这样，在生态领域里，美学区别于一般的生态观和生态理论，实现了自身对人与世界关系的整体性把握；审美生态观超越于一般伦理生态观，成为现时代人类的内在自觉。

在美学价值论上，审美生态观追求实现人与世界间相互的"亲和感"。在美学视野中，一切生态现象及其存在都充分而鲜明地呈现了特定的生命情感。面对生态领域的一切，人不是抱着某种"主体"实践的"对象化"意志，而如同热爱自己生命一样地感受它、体会它、触摸它；感受世界的过程，也就是人在自身生命行程中全心体悟全整生命意味的过程。在这样的感受中，人获得与自我生命交流的情感满足和欢乐；在这样的体悟中，人沉潜于世界生命的最深底处，在人与世界的整体和谐发展中获得生命的升华。一句话，人与世界相互"亲和"，诞生了生态存在对于人的生存满足的内在美学价值：生态完整性的意义不仅在于它表现了人与世界关系的谐和，而且表现了人自身的生命谐和。在这种审美生态观中，人与自然间的对立性消弭了，人与社会存在间的对抗性破除了，人的内外隔阂打通了。世界是人的世界，人是世界中的生命；生命无待于外的追求，而就在人自身的感受与体验过程之中。

要完成这样一种审美生态观的价值构建意图，对于人来说，首先应该培养起对自然、社会以及人自身存在形式的生命亲和感，养成一种对于生命整体的直觉与敏感。正是在这里，当代美学产生出其独特的功能：科学发明、技术进步曾使我们深信物质生产与积聚的巨大力量，却麻木了我们人类对于生命的心灵感动；迷恋"创造"曾令人类幻想对外扩张的无限性而丢失了对世界生命的无限崇敬；美学的意义就在于重新唤起、确立人对于全整生命的信仰与热情，重新弥合人与世界关系的裂隙，以审美的价值体验方式面对人自身、世界生命运动的伟大。

确立并不断发展人与世界关系真正"亲和"的美学本质，是审美生态观的价值旨趣。这一点，恰是我们今天在美学领域努力提倡生态观照立场、着力探究并确立一种关于生态问题的美学价值的思想宗旨。这里，有必要强调一点：当我们在美学的理论空间纳入有关生态问题的基本理解，把对生态问题的基本思考与一种美学的可能性联系在一起时，所谓"生态美学"其实并不能被简单地归结为某种学科建构话题；我们的意图并不在于为美学的学科版图增添一块新领地，而是希望通过生态问题的美学审视，通过张扬以"亲和"为价值核心的审美生态观，为人类的生态思考提供一种价值前景。正因此，那种拘泥于学科合法性所产生的对于"生态美学"是否可能的怀疑或忧虑，显然不应该成为我们的障碍。

（原载《江苏社会科学》2004 年第 2 期）

全球化语境中的东方美学

　　这是一个新的讨论话题，但也是具有一定历史承续性的问题。实际上，整个 20 世纪的东方文化，包括东方的美学和艺术发展历程，一直都经历着与外域文化的关系变动过程。所以说，作为一种世界性运动的"全球化"，并非只是针对 21 世纪的东方民族及其文化实践；在热情憧憬和不断走向现代化的过程中，东方各国始终面对着全球化的命运。所不同的只是在 20 世纪的进程中，全球化之于东方国家的直接意义常常被限于"西方化"和"现代化"的主观要求之上，其中缺少某种异文化间的互动性功能实践过程，因而，至少在今天以前，全球化并不像现在这样具有复杂性、多义性，而主要表现为东方与西方关系的简单性和一维性。与此同时，正由于在 20 世纪东西方关系史上，全球化被定位在东方向西方寻找"现代化"的基础上，所以东方民族往往忽视了自身文化内在的现代性转换因素；东方文化的现代性建构被置于"西方"的整体结构之中，其前途则被定位于"融入"或"纳入"西方文化制度的可能性，以及由此所获得的文化认同与价值肯定。

　　这样，我们就可以看到，尽管全球化在东西方文化关系中并不是什么"全新"事件，但因其在历史上的那种非互动性特质，因此，对于当代进程中的东方民族及其价值建构来说，"全球化"在今天仍然是一个值得反省的话题。

　　联系到东方美学的当代发展来看，"全球化"在今天又将意味着什么？全球化语境中的东方美学将如何选择自己的路呢？显然，对于东方民族及其文化发展需求而言，这是很现实的问题——不仅因为全球化是当前世界性的热点话题，更由于它直接关系着东方文化价值重建的可能性。这里，让我们关心的问题主要有两个：一是当代世界全球化进程的潜在威胁会是什么？二是东方文化、东方美学的作为可能是什么？这是两个相互关联的问题，而如何审视它们则又取决于我们对全球化的理解与要求。

应该看到，全球化之于当代世界的发展，在经济和文化方面都有其不可忽视的双重性。一方面，随着经济一体化的扩张与强化，不同地域和民族的文化联系变得越来越密切，从而人类文化发展中的共同性问题也将越来越突出和广泛；另一方面，作为全球化进程中的强势存在，西方（尤其是美国）不仅拥有经济上的主导性力量，而且其经济优势还直接决定并巩固着它在全球文化发展中的有利地位——西方作为一种强势文化而形成了对于其他地区、民族文化的制度性权力体系。这一双重性事实在东方民族这里便具体表现为：一方面，全球化对于东方民族及其文化生存和发展，既是无法回避的历史进程，同时也是一个巨大的文化挑战；另一方面，东方文化在迎接这一挑战过程中怎样有效地把握自身的价值存在，将直接决定全球化在当代东方的发展前景。也可以这么说，相较于此前的东西方文化关系，今天，东方民族和东方文化不仅正在经受更大规模的文化压力，而且，由于受东方民族急欲实现社会经济高速发展的功利动机驱使，这种压力现在更以其制度性的权力方式而威胁着东方文化的价值重建意志。由此，对于东方文化的具体生存和发展而言，全球化的威胁变得十分具体，其中最值得警惕的，就是西方文化借助当代人类文化共同性问题而逐步削弱东方民族对自身文化价值的现实认同感，在逐步解除东方价值观的特殊性的同时，以"经济—文化"一体性强权而剥夺东方文化话语空间。这并非危言耸听之说，相反，从今日世界的现实来看，全球化语境中的东方民族及其文化的确已到了又一个十字路口。

处在这样的全球化语境之中，当代东方美学可能有什么作为呢？对此，我们首先应当想到，21世纪的全球化进程不应再被视为东方向西方的"融入"，而应成为东西方文化间在寻求相互对话过程中的一种互动与合作——不同文化在各自结构性重组过程中进行着有效的价值整合。因此，"发现"东方美学体系在文化上的价值共同性，以及这种价值共同性在整个当代东方美学发展中的制度性确立方式，是东方美学在当代全球化文化语境中获得自身合法性身份和话语有效性的根本。当然，这种"发现"过程不是单纯基于民族自尊心基础上的民族性或地域性身份认同，而是为了真正获得东方美学在当代的价值立场。当代东方美学之于自身文化价值共同性的确认过程，也不是为了对抗全球化中的文化共同性层面，而是为了更大程度地实现当代东方美学对于人类文化共同性问题的解释权。所以，对于当代东方美学及其发展来说，能否实现对于自身文化价值共同性的新的发现和确认，便相应地构成了当代东方美学与当代全球化进程的新关系。至于这一关系是否可以为东方民族和文化解除"全球化的威胁"，则取决于我们的"发现"活动和结果。

说到这里，我以为，有三个与全球化文化语境中当代东方美学前景直接相关的问题，应该提出来加以深入讨论：

第一，对于东方美学自身文化价值共同性的发现与确认，怎样才能真正体现现时代全体东方民族基本的文化信念和发展需求？这一问题意味着，我们现在对于东方美学的理性把握，应当放在强化东方民族的共同利益、文化自觉性和主动性基础上来进行，其目的在于能够有效地促进东方民族在当代的发展，强化东方文化对于全球化进程的价值平衡力量。为此，这一"发现与确认"过程，一方面必须是真正内在于东方美学理论与实践之中的，能够真正体现为当代东方美学在理论和实践上的必要突破；另一方面，它还应该能够积极承续东方文化、东方美学的共同思想资源，并在当代性意义上实现东方审美理想与艺术精神的价值再生，凸显东方审美意识、艺术精神的当代性实践功能。

第二，在全球化语境中，东方美学话语的有效性将同时取决于其对于人类文化共同性问题的阐释权。那么，当代东方美学将何以可能在自身文化价值共同性基础上，形成特定的世界性文化关怀能力，从而承担起为当代人类进行精神价值定位的责任？这个问题的提出，既源于当代世界所面临的共同性问题本身的要求，即美学在今天仍然应当作为人类精神实践中的重要价值判断力量，在特定层面上实现其对于人类文化的引导和规范；同时，当代东方美学的存在意义，也需要通过对于人类文化共同性问题的具体介入而得到体现。因此，世界性文化关怀能力的形成，理当成为当代东方美学理论和实践的课题。而由于东西方美学价值的差异，决定了当代东方美学的这种世界性文化关怀能力及其方式必定有其特殊性。对于当代东方美学来说，世界性文化关怀能力的形成，一是有赖于东方美学自身价值的实践性体现及其程度，二是有赖于东方美学价值体系之于西方文化和美学立场的互补性及其前景，三是有赖于当代东方美学在理论和实践层面同当代世界文化现实之间的关系。应该说，我们现在对于全球化语境中东方美学发展问题的探讨，主要就集中在这三方面。包括当代东方美学在全球化进程上的生存合法性，也同样系于我们对上述方面的准确认识。

第三，在强调东方美学对于自身文化价值共同性的发现与确认之际，如何充分实现东西方美学的对话与互补？这也是东方美学发展所必然提出的当代性课题。必须承认，虽然东方审美价值观、东方艺术精神在东方各国的长期演化、发展中，其内部也潜在着现代性转换的种种因素，并且这种转换即便在当代文化语境中仍然有其具体的合法性。但这不等于说，当代东方美学已能全面包容当代世界、当代人类实践所遭遇的全部问题，能够全面有效地阐释当代人类精神、审美活动的全部事实与现象。特别是，随着全球化进程的不断推进，当代人类实践中的价值困惑将越来越复杂，在这种情况下，人类审美与艺术的变异同样要求通过不断扩大东方美学与西方美学及其当代发展的深入对话，使东方美学观念、艺术精神的现实合法性得到更深入的展开，以此在理论与实践互补的同时强化东方美学对于当代人类价值问题的新的阐释力度。这方面，值得更深一层探讨的问题有：东西方美学在全球化语境中对话与互补的必要理论根据何在？如何在克服对话过程中文化差异性的同时，又不至于取消不同文化各自的价值特殊性基础？东西方美学的传统差异如何能够通过观念互补而得到当代性的统一？等等。所有这些问题，都应被视作当代东方美学所要解决的现实发展课题。

否认当代全球化进程的积极意义，显然是夜郎自大的作为。而看不到东方美学在全球化语境中的困难与问题，则是一种短视和轻率。真正有文化责任心的东方美学家，理应严肃认真地思考全球化与东方美学的关系前景。

（原载《文史哲》2001 年第 1 期）

城市精神：民族文化的传承与实践

城市精神是一个民族跨时代的文化传承，也是民族文化在特定地域的创造性实现。从这个意义上说，作为一种鲜明的价值体系，城市精神是历史性的，也是现实的，而文化的传承与实践正是城市精神成其为一种特定价值体系的根本。

作为文明发展的产物，城市的形成是一个历史展开的过程。在这一过程中，民族文化的观念、实践形式等以特定的价值表现方式，深刻地积淀在城市发展的历史进程之中，凝聚而成一种民族文化的地域性、时间性、人群性和行动性的具体表征，反映为一座城市的独特气象。如果说，城市的功能是生产性的，那么这种生产性功能总是十分明确地体现了民族文化实现自身生存和发展的利益追求，而城市的生命正是在这种民族文化生存与发展利益的不断满足中得到肯定。如果说，城市是消费性的——这一点在近现代以来东西方城市发展中表现得尤为明显，那么这一消费性功能的具体实现，也总是内在地体现出人群生活消费活动本身对于实现民族文化发展需要的价值，而城市的进步、城市文明的提升往往就在人群生活消费的集体满足中不断获得肯定。因此，作为生产与消费的功能集合体，城市本身历史而现实地呈现了民族文化生存与发展的利益需要。对于城市来说，民族文化始终是其形成与发展的基本元素。离开了对于民族文化生存与发展的肯定，城市功能的实现也就丧失了自身最基本的东西，遑论城市精神的历史积淀与独特呈现。

城市精神的凝聚，功能性地实现在城市形成与发展的历史之中。城市精神的实现与提升，通过城市的功能性实践得以历史地展开。所有这一切，都离不开城市本身内化的民族文化生存与发展的利益。当我们强调城市本身构成为一种历史的时候，它实际上意味着，在时间性展开的区域性人群活动中，城市的历史构成了一个民族文化生存与发展历史的特定标记，而城市精神则无疑是这一特定民族文化标记的具体象征。作为一种象征，城市精神首先必然是一个传承性价值体系，即对于城市本身所内化的民族文化生存与发展利益的价值传递。当然，这种价值传递一定是通过城市功能实践的具体展开和历史性丰富来得以完成的。也就是说，城市精神之于民族文化价值传承的必然性，不仅建立在城市生产与消费的不断扩大的实践进程中，而且深刻地渗透在城市发展的总体过程之中，通过城市本身的功能实现与不断完善而持续展开。只有在这个意义上，城市精神对于民族文化的传承才可能是具体、生动和持续的，城市精神的凝聚才可能是历史真实的和有生命的。质言之，一种城市精神的凝聚、实现与提升，在具体传递民族文化生存与发展利益的同时，也提供了其所内化的民族文化的生命历史，提供着民族文化价值诉求的跨时代意义。因此，作为民族文化传承的具体实现，城市精神不仅浓缩了民族文化的历史生命，而且现实地展开和丰富着民族文化的生存与发展利益。城市精神之为一种价值体系，不仅是长期的积淀和历史的凝聚，而且体现了城市自身发展的完善——在展开和丰富民族文化生存与发展利益的过程中，城市功能实践的价值实现不断趋于完善。也正是在这里，我们能够确认，在民族文化传承的意义上，培育、倡导和弘扬一种城市精神，乃是对于民族文化价值的具体确认——确认了民族文化之于城市精神凝聚的历史支撑，确认着民族文化生存与发展利益的内化之于城市精神实践的现实意义。

城市精神的凝聚，又从来不是一劳永逸的。在跨时代的文化丰富性实践中，城市精神伴随民族文化的创造性发展而处于不断提升与完善过程之中。城市精神的提升与完善，是一种开放的、趋前的积极行动，不仅历史而具体地实现着民族文化的传承责任，而且现实地体现了城市本身的发展利益，实现着城市文化不断进步的内在需要。就此而言，城市精神的提升与完善，在城市发展、城市文化进步的内部体系上，构成为民族文化传承活动的现实动力，它同样肯定了民族文化的现实生命，可以被看作为民族文化价值的传承实现。因此，城市精神的提升与完善，对于强化和实现民族文化的价值传承能力，便显得十分重要和意义深远。特别是，在城市的具体功能实践中充分体现民族文化的时代革新追求和持续性发展方向，乃是城市精神提升与完善的基本内核。只有通过不断满足时代需要、不断体现时代进步方向的功能性实践，城市精神才可能在文化传承的基础上，真正实现民族文化新的价值丰富。这正是城市精神的魅力所在，也是城市精神的生命所在。

更具体地说，一方面，城市精神是民族文化的跨时代发扬。民族文化的价值宏大性和历史深远性，决定了它必然需要通过一定的现实载体获得集中呈现，并在特定时代的具体场域和人群生活方面形成实际的渗透和作用。城市精神作为一种现实文化实践体系，不仅制约着民族文化产生价值影响的方向和方式，也决定了民族文化的现实处境；不仅制约着跨时代条件下民族文化的生命延续能力，也扩大或改变着民族文化价值的跨时代前景。因而，通过具体的功能性实践，城市精神不仅将民族文化的生存和发展利益从观念层面引入到具体人群生活的活动之中，而且在城市生产与消费的不断发展中持续扩大着民族文化的价值实现形态，强化着民族文化价值的现实影响力。另一方面，城市精神总是民族文化的现实实践形态，它是一种转换，即城市精神的凝聚和不断提升以现实方式肯定了民族文化价值的跨时代特性，将历史性存在的民族文化价值体系现实地转化为当下行动的引导性体系，从而实现民族文化由历史价值向现实功能的延伸。同时，通过价值转换的文化实践，城市精神得以在自身具体实践中体现民族文化的深刻内涵和现实作用。可以认为，城市精神的历史丰富性，就建立在这种民族文化价值的现实转换实践基础上。离开了对于民族文化价值的现实转换，城市精神也将从根本上失去其民族文化的传承能力和文化深刻性。

由此以观，"爱国、创新、包容、厚德"之为"北京精神"，正体现了北京这座特殊的城市对于中华民族文化的现实价值传承与独特实践："心系家国"，是对国家、民族的集体认同感；"革故鼎新"，是追求超越、缔造新规的行动能力；"有容乃大"，是临海登高、广聚天下的社会胸怀和精神气象；"仁者德行"，是城市活动和人群生活在文化伦理层面的具体诉求。而所有这些，不仅在现实中传承和实践了"北京文化"独特的地域性元素和人群生活的活动特质，是对一种特定城市的文化描述和精神气象的把握，同时，更由于北京本身所喻示的国家主权特征，它其实已经超越了单纯的地域性和人群性的文化规定，从"首善之区"的特殊意义层面揭示了北京对于传承和实践中华民族文化的重大责任。毫无疑问，"北京精神"是北京的，但又不能被简单理解、狭义等同为"北京人精神"。作为"首都人民长期发展建设实践过程中所形成的精神财富的概括和总结"，它在形象具体地"体现了首都历史文化的特征"的同时，也必定要成为传承和实践中华民族文化的现实价值体系。这是"北京精神"的特殊性所在，也是"北京精神"的完整性表现和根本诉求。因而，对于"北京精神"来说，如何在当代社会条件下深刻实现中华民族文化的跨时代传承，以使我们民族的文化精神与价值理想在现实文化发展和人群生活中发生持续的引导作用，进而表征整个民族的跨时代生命精神，既是城市发展本身的追求，更是北京实现"首善"的基本责任。这样一种追求和责任的实现，只有通过具体的城市实践才有可能得以完成。也因此，培育、倡导和弘扬"北京精神"，应着眼于民族文化传承基础上的丰富性实践，更加突出民族文化的跨时代价值创造。

（原载《光明日报》2012 年 1 月 18 日）

文化帝国主义："全球化"的陷阱？

　　刚刚进入千禧年的第一个春天，人们便不断在各种场合听到美国总统克林顿的声音：如果不给予中国"永久性正常贸易关系"，美国人将为此后悔二十年；

　　正当世界各大媒体纷纷猜测美国众议员们的表决态度之时，美国国会众议院以戏剧性的多数票，无条件地通过了给予中国"永久性正常贸易关系"议案；

　　当欧盟贸易代表拉米在无数次穿梭于北京和欧盟总部之后，最终在北京签署了有关中国"入世"的中欧协议，镁光灯的一片闪烁仿佛照亮了中国跨入世界贸易组织的最后一道门槛；

　　……

　　有关中国"入世"问题的各种议论、报道甚至谣传，几乎每天都在挑战着我们的神经，不仅考验着我们的心理承受力，同时也直接流露、表达了现实中国社会广泛存在的焦虑、急切和欲望。

　　然而，就在这种显在层面上具体体现为经济利益追求的焦虑、急切和欲望的背后，在这样一种作为社会集体的功利意志的后面，能够提供我们更多思考的又将是什么？

一

　　毫无疑问，随着中国"入世"进程的不断加快，我们现在已经可以隐约感到，它所带来的更大层面的问题，乃是中国、中国人将如何可能成功地"迎接"今日世界的"全球化"。事实上，至少是对于所有经济不发达国家来说，所谓经济"入世"

的过程，原本就是"全球化"话题的一部分。换句话说，当"整个世界同属一个集团"的经济幻景，因着不同国家和民族对"全球化"的强力追逐而迅速弥漫开来的时候，诸如中国这样的经济不发达国家便处在了一种似乎是无法等待的迫切而复杂的状态之中。对于中国和中国人来讲，经济上能不能"入世"，不仅直接意味着我们能不能很快地、最大程度地融入当代世界的经济活动之中，而且意味着我们能不能在政治、文化等各个方面尽快实现同整个世界的政治、文化秩序的对应。也因此，"入世"的诱惑之所以这般令人充满想象地神往陶醉，当然就不仅是因为"入世"之后我们能买到比现在便宜得多的小汽车、外国消费品……更主要的，通过经济上的快速"入世"，在一种想象性的层面上，我们似乎已经拥有了充分的可能性去享受"全球化"带来的某种肯定比现在更为优越的前景：在政治清明、经济发达、生活优裕的状态中与世界共享人类和平、幸福与欢乐!?

显然，这里的问题已经大大超出了一般经济学的范围。对于我们而言，重要的不是中国能不能"入世"或什么时候"入世"，而是由经济"入世"所形成的中国与"全球化"的关系，除了某种可能的直接经济效应以外，会在什么样的意义上制约现实中国的文化实践及其价值本位？

这个问题之所以引起我们关注，仍然在于"全球化"的基本情势本身。无论我们怎样看待这个如今已成为世界性热点话题的"全球化"问题，我们都必须相信一点："全球化"肯定不会只是一个经济事实；"全球化"作为一种社会的和文化的想象运动，始终包含了经济和文化的双重权力意志，并且从一开始就为自己内在地确定了"经济全球化"和"文化全球化"这样的关联性目标。甚至，在一定意义上，我们也可以说，"全球化"根本上就是一种以经济行动策略来实现的新的文化整合过程，它的最终结果就是能够在某种"普遍性"设计中，瓦解任何一种保持自身特殊努力的文化自足体，进而完成对于世界文化前景的"普遍化"构造。正因为这样，像阿兰·伯努瓦这样的西方学者才会不断地强调区分"经济全球化"和"文化全球化"的重要性，认为"这两个现象相互交织，但并不完全重合"。（《面向全球化》）

当然，区分两种"全球化"在理论上固然值得尊重，但问题是，我们始终不可能把"经济全球化"和"文化全球化"当作两个东西截然分割开来看待。无论我们是不是愿意，"全球化"作为一种过程，总是强制着我们走入一种文化的"普遍性"之中，而这一"普遍性"构想又总是以处于强势地位的发达资本主义国家的文化秩序、价值标准作为基本点，"全球化只是正在扩展而遍及整个地球的西方市场的帝国主义化过程，这是一种由全球化的受害者使之内在化的帝国主义。全球化是对西方经济行为的大规模模仿的结果"（阿兰·伯努瓦语）。因而，面对"全球化"，世界各国特别是经济不发达的弱势国家和民族，便也同时宿命般地面对着自身文化特殊性丧失的威胁。

这似乎是一个很不幸的悖论：寻求经济高速发展的努力，使我们不断走近以西方国家为中心的发达资本主义的政治、经济和文化圈套，就像我们现在急于"入世"一样；而经济"入世"的结果，不仅是我们被经济"全球化"了，而且也同时被"纳入"或"同化"到了同一种文化秩序、结构之中。

"后殖民"时代的文化逻辑，在经济领域以最直观的方式得到了体现。以经济"入世"为代价所获得的"全球化"认同，同时造就出一种"文化帝国主义"的扩张可能性。

二

看来，真正的危险不是我们能不能"入世"，从而在经济上与整个世界进程保持"普遍的"一致性。我们应当意识到，同经济高速发展相关联的，始终还有一个文化立场与文化建设的基本权力、价值选择问题。这才是所有经济不发达的弱势国家和民族，尤其是像中国这种以"大国"身份跻身当代世界舞台的不发达国家所必须正视的严重问题。

其实，只要我们稍微深入地想一想，就不难产生这样的印象：作为一种社会想象和文化想象的"全球化"，通过一个由西方资本运作需求和贸易准则所规划的"世界贸易组织"，带来的将不仅是秩序井然的世界经济市场及其活动方式，同样也必然产生出内在于全球市场活动中的文化强制性。也就是说，全球一体的市场和经济秩序的建立，最终将大大促进和强化资本的国际间自由流动；而这种以资本的国际间自由流动为内核的统一的世界秩序，尽管标榜了自由贸易的名义，主张以消除国家间贸易上的森严壁垒来实现全球经济市场的重组，但由于各个国家在经济发展水平上已然存在的严重不平衡，因而，重组全球经济市场所形成的，绝不会是弱势国家和民族借助西方的经济强势而飞速实现自己的经济振兴，而是经济高度发达的西方国家通过自己先在的经济强势而实现对于弱势国家和民族的大规模控制——其中当然也包括文化领域的控制活动。就像中国的烧饼、油条根本无力抗衡美国的"麦当劳""肯德基"，WPS 斗不过 Windows，甚至，文化（如人权观、主权观等）在今天可以借助"经济制裁"的名义来产生出自己的咄咄气势（比如在伊拉克、南联盟）——经济上的先在性决定了文化先在性的压迫方式。

于是，对于经济"入世"的弱势国家和民族来说，"全球化"也像一只潘多拉的盒子。

这个盒子现在已经被打开："文化帝国主义"的扩张和内在化已成了"全球化"的衍生物。

这里，"扩张"与"内在化"实际是同一个文化过程上相互联系的两种运动形式："扩张"意味着由重组世界经济市场所造就的强势文化对弱势文化的巨大压力、掌控，以及强势文化话语在经济不发达国家、民族中的制度性权力的确立及其对后者文化发言权的豁夺，从而使强势国家和民族不仅成为世界经济的决策者，而且担当着全球文化的领导者；而所谓"内在化"，一方面是指发达资本主义的经济秩序直接决定着弱势国家和民族的文化结构，另一方面，在更大程度上，也表明弱势国家和民族因自身经济上的依附性所形成的文化内部的无力状态，特别是因经济自主能力衰弱所产生的文化自主性的急剧瓦解，及其对于那种由经济力量所决定的文化领导权的默认与服从，其结果则同样是弱势国家和民族文化发言权的丧失。

至此，我们可以很清楚地发现，"全球化"作为经济和文化的共同实践，其内部实际上隐伏了一个很现实的逻辑：通过增强国家和民族间经济上的相互依赖性，在逐步取消独特性、差异性的同时，强化经济发达的强势国家、民族对其他国家和民族的控制与压力；弱势国家、民族在这一"全球化"进程中的前途，就是"自动地"把自己置于一种由"他者"所规定的秩序和结果之中。这样，对于弱势国家和民族而言，"全球化"在"通过市场使世界同质化，从而消除民族国家和民族文化"（菲力浦·英格哈德：《政治经济学批判原理》）之际，实质上造就了一个外来的统治者或异族的参与者。

正因为这样，今天，"全球化"一方面是正在扩展而遍及整个世界范围的"市场的帝国主义化"过程，并且是一种由弱势国家和民族使之内在化的帝国主义；另一方面，通过对于西方国家经济行为的大规模模仿，"全球化"中的弱势国家和民族不仅迅速出让着自己的市场，同时也正在丧失着对自身文化结构调整的自主性和主动性。

　　"全球化"塑造了以资本市场和强势经济秩序为统一性和一致点的世界经济繁荣表象，却又在经济和文化双重层面上巩固乃至进一步增强了帝国主义的垄断性势力。在这一情势下，经济不发达的弱势国家、民族必然在心理和文化上产生一种深深的孤独感——固有文化的被削弱及其被重新整合到一个由强势国家和民族所控制的"普遍性"世界之中，最终将演变出弱势国家、民族及其文化的被驱逐感。弱势国家和民族将越来越无法坚守他们自己的立场；新的文化整合将越来越强烈地导致他们传染上一种无法摆脱的文化空虚情绪。

　　由"全球化"所带来的"文化帝国主义"特征就是如此：弱势国家和民族既无法拒绝经济繁荣的诱惑，同时又麻木不仁地慢慢丢掉了自己的文化具体性和个性；世界既因为一致性的不断扩大而变得有序化，同时也培养出了一个新的文化极端——在这个极端上，始终具有统治权的正是那个以经济强势面目出现的"西方"身份。

三

　　今天，"文化帝国主义"的成功策略，就是在各个国家和民族传统行为方式逐步沦丧的过程中，使各种文化趋向于一个相同的消费主义模式。这一点，恰恰再一次在"普遍性"上证明了"全球化"的实践效果。

　　所谓"相同的消费主义模式"，主要不是一种经济学意义上的成就，它是作为经济方式所带动的普遍的社会价值观、文化态度而出现的。它的基本取向，就是通过"全球化"的经济力量，在世界范围内取消各个国家、民族建立在文化独特性基础上的各种自主管制形式，使肯定物质成就、肯定物质占有和享受的消费生活方式成为全球一致的存在立场。正是在这一立场上，原有的国家、民族间以传统行为方式所体现出来的具体性和差异性，特别是弱势国家、民族的传统行为方式，被当作无法整合到"全球化"进程中的"落后"东西遭到遗弃；在"全球化"为寻求每个社会在世界市场的整合而采取的大规模结构调整中，作为一种最低限度的共同特征的"消费主义"形态，被扩大为超越各个国家和民族传统行为方式的"普遍性"，最终取代了国家、民族之间在文化上的不同需求。如果说，在传统的行为方式层面上，不同的文化需求曾经保证了国家和民族间的特殊价值观、文化选择权利，那么，现在，由于"全球化"成功地实现了对传统行为方式的"超越"，因此，确立文化"普遍性"的追求就成了强势国家、民族引导世界文化潮流的最好借口，而弱势国家和民族在这场"全球化"运动中所获得的，只能是牺牲自身特有行为方式而建立起对于强势文化的回应和认同。

这是一个牺牲的逻辑，一个巧妙而堂皇的文化控制与服从的"帝国主义逻辑"。

现在的问题是：经济上处于不发达境地的弱势国家和民族，尤其是像中国这样很快就将"入世"的国家，如何可能摆脱或反抗这种情势？即在不回避全球性经济结构调整的统一趋势、注重资本市场重新配置的合法性与合理性过程中，继续有效地保持自己文化上的独特性和社会价值选择权利，实现经济增长与文化连续性的同步发展。当然，这不是一个轻易可以解决的问题，因为至少是对于处在强势地位的西方经济发达国家来说，其经济"全球化"的觊觎绝不可能仅仅停留在单纯的全球资本重组和世界经济秩序调整上，而总是将体现出非常强烈、内在的文化意愿。

也许，认识到"普遍主义"的幻想特征并充分强调当今时代文化民主的必要性，是弱势国家和民族对抗"全球化"进程中"文化帝国主义"各种权力企图的一种可行策略。事实是，在"全球化"的世界经济市场和资本重组中，对于弱势国家和民族而言，"文化帝国主义"扩张和内在化的最致命之处，就是在"普遍性"口号下取消文化多样性的价值前提及其建构活动，使各种具有独特性的传统行为方式沦为一种单纯的信仰方式，亦即使得国家和民族间在文化上的差异归于某种无法获得自身确定性的、虚弱的东西，尤其是通过经济压力来迫使弱势民族和国家逐渐远离自身文化的基本存在实体，最终只能听命于某种以经济实力来确立的文化"普遍性"。可以说，"全球化"所普遍化的只是市场——一种与某一文化的历史具体性相对应的经济交流模式。由于所有国家和民族只有直接进入这个被经济发达国家以强势整合的统一经济模式之中，才能被赋予"普遍性"，因而，这种"普遍性"的幻想特征便表现得再明确不过：作为一种强制体系，被"普遍化"了的只是由强势国家和民族所臆想出来的文化和经济结构——它在根本上是否定性的，是通过排除弱势国家和民族的存在利益所获得的无差异性，它充其量不过是经济领域的帝国主义逻辑以文化的抽象方式所实现的自我扩张而已——对于弱势国家和民族而言，"普遍性"并不包括他们在内。

而文化民主的内在追求，则从一个最基本的方面肯定了包括弱势国家、民族在内的全体人的选择的合法性与必要性。文化民主同样期待着普遍性的到来，但是在尊重所有国家和民族的价值选择前提下所要求的普遍性，而不是以经济上的强势整合方式来决定文化的一致性归宿；尽管文化民主的实践同样需要不同国家和民族之间充分实现经济关系的不断调整，但它却不能盲从于单纯经济力量的静止的制约，而是强化着各个国家和民族在文化上，包括语言和其他社会联系的创造性张力。如果说，文化多样性保障了各个国家和民族最基本的思想权利和价值选择能力，那么，文化民主的要求恰恰是实现文化多样性的前提。

正因此，文化民主的实践并非弱势国家、民族进行自我保护的软弱的借口，它同时也是经济发达国家和民族重新回归自己文化传统的有力手段，因为正像吉姆·鲍吉拉德在《世界性和宇宙性》一文中所说的："凡是将自己普遍化的文化都失去了它们的独特性并且死亡了。那些因为用暴力而使之同化的、被我们所毁坏的那些文化就是这样；而那些自称具有普遍性的文化也是如此。"

"全球化"无疑是一头"双面兽"。我们无意排斥"全球化"，但却仍然必须警惕：随着经济"入世"的步伐越来越快，我们在文化上也将越来越接近新的威胁。只是乐观"入世"的成果而不能同时看清面临的文化困境，其结果只能是把自己的命运通盘交给他人执掌。

（原载《东方文化》2000 年第 5 期）

图书在版编目（CIP）数据

美学的改变/王德胜著. —北京：社会科学文献出版社，2013.12
（京华学术文库）
ISBN 978 - 7 - 5097 - 5640 - 9

Ⅰ.①美⋯　Ⅱ.①王⋯　Ⅲ.①美学 - 中国 - 文集　Ⅳ.①B83 - 53

中国版本图书馆 CIP 数据核字（2014）第 021876 号

· 京华学术文库 ·
美学的改变

著　　者 / 王德胜

出 版 人 / 谢寿光
出 版 者 / 社会科学文献出版社
地　　址 / 北京市西城区北三环中路甲 29 号院 3 号楼华龙大厦
邮政编码 / 100029

责任部门 / 人文分社（010）59367215　　　　　责任编辑 / 许　力
电子信箱 / renwen@ ssap. cn　　　　　　　　　责任校对 / 王海荣
项目统筹 / 宋月华　黄　丹　　　　　　　　　　责任印制 / 岳　阳
经　　销 / 社会科学文献出版社市场营销中心（010）59367081　59367089
读者服务 / 读者服务中心（010）59367028

印　　装 / 三河市东方印刷有限公司
开　　本 / 787mm×1092mm　1/16　　　　　　印　　张 / 19.25
版　　次 / 2013 年 12 月第 1 版　　　　　　　　字　　数 / 355 千字
印　　次 / 2013 年 12 月第 1 次印刷
书　　号 / ISBN 978 - 7 - 5097 - 5640 - 9
定　　价 / 98.00 元